한국수산지 Ⅰ - 2

부경대학교 인문한국플러스사업단 해역인문학 아카이브자료총서 02

한국수산지 Ⅰ - 2

농상공부 수산국 편찬
이근우 · 서경순 옮김

제2장 수산물 양식

종래 조선인에 의해서 경영되던 양식업으로 볼 만한 것은 오직 김양식 하나뿐이다. 그 밖에 굴 · 꼬막의 양식을 경영하는 경우도 없지는 않지만, 규모가 작아서 해산물을 산 채로 보관하는 정도에 지나지 않는다.〈조개는 광양만 내의 하동하구 · 꼬막은 여자만 내의 장도 · 대포 · 하진포 등이다. 그 상세한 내용은 각 촌포(村浦)에 의거하여 기록할 것이다.[1]〉 김양식은 남쪽 연안에서 2, 3개의 장소에 경영되지만, 그 최성지(最盛地)는 광양만내 섬진강구〈일명 하동강〉 부근으로서, 섶을 꽂은 것이 수십 리에 걸쳐 있으며, 그 성황이 일본 동경만에 비할 것은 아니다. 게다가 그 색이 윤기가 나고 향과 맛이 모두 우등하여 도쿄만에서 생산되는 김에 비하여 손색이 없을 뿐만 아니라, 오히려 우수한 것이 없지 않지만, 제조법이 거칠고 난잡하여 품질을 손상시키는 것은 유감스럽다.

일본인으로서 양식을 출원하여 면허를 받은 것은 다음과 같다.

양식장 위치	면허수	구획수	면적	양식물
경상남도 낙동강구	1	2	185町8反2畝餘	김
전라남도 여자만(순천만)	1	3	618町8反5畝餘	꼬막
전라북도 영산강구	3	8	50町9反餘	굴

이외에 동쪽 연안〈함경도〉에서 조개 · 가막조개, 남쪽 연안〈전라남도〉에서 꼬막, 서쪽 연안〈경기도〉에서 맛조개 양식을 목적으로 출원하는 자가 있다.

여기서 각 종류의 양식장으로서 유망한 장소를 소개하자면 다음과 같다.

굴 牡蠣 石花

동쪽 연안에서는 함경도 조산만 내의 황어포, 영흥만 내의 송전만 등이고, 남쪽 연안에서는 경상도 낙동강구의 동쪽 강가 일대, 경상도 및 전라남도에 걸친 광양만, 전라남도의 순천만〈일명 여자만〉, 보성만, 강진만 등이고, 서쪽 연안에서는 충청도의 천수만,

1) 『韓國水産誌』 제2권에서 어촌별로 상세히 기록하고 있다.

황해도의 용위도 등이다.

죽합(대조개) 蟶 竹蛤

동쪽 연안에서는 아직 그 서식을 확인하지 못했고, 남쪽 연안에서도 그 생산이 많지 않다. 이미 알고 있는 예정지로 소개하면, 오직 서쪽 연안에서 충청도의 천수만, 경기도 강화만의 영종도 및 강화도 연안 일대, 평안북도 소함성(小艦城) 열도의 서남 일대이다.

꼬막 伏老

이것 역시 동쪽 연안에서는 아직 서식하는 것을 볼 수 없다. 남쪽 연안에서는 광양만 · 순천만(일명 여자만 면허장에 있다) · 보성만 · 강진만이 유망하고, 서쪽 연안에 있어서는 천수만이 유망하다.

새조개 鳥貝 (タンガイ 또는 ドブガイ라고 부른다)

오직 동쪽 연안에서는 적지(適地)를 볼 수 있을 뿐이다. 즉 함경도 및 강원도에서 주변 약 20리에 달하는 담수지에서 자연적으로 생산하는 것이 많다.

김 海苔 海衣

자연산이 풍부한 곳은 남쪽 및 남서쪽 연안이다. 따라서 그 양식장으로서 유망한 곳은 그 연안의 낙동강구〈면허장이 있다〉, 광양만내의 섬진강구(조선인의 양식장이 많다), 영산강구(굴 양식의 면허장이 있다)이고, 동쪽 연안에서는 울산만내 태화천 하구가 유망하다.

이상 기록한 곳은 상당한 규모로 경영하는 데에 적당한 장소를 제시하였을 뿐이다. 그러므로 소규모 경영에 적당한 장소에 이르러서는 각 종류 모두 많음은 물론이고, 혹은 뒷날 확인하지 못했던 적소를 발견하게 될 것이지만, 현재로서는 알지 못한다. 또 조선에서는 아직 진주조개(眞珠貝)가 서식하는 섬을 확인하지 못하였지만 진해만의 서수도, 통영 부근은 바다의 저질(底質) 및 조수 유통의 상태 등 그 양식에 적당할 것으로 생각된다.

제3장 수산물 제품

종래 조선인의 제품으로는 건제품(乾製品) · 염장품(鹽藏品) · 발효제품[醃藏品] · 간유(肝油) 등이 있는데, 조잡해서 건제품 중 명태를 제외하고 달리 볼 만한 것은 없다. 시험적으로 여기저기 보이는 각 제품을 열거하면 다음과 같다.

건제품에는 자연건조[素干] · 자건(煮干) · 동건(凍干) · 염건(鹽干)의 4종류가 있는데, 자연건조품으로는 조기 · 도미 · 가오리 · 농어 · 망둥어[沙魚] · 서대 · 복어 · 작은 상어[小鱶] · 정어리(멸치) · 준치 · 달강어 · 전어 · 민어 · 갯장어 · 낙지 · 오징어 · 새우 · 긴맛 · 구신맛 · 소라 · 김 · 해조(海藻) 등이 주요한 것이다. 자건품에는 정어리(멸치) · 새우 · 해삼 · 전복 · 굴 · 백합 · 참조개[蜊] · 재첩 · 뱅어 · 농어 · 홍합 · 긴맛 · 구신맛 등이 있다. 동건품[凍品]에는 명태가 있고, 염건품에는 조기 · 삼치 · 민어 · 농어 · 고등어 · 갈치 · 달강어 · 광어 · 서대 · 준치 · 가오리 · 새우 · 삼치알 등이 있다. 발효제품은 조선인이 특히 좋아하는 것인데 여기에 사용되는 것은 새우 · 꼴뚜기 · 굴 · 동죽 · 긴맛 · 백합 · 바지락 · 연어알 · 명태알 · 기타 잡다한 내장 등이다. 염장품에는 조기 · 갈치 · 고등어 · 방어 · 정어리(멸치) · 연어 · 송어 · 광어 · 복어 · 도미 · 전어 · 민어 · 달강어 · 병어 · 메태비[鰌] · 굴 · 백합 등이 많다. 간유는 주로 대구와 상어에서 짜내어 점등용(點燈用)으로 쓰인다.

각종 제품의 개요는 이와 같다. 그런데 동건(凍乾)제품은 조선의 특유(特有)한 것으로 그 중 명태 제품은 외관도 볼 만하고, 또 그 제품의 번성함은 각종 제품 중에서 주요 위치를 점한다. 함경도에 있는 신포(新浦) · 서호(庶湖) 같은 곳은 오로지 그 제품 판매를 업으로 하는 자가 있으며, 건조장에 세워놓은 말뚝이 부락 주위에 빽빽하게 들어차 있어서, 한눈에 그 성함을 알 수 있다. 생각건대 이 산업이 발달한 것은 원래 그 어획이 많은 데서 연유된 것이지만 요컨대 어획할 때의 기후가 이러한 기술을 낳은 것으로, 본 제품은 확실히 조선이 독자적으로 획득한 것이며 자랑할 만하다. 그 제법과 더불어 기타 특정한 제품의 제법은 각 조(條) 아래에 부기할 것이므로 여기에서는 생략한다.

일본인의 제품에는 건염제품 외에 통조림 및 어묵[가마보코: 蒲鉾] · 도미 덴부[鯛田麩] · 도미 미소[된장: 鯛味噌] · 도미 가스즈케[술지게미에 절인 도미: 鯛粕漬] 등이 있다. 그리고 통조림에는 전복 · 도미 · 삼치 · 고등어 · 붕장어 · 뱀장어 · 자라 등의 종류가 있는데, 그 중 주요한 것은 도미와 전복이고, 다른 것은 많지 않다. 그 제조는 부산 · 인천 · 군산 · 울산 · 장전동 · 대야도〈일본인은 '나마리'라고 한다〉 · 산일도〈日槻島라고도 한다.〉 · 진도 · 제주도 등 각지에서 시작되었으나, 모두 소규모로 아직 공장을 설치해서 왕성하게 영업하는 자는 없다. 건 · 염제품 중 아직 조선인이 손대지 않은 것이며, 일본인이 제조에 종사하는 것은 상어 지느러미와 상어고기 및 삼치 가라스미(난소를 절여 말린 것)[2]라고 한다. 그런데 제품 중 주요한 것은 마른 전복과 해삼이라고 한다. 그렇지만 이 두 종류는 종래 남획한 결과 점차 그 제조 생산이 감소하여, 이를 수년 전과 비교하면 현저하게 차이가 있다. 그러나 연해 생산이 풍부한 이 두 가지 모두 아직 조선의 중요 물산의 하나임은 틀림없다.

요컨대 조선인의 제품은 명태와 같은 동건제품을 제외하면 대개 어업자에 의해 제조되는 것이고, 특별히 제조자가 있어서 제조에 종사하지는 않는다. 따라서 그 제품은 조잡해서 가치가 떨어지지만, 잘 지도한다면 이를 개량하는 것은 어렵지 않다. 더욱이 조선의 기후는 여름에 비가 자주 내리지만 대개 공기가 건조하고 습도가 낮아서 건제품의 제조에 적합한 조건을 가지고 있다. 일본인이 제조에 관계하고 있는 전복 및 해삼과 같은 것은 그 제품이 일본 내지에 비해 훨씬 우등한 것은 모두 부인할 수 없다. 그런데 그 이유로 혹은 일본에서 생산되는 것은 판매시장(나가사키를 말함)이 가까워서 건조가 불충분한 것을 시장에 내놓아도 제품의 파손이 적지만, 조선의 경우는 시장이 멀기

2) 숭어를 쓰기도 한다.

때문에 부득이하게 건조를 충분히 하기 때문이라는 설명도 일리가 있다. 이런 설명이 제조자의 의도를 잘 파악한 것이라고 할 수는 있지만, 그래도 역시 그 제조가 완전한 것은 생각건대, 기후가 주는 것이 많다는 것은 의심할 수 없다.

제4장 포어 수송과 판매

1. 포어(捕魚)[3] 수송과 판매

1) 개요

조선인의 어업은 아직 유치한 상태를 벗어나지 못했지만 각종 어류가 많고 특히 조기[石首魚]와 같은 것은 어장이 넓고 또한 어획량이 많으므로 자연히 어장과 시장의 사이를 연락하는 조직이 발달해 왔다. 성어기에는 근해 출매선[沖仲買船]이 어장으로 폭주하는 일이 아주 많다. 가장 번성할 때에는 한 어선에 모여드는 출매선이 두세 척인 경우도 있다. 이들 중에는 어선을 선대(先貸)해 준 업자도 있고, 혹은 중매인[中商人]이나 소매상인도 있다. 모두 어선을 좇아서 어장에 정박한다. 화물이 채워지면 편리한 도시나 마을로 운반하여 객주에게 매도하거나, 혹은 저장하여 가장 가까운 시장에 방매(放賣)한다. 단 선대한 경우는 그 성격이 일본어선의 모선(母船)과 서로 유사하다. 출매선 중 가장 발달하고 규모도 또한 큰 것은 냉장선(冷藏船)이다. 아래에 그 개요를 서술한다.

---

3) 포획한 물고기라는 뜻이다.

《냉장선》

냉장선의 연혁

본 업(業)은 경성에 있는 자본가 혹은 그 남쪽 한강에 연해있는 마포 부근의 객주와 선주 등이 운영하는 것으로, 기원은 자세히 알 수 없지만 중선어법(中船漁法)[4]이 창시된 후 어획물이 크게 증가함에 따라 자연히 본업을 시작하게 되었을 것이다. 그 일이 처음 시작된 것은 아마도 빙고(氷庫) 설립 특허와 같은 시기인 듯하지만 이 또한 그 창설연대를 명확하게 알 수 없다〈빙고 특허의 일은 뒤에 기록한다〉. 그렇지만 마포 부근에서 이 업에 종사하는 고로(古老)가 말한 것처럼 예로부터 영업해온 것이라는 점을 헤아려보면 그 창시연대가 최근이 아닌 것은 분명하다. 본업은 원래 어장의 유권자(有權者)가 그 어장의 어획물을 수용·운반하기 위해 운영하던 것으로 지금부터 십수년 전까지는 대단한 세력을 가지고 있었다. 잡은 고기를 매우 저렴한 값으로 거두어 들여 폭리(暴利)를 취했다. 그렇지만 지금은 그들이 위력과 권세[威權]를 부린 근원이었던 어장의 권리를 인정받고 있지 못할 뿐만 아니라 근래 동업자가 증가하는 등의 이유로 이제는 종전과 같은 폐해는 사라졌다.

> 덧붙여 말하자면 어장의 유권자(有權者)란 객주, 기타의 자본가가 지방의 어리(漁利)를 독점하고자 하는 경우에 권세 있는 고관 및 기타 사람들에게 금품을 상납하고 그 권리를 얻은 자들이다. 이 유권자를 지주인(地主人)이라고 한다. 또 그 어장에 대해 허가장과 같은 서류를 가지고 있기 때문에 한편으로 유문권주인(有文券主人)이라고도 했다. 그래서 그 허가 구역 내에는 다른 사람의 난입을 허락하지 않았다. 만약 그 구역 내에서 어업하는

---

4) 중선이란 대선과 소선의 중간 크기 배란 뜻이다. 흔히 안강망 배는 중선이라고도 했는데 경기지방에서는 네 발에서 다섯 발 반까지 길이의 배를 중선이라 했다. 돛은 배 중심의 허릿대에 큰 돛을 달았고 배 앞쪽 이물대에 작은 돛을 달았다. 이처럼 바람에 의지하는 중선을 가지고 고기를 잡는 것을 중선어법이라고 한다.

자가 있으면 잡은 고기는 모두 독점적으로 매수하고 다른 곳에 판매하는 것을 허락하지 않았기 때문에 유문권주인은 어장의 유권자였던 동시에 그 어장에 있어서의 포어(捕魚) 전매권자였다. 이와 같은 관행은 단지 어업에 그치지 않고 각종 사업에도 존재하여 종래와 같은 폐단이 있었다.

영업조직

냉장운송업자의 영업조직을 살펴보면 첫째 자본가가 냉장운송업자에게 냉장선의 운영을 맡기는 경우, 둘째 냉장운송만 하는 경우, 셋째 타인의 출자를 받아서 하는 경우가 있다. 그런데 자본가가 업자에게 냉장선의 운영을 맡기는 경우는 포어해서 바로 판매하는 일에 종사하는 경우와 업자에게 어선을 내주고 그 포어를 수용하는 경우로 구별된다. 이 두 번째의 운송만을 행하는 경우는 선주가 일정한 금액으로 운송을 청부(請負)하는 것인데, 어장의 원근에 따라 청부액의 차이가 있기는 하지만, 150석 이상 200석 미만을 적재할 수 있는 선박이 한 번 왕복하는 데 200원[新貨]을 보통으로 한다. 그런데 이 200원은 한 번 항해를 하는 데 필요한 비용에 불과하므로 선원의 급료 · 식료를 제외하고 사용된 얼음과 출항에 필요한 잡비 등은 영업자가 지출하지 않을 수 없다. 그 상세 내역은 별도의 출선 개산표에 기록하였다. 세 번째로는 타인의 출자를 받아 냉장운송을 하는 경우로 이 일에 경험이 있는 사람이 출항을 위해 타인의 출자를 받는 것인데, 이 경우에는 차입대금에 대해 3푼[步][5] 또는 4푼의 이자를 지불하고 운송에 필요한 제 비용을 제외하고, 남은 돈이 있으면 자금주와 절반씩 나누어 가진다. 단 계산은 한 번 왕복할 때마다 행한다.

냉장선 및 승선원

선박은 일반적인 배인데 출선에 임해서 빙실을 갖춘 것에 불과하다. 그리고 그 선적량은 보통 일본의 5말[斗]이 들어가는 가마니에 얼음덩어리 300가마니를 적재하는 것으로, 대개 150~200석 정도이며 그 승선인원은 8~10명으로 한다. 승선원 중 주재자

5) 步는 割의 1/10 즉 현재의 % 단위에 해당한다. 그래서 '푼'으로 고쳤다.

는 수사공(首沙工)이라고 부르고 그 이하는 사공(沙工)·사격(沙格)·동모(同謀)·격군(格軍) 등 지위에 따라 명칭을 달리한다. 만약 자본주로서 출선하거나 또는 운반을 청부하도록 한 때는, 포어 매수 또는 판매에 관한 사무를 처리하기 위해 동업자 혹은 자기가 신용하는 자 1인을 태워서 선임자(船任者)라고 칭한다. 이와 같이 냉장선은 매년 음력 3월에 출항하며 그 해 9월을 종기(終期)로 한다. 그리고 이 기간에 있어서 선박과 어장의 왕복은 그 거리의 원근에 따라 다르지만 대개 4~5회를 보통으로 한다. 아래에 냉장선을 운용하는 데 필요한 비용을 개산해 보았다.

냉장선 1척 운용〔仕出〕하는 데 필요한 여러 가지 비용 계산표

비용	금액	
	직접 (出船)하는 경우	수송을 請負받은 경우
얼음을 채우는 데 필요한 선내 설비	6	6
가마니 3백 섬[俵] 가격	20	20
얼음 가격(3백 섬 분량)	50	50
제숙료(용신 및 임장군을 제사지내는 비용)[6]	45	45
기타 잡비	80	80
선장 겸 사공 급료[7]	20	
선원급료(1인 평균 13원씩 8인분)[8]	104	
감시역 선임자 급료	20	
신발[鞋] 가격	3	
담배[莨] 가격	5	
백미 4섬 가격	20	
연료비[薪炭] 가격	8	
청부료		200
합계	381	421

즉 왼쪽은 자본가가 자신의 냉장선을 운용하는 경우이고, 오른쪽은 선박 소유자로

6) 祭熟料는 출어에 앞서 龍神과 林慶業 장군 등에게 고사를 지내는 데 필요한 비용이다.
7) 선장과 사공이 별개가 아니라 한 사람이 겸하고 있는 것을 나타낸 것 같다. 왜냐하면 선원 급료가 13원이라고 했을 때 선장의 급료가 너무 적기 때문이다.
8) 원문에는 3원으로 되어 있으나 합계 104원이 되지 않기 때문에 13원을 잘못 기재한 것으로 보인다.

하여금 수송을 청부한 경우에 필요한 비용을 개산한 것이다. 이를 기준으로 생각해 보건대, 청부에 부친다면 자신이 출선하는 것보다 비용이 증가하는 것이 40원이다. 그러나 마포 부근에서 냉장수송에 사용할 선박 1척을 새로 만든다면 600원이며, 그 밖에 선구(船具) 전체의 비용 20원과 이엉으로 만든 빙실 덮개[苫][9] 비용이 30원을 더하면 합계 650원을 필요로 한다. 만약 중고선을 구입한다면 그 대금은 대략 200원에서 300원이 된다고 한다. 위의 내용은 단순히 수송에 필요한 비용만을 견적한 것이다. 만약 포어매수(捕魚買收) 자금을 고려하면, 그 규모에 따라 차이가 있지만, 대략 1척 1회의 구입자금은 1,500원에 해당한다. 단 앞의 표 중에서 얼음을 채우는 데 필요한 설비료 6원, 제숙료 45원, 합계 51원은 처음에 한하여 필요한 비용으로 다음번부터는 이 비용을 제할 수 있다.

냉장선 수

매년 냉장선의 출선수는 100척 내외로, 최근 2~3년간 마포 부근에 생선어(生鮮魚)를 가져오는 어선 수를 표시하면 아래와 같다.

- 조기[石首魚] : 90척 - 냉장선 20척, 냉장하지 않은 것 70척
- 도미[鯛] : 22척 - 전부 냉장선
- 준치[鰣] : 18척 - 동
- 민어[鮸] : 30척 - 동
- 합계 : 160척 - 냉장선 80척

포어매수(捕魚買收) 구역 및 수용 어류

냉장선이 포어매수를 하기 위해 왕래하는 곳은 황해도의 장산곶 이남, 전라도의 칠산탄에 이르는 일대의 어장으로, 포어(捕魚)의 종류와 계절에 따라 그 장소가 달라진다. 아래에 그 개요를 표시한다.

---

9) 원문에는 '苫'으로 되어 있으나 냉장선에 설치되는 빙실 덮개로 보인다.

어명	매수지(어장)	계절	항해에 필요한 일수(편도)	
			순풍 때	기후가 불순한 때
조기[石首魚]	·전라도 칠산탄 ·황해도 연평열도	·음력 3월 ·동 4월	·5~6일 ·2~3일	·14~15일 ·7~8일
도미[鯛]	·충청도 내도(內島) ·전라도 죽도 ·황해도	·음력 3~4월	·2~3일 ·3~4일 ·2~3일	·7~8일 ·7~8일 ·7~8일
민어[鮸]	·강화 ·남양만 앞바다	·음력 6~8월	·2일 ·2~3일	·3~4일 ·7~8일
준치[鰣]	·인천 및 강화 앞바다 ·충청도 내도	·음력 5월	·2일 ·2~3일	·3~4일 ·7~8일

단 연평열도 부근에서 매수한 조기는 냉장하지 않고 날생선인 채로 수송해 온다. 그 거리가 가까워 부패할 염려가 없기 때문이다.

매수 방법

조기 및 준치와 같은 것은 크기의 차가 적으므로 그 크기를 살펴서 1마리당 얼마로 매입한다. 도미는 대소의 차이가 심하지만, 앞바다에서 크고 작은 것을 서로 섞어서 평균 1마리에 얼마로 매입한다. 민어는 대 · 중 · 소 가운데서 중간 크기의 것을 골라내서 표준 물고기〈조선어로 가리〉로 삼고, 이보다 적은 것은 3마리를 2마리, 혹은 4마리를 3마리로 간주한다. 이보다 큰 것은 이에 준해서 반대의 방법을 쓴다. 최근 시기에 있어서의 직접 해상에서 매매를 하는 가격은 대개 아래와 같다.

고기 이름	최고 가격	최저 가격	보통 가격
조기	10마리 20전	6전	8~12전
도미	1마리 20전	10전	12~13전
준치	1마리 8전	5전	6전
민어	1마리 20전	10전	12~13전

냉장선 1척당 어류 적재량 및 그 판매 견적가는 선체의 대소에 따라서 서로 다르지만, 만약 쌀 300가마니를 적재하는 냉장선이라면 통상 아래와 같다.

고기 이름	적입고	양륙장의 단가	적하 견적가 (판매지의 가격)
조기(빙장하지 않을 때)	20~40만 마리	1전 5리	3,000~4,500원
조기(빙장할 때)	10~16만 마리	2전	2,000~3,200원
도미(동)	3,000~10,000 마리	15전	450~1,500원
준치(동)	4,000~6,000 마리	10전	400~600원
민어(동)	3,000~6,000 마리	18전	500~1,040원

얼음 적재 방법

출선에 즈음하여 배 안에 방형의 빙실을 만들고 바닥에는 갈대자리[葦莚]를 깐다. 주위에는 풀로 만든 자리[草莚] 또는 빈 가마니를 두르고, 여기에 얼음 덩어리를 넣고 그 빈틈에는 얼음조각을 박아 넣어서 작은 빈 공간조차 없게 한다. 층을 거듭 하면서 마찬가지의 방법을 써서 하나의 큰 얼음 덩어리를 만든다. 그 위를 여러 겹의 자리[莚] 또는 빈 가마니로 덮고, 다시 그 바깥 부분을 이엉으로 감싼다. 그리고 며칠 후 이것을 검사하여 만약 간격이 벌어진 곳이 있으면, 다시 얼음조각을 끼워 넣어 내부에 공기의 침입을 막으며, 만약 싸놓은 자리[莚]가 젖었으면 이를 제거하고 건조한 것으로 교체하여 녹는 것을 예방하는 데 힘쓴다. 단 적재는 여러 번 앞에서 서술한 것처럼 300가마니를 보통으로 하지만, 멀리 갈 때는 가능한 한 많이 싣고, 근해에 갈 때는 그 양을 감소시킨다. 그 밖에는 날씨에 따라서 참작하는 것은 물론이다.

수용어류(收容魚類) 빙장(氷藏) 방법

먼저 준비한 얼음을 부수어 배 아래에 두께 5촌으로 펼치고, 그 위에 어류를 늘어놓는다. 다시 얼음을 넣어서 반복한다. 그리고 작은 것은 평평하게 눕혀 늘어놓고, 큰 것은 등이 위로 향한 상태로 비스듬하게 배열한다. 이렇게 한 어류는 3~4월 무렵에는 15~20일이 지나도 색이 변하거나 맛이 변하지 않지만, 6~8월에 이르는 사이에는 13~14일간을 지나면 얼음이 녹으면서 함께 변질되는 것이 일반적이다.

수용어류의 양륙지

수용어류의 양륙지는 경성 남쪽인 동막(東幕) · 현석리(玄石里) · 서호(西湖) 3곳이라고 한다. 그래서 이 장소들은 경성 부근 및 한강 유역 일대에서 백화(百貨)의 집산지로, 여각 및 객주 중 규모가 큰 것이 즐비하며 그 거래가 매우 활발하다. 아래에 상기 3곳의 객주 호수 및 생선을 취급하는 객주명을 표시해 둔다.

지명	객주 호수	생선을 취급하는 객주 명
동막(東幕)	25	오기선 · 김낙희 · 경도윤 3호
현석리(玄石里)	10	장룡식 · 노상기 2호
서호(西湖)	9	윤홍일 · 김성원 · 김한익 · 문응규 · 차공필 5호
계	44	10

이처럼 이상 3곳에 매년 입항하는 생선어를 실어 나르는 배의 수를 개산하면 동막 35척, 현석리 45척, 서호 80척의 비율이다. 그리고 생선어의 판로는 경성을 중심으로 해서 부근 2리의 사이(일본 里程)10)를 최대 한도로 한다.

판매방법

객주는 자신의 집에서 출선하여 수용한 것인지 아닌지를 불문하고, 중개인의 입장에서 선상에서 중상인(중매인) 또는 소매상인에게 매도한다. 화주[荷主]에 대해서 대금 지불의 책임을 지는 것은 흡사 일본 어시장 경영자와 화주의 관계와 유사하다. 그리고 그 가격은 조기[石首魚] · 준치[鰣] 등은 1마리에 몇 전으로 정하여, 도미는 대중소로 구분하고, 민어는 대중소의 내에서 표준이 되는 물고기를 정하여 매매하는 방식으로, 앞바다에서 매매하는 방법과 다르지 않다. 단 선상에서 갑자기 가격을 붙이기 어려운 경우나 시장의 시세 변동이 심할 때는, 객상은 책임을 지고 중매인 또는 소매상인 등이 요구하는 어류를 건네주고, 경성 내외에서 판매되는 가격을 조사한 후 그 가격에서 2~3

10) 원문에는 2里로 되어 있다. 일본의 1리는 우리의 10리 즉 4km에 해당한다.

할을 할인하여 정산한다. 선상에서의 매매는 항상 일몰 후 불을 켜고 행하는데, 냉장선에서는 낮 동안 얼음의 용해가 빨라지는 문제가 있을 뿐 아니라, 야간에는 고기의 색과 윤이 산뜻하고 아름다워 보이는 이점이 있고 또 다음날 아침 시장에 나가기에도 편하기 때문이다.

본년 중 앞서 기술한 집산지 강기슭에 있어 선상매매의 평균가격은 대략 다음과 같다.

어류		최고	최저	보통
조기	냉장되지 않은 것	1마리 2전 2리	1마리 9리	1마리 1전 5리
	냉장된 것	동 3전 2리	동 1전 2리	동 2전
도미	대	동 30전	동 20전	동 25전
	중	동 15전	동 10전	동 12전
	소	동 12전	동 7전	동 8전
준치		동 18전	동 6전	동 10전
민어		동 25전	동 14전	동 18전

《빙고》

지금 한강 유역에서 빙고는 이미 완전한 곳이 12곳이 있다. 그리고 이 가운데 일본인이 경영하는 곳이 2곳, 일본인이 출자를 받아 조선인이 경영하는 곳이 4곳이 있다. 빙장업은 원래 관의 특허가 필요하였다. 그래서 수년 전까지는 마포의 하류 양화진에서만 빙고를 영업하는 자가 있었을 뿐이고 다른 곳에서는 그 존재를 볼 수 없었다. 당시에는 매년 음력 12월 관에서 관리를 파견하여 두모포〈豆毛浦, 경성 동대문 외 한강의 하안〉의 높은 지역에 단을 설치하여 장빙제(藏氷祭)를 집행한 후 채빙을 허락하였다고 전해진다〈또 매년 음력 2월에 이르면 결빙의 용해를 기원하기 위해 계빙제(啓氷祭)를 집행하였다고 한다〉. 현재 빙고의 소재지는 다음과 같다.

흑석동	용산철교의 상류 약 10정(丁)[11]의 좌안
노량진	노량진역에서 북쪽 약 2정
마포	용산의 서쪽
현석리	마포의 하류 약 8정
서호	현석리의 하류 약 5정
양화진	양화진 서호의 하류

앞의 흑석동 및 노량진의 저빙장은 일본인 하타노 마쯔타로[羽多野松太郎]가 경영하던 곳으로, 오로지 병원 기타 일반 위생용으로 사용되는 것을 목적으로 하는데, 그 사업을 개시한 것은 지금으로부터 10년 전이었다고 한다. 다른 10곳도 대부분은 일반의 수요를 목적으로 하지만, 냉장선으로 판매된 것도 역시 적지 않다. 단 냉장선을 경영하는 자는 대부분 스스로 2평 정도의 소빙고를 설치하여 저빙(貯氷)하며, 그 수가 해마다 같지 않지만 결빙이 두꺼운 해에는 100곳 정도에 달하는 경우도 있다. 이들 소규모의 빙고 건설비는 1고(庫)에 30~50원을 필요로 한다고 한다.

빙고구조

강기슭의 고지대를 파서 커다란 지하실을 만들고 지상에는 단지 지붕만을 설치한다. 강기슭을 선택하는 것은 자연적인 배수를 고려하기 때문이다. 대략 다음 그림과 같다.

11) 丁은 町이라고도 하며 60間이며 약 109m이다.

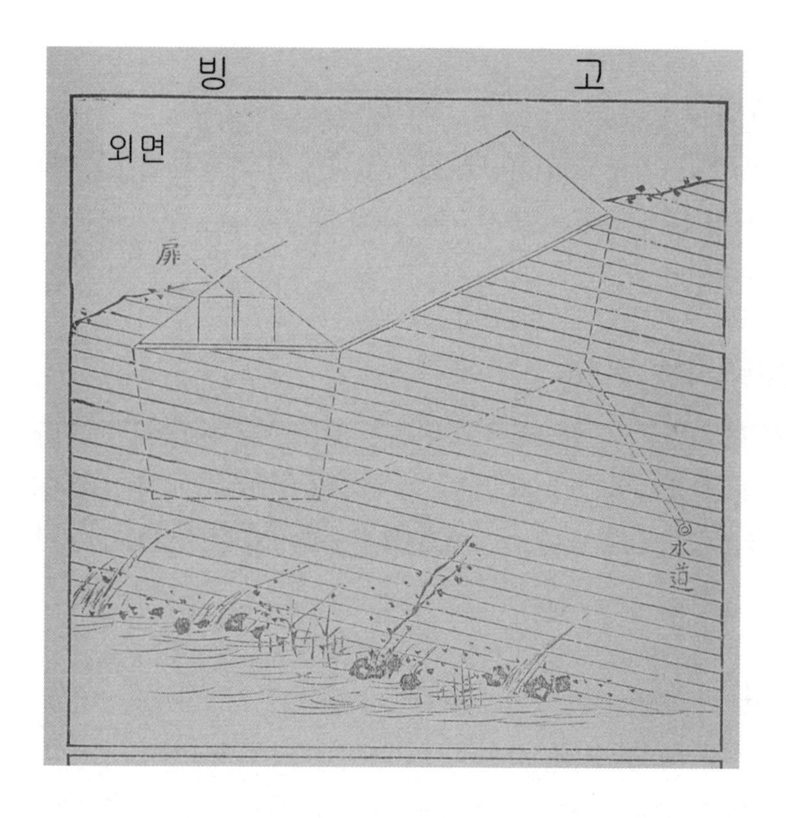
빙 고
외면
扉
水道

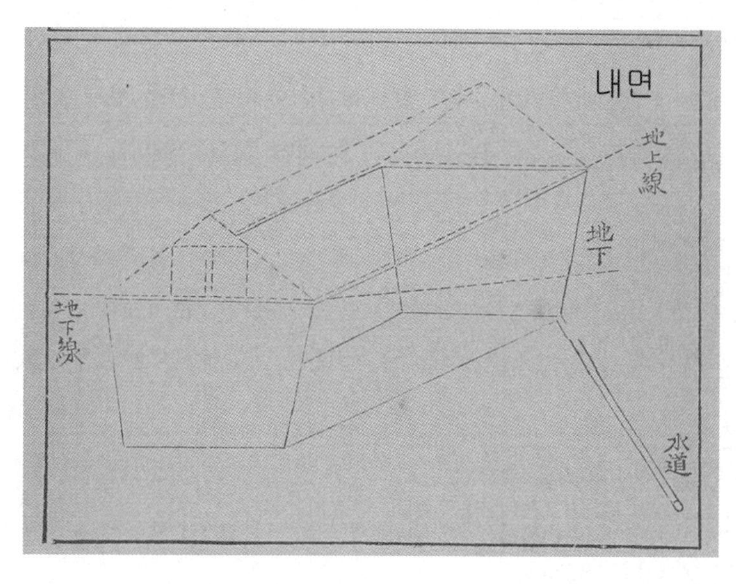
내면
地上線
地下
地下線
水道

빙고건축비

빙고 건축비는 크기에 따라 차이가 있으나 빙고 안[12)]이 대략 13간(間)[13)], 폭[間口][14)]은 상폭이 26척, 하폭은 20척, 깊이 18척, 지붕은 떠로 잇는 데 모두 900~1,000원이 필요하다고 한다.

채빙(採氷)시기

한겨울에 한기(寒氣)가 최고점에 달했다고 생각될 때, 오전 2시경에서 해 뜨기 전까지의 사이(약 5시간씩 일함)에 채빙한다. 대개 얼음이 녹을 우려가 있기 때문이다. 이는 해에 따라 혹은 음력 12월이 될 수도 있고, 혹은 1월이 될 수도 있어서 그 시기는 일정하지 않다.

채빙방법

채빙방법은 도끼로 빙면(氷面)을 깨뜨리는데, 대개 길이 1척 5촌, 폭 1척 정도로 깨뜨려 채빙한다. 한강(漢江)에서 얼음이 두꺼워지는 시기는 해에 따라 1척 정도가 되는 경우도 있지만, 해마다 7촌 정도가 되는 것을 최대로 한다. 때문에 앞에서 기록한 촌법(寸法)에서 얼음 한 장의 무게가 대략 5관(貫)[15)]이 되는 것을 보통으로 하고, 3장을 한 짐[負][16)]으로 한다. 즉 한 짐은 15관의 무게에 해당한다.

채빙 및 저장비

채빙공 및 저장공은 경험이 있는 자를 쓸 필요가 있다. 하루(오전 2시부터 일출까지 약 5시간 노동함), 채빙공(採氷工, 얼음 자르기) 8인 · 저장공(貯藏工, 얼음 쌓기) 6인

---

12) 입구에서 안쪽 끝까지의 거리. 奥行.
13) 기둥과 기둥 사이의 칸 수. 1간(間)은 6척 즉 약 1.8m이다
14) 間口는 정면의 폭을 말함. 내림이라고도 한다.
15) 1貫은 3.75kg. 5관은 18.75kg.
16) 지게로 한 짐을 뜻한다.

· 운반 인부 300인을 사용해서 얼음 10,000관(貫) 내지 12,000~13,000관을 저장한다. 앞에서 기술한 빙고 한곳에 저장하는 얼음은 대략 15만 관으로, 여기에 필요한 비용은 채빙공 및 저장공[庫積方]의 임금 140~150원(圓)이 필요한데, 주로 도급으로 계약한다. 운반인부 임금은 5관 무게의 얼음 1장을 3전(錢)으로 하여 한 짐에 9전(錢)을 보통으로 한다. 따라서 15만 관을 운반하는 데에는 900원이 필요하다. 대체로 저장에 필요한 총비용은 채빙 · 저장공의 도급액과 합해서 1,040~1,050원이 필요하다는 계산이다.

저장방법

채빙한 얼음을 빙고 안에 배열하고 그 접합부의 틈에는 얼음조각을 끼워 넣어서 조그만 틈도 없도록 한다. 순차적으로 겹쳐 쌓아서 빙고 내 전부를 하나의 큰 얼음덩어리로 만든 후 그 위에 대자리 혹은 빈 가마니 여러 장을 겹쳐 덮어서 가능한 한 외부의 기운이 통하지 않도록 밀폐해 둔다.

저장얼음의 수율(收率)

이렇게 해서 저장한 것은 판매할 수 있는 비율은 대개 1/3을 얻는다고 한다. 판매가격은 봄 · 여름이라고 해서 큰 차이는 없다. 올해(융희 2년, 1908) 같은 경우는 봄 · 여름을 통해 도매가격으로 1관에 8전이었다고 한다. 그렇다면 15만 관을 저장해서 그 수율(收率)이 1/3, 즉 5만 관이라고 한다면, 그 가액(價額)은 4,000원인 것이다. 만약 이 비율로 수지를 따져보면 정산해서 2,500~2,600원의 이익이 된다는 계산이 나온다. 그렇지만 사실 이처럼 큰 이익을 얻을 수 있을지는 의문이다.

《일본어선의 수송기관》

다음으로 일본 어선의 어획물 처리 운반을 운영하는 것을 보자. 그 선종(船種)에 대해 말하자면, 기선(汽船)이 있고, 석유발동기선(石油發動機船)이 있으며, 범선(帆船)이 있고〈모선(母船)은 주로 어선 중 큰 것〉, 부선(浮船)이 있다. 그런데 어선과의 관계는 직접적인 것이 있고 간접적인 것이 있으며, 어선에 전대(前貸)해 주는 것과 그렇지 않은 것이 있다. 어선과 단체를 조직하는 것과 단독으로 하는 것이 있으며, 또 어획물은 바로 염장해서 처리하는 것이 있고, 활어[生魚]나 선어(鮮魚)로 수송하는 것이 있다. 수송은 우선 조선 시장 외에 일본 내지인 경우가 있다. 다음에 편의에 따라 분류해서 그 업무의 개요를 서술할 것이다.

(1) 모선(母船)

모선(母船)이란 단체어선의 본선[元船]으로 미리 어선에 대해 자금을 빌려주고 그 어획물을 매수하여 그것을 운반해 시장에 판매하는 것을 업으로 하는 것이다. 또한 이 모선에는 염절모선(鹽切母船)과 활주모선(活洲母船)의 두 종류가 있다. 이는 이름에서 알 수 있는 것처럼 어획물을 처리하는 방법이 다르기 때문에 생긴 구분일 뿐이고 어선과의 관계에서는 양자가 거의 같다. 이 밖에 잠수기선에 딸린 작은 왕복선[小廻船]〈어업근거지와 조선 또는 일본시장 사이를 왕래[往港]하며 어획물의 제조 또는 양식, 기타 일용품을 운반하기 때문에 이렇게 부른다〉도 모선이라고 칭하지만 그 성질은 여기서 말하는 모선과는 완전히 다르다.

염절모선(鹽切母船)

염절모선이나 단체를 조직하는 어선은 도미연승 · 삼치유망 · 안강망 어선으로 그 단체는 보통 모선 1척에 어선 5척의 비율로 하고 봄 · 가을 두 계절에 출어한다. 즉 봄에는 대개 음력 2월에 와서 6월 말에 귀국하고, 가을에는 음력 8월에 와서 12월 말에 돌아간다. 곧 음력 정월과 우란분(宇蘭盆)[17] 무렵을 휴어기로 한다. 그리고 어선과의 관계는

17) 하안거(夏安居)가 끝나는 음력 7월 보름날에 행하는 불사(佛事). 석가의 10대 제자의 한 사람인 목련존자의 어머니가 죄를 지어 아귀도(餓鬼道)에 떨어져 있을 때에 그를 구하기 위하여 목련이 석가의 가르침에 따라 큰 잔치를 벌였으며, 이를 본받아 모든 사람이 조상의 성불(成佛)을 기원한 것이 시초라고 함. 이날 민가와 절에서는 여러 가지 음식을 만들어 분(盆)에 담아 조상의 영전(靈前)이나 부처에게 공양한다.

어획물 전부의 매수를 약정하고 연 2회 어기의 출어에 앞서 어선 매 1척에 100원 내외를 전대하며, 또한 출어 중 어선에서 필수적으로 쓰이는 쌀 · 소금 · 기타 일용품 모두를 빌려준다. 어가(魚價)의 지불은 한꺼번에 이루어지는데, 즉 우란분절과 연말 양 절기에 정산하며 어업을 마치고 귀국한 다음 계산한다. 그 금액은 계약가격에 따르지만 대개 시세를 기준으로 한다. 곧 남해안에서 도미는 평균 10관목에 3원 내지 3원 5~60전으로 하고, 삼치는 봄철 입하 전후를 중심으로 1마리에 18~30전으로 한다. 어장은 계절과 어업에 따라 달라지는데 이들은 분포도를 보아야 분명해지기 때문에 여기에서는 생략한다. 선어(鮮魚)는 부산과 인천시장에 판매되지만 염어(鹽魚)는 주로 시모노세키 · 모지[門司] · 하카다[博多] 및 여타 규슈[九州]지방으로 판매한다.

본 사업은 각종 운반선 중(잠수기선의 부속운반선은 별도로 한다) 가장 먼저 개시된 것으로, 일본 출어선의 발달이 지금처럼 번성하게 된 것은 본업 개시에 의해 조장된 측면이 많다는 점은 의심할 수 없다. 본업은 원래 히로시마현[廣島縣] 사람 아라카와 토메쥬로[荒川留十郎]라는 자가 명치22년(1889)경 자신이 소유한 배로 혼자 건너와서 당시 출어선이 조선인에게 그냥 버리는 것과 마찬가지로 싸게 팔던 것을 매수해 염장해서 본국에 수송하여 큰 이익[巨利]을 얻었던 것을 단서(端緖)로 한다고 전해진다. 따라서 지금 또한 이 사람이 소유한 모선을 조복환(鯛福丸)이라 칭한다. 대개 이 사업을 시작할 당시를 기념해서 부른 것이다. 다음에 최근 2개년 간 본 모선영업자의 출어통계를 표시하였다.

명치 39년	모선수 152	종업자 545
동 40년	동 186	동 558

이처럼 본 사업자 중 그 규모가 가장 큰 것은 앞에서 언급한 조복환(鯛福丸)과 가가와현[香川縣]의 포일환(浦一丸) · 와자환(蛙子丸) 등이다.

활주모선(活洲母船)

활주모선(活洲母船)[18]은 활어[生魚]의 운송 판매를 목적으로 하는 것이다. 따라서 그 선체에는 활주 장치를 설비했다. 어선과의 관계는 염절모선과 비슷해서 한 모선에 딸린 계약선은 그 수가 대개 4~5척 사이이다. 활주모선이 수용하는 어류는 도미·삼치·광어·붕장어·갯장어·가오리(鱝)·은어·작은 상어[小鱶] 등이고 가격은 계절에 따라 차이가 있다. 올해 충매(沖買)[19] 가격에 경우 부산수산주식회사 지배인이 이야기한 바에 따르면 아래와 같다.

도미는 춘계 4월경에는 10관(貫)에 6원 정도지만 한번 사리[潮]가 있을 때마다 50전씩 떨어져서 7월의 3원 50전을 최저가격으로 하고 7월부터 점차 올라 11월 초순에는 6원~6원 50전의 가격을 보였다. 또한 앞으로 10원까지 오를 가능성이 있다고 한다.

삼치의 활어 매입은 대개 매년 9~11월 중에 한다. 올해 9월에는 한 마리에 27~8전이지만 11월에는 60~70전으로 갑자기 올랐다. 또한 앞으로 90전에서 1원까지 오를 가능성이 있다. 광어[ヒラメ]는 1척 2촌을 1매(枚)로 삼는데 9월경은 1매에 15전이지만 11월에는 21전이 될 수 있다. 또한 앞으로 25전이 될 가능성이 있다. 단 광어는 추계부터 동계에 걸쳐 10일마다 1매당 1전씩 가격이 오른다고 한다. 갯장어는 그 어획기간 중 10관에 3원 25전~3원 50전이다.

살아있는 물고기의 수송방법은 남안(南岸) 부산을 중심으로 하는 경우와 서안(西岸) 인천을 중심으로 하는 경우에 따라 다소 양상이 다르다. 즉 부산을 중심으로 하는 경우는 부산수산주식회사가 설비한 활주(活洲)를 차입(借入)해서 저장하거나〈부산수산주식회사의 기사 참조〉, 또는 스스로 활주(活洲)를 설비하는 경우도 있다. 그래서 편의에 따라 활주선(活洲船)에서 꺼내어 부산시장 또는 일본 내지에 산 채로 수송한다. 단 일본에 산 채로 수송하는 것은 주로 갯장어[鱧]와 붕장어[海鰻]이며, 도미도 얼마간 산 채로 수송하지만, 그밖에는 대개 선어(鮮魚) 상태로 수송[鮮送]한다. 일본에서 활어 수송의 행선지는 주로 오사카[大阪]라고 한다. 요즘은 시모노세키[下關]부터 오사카에 이르는 사이에서 예선업(曳船業)을 개시한 자도 있다. 그리고 그 예선료(曳船料)는 활주선(活洲船) 1척이면 150원·2척이면 200원·3척이면 250원으로 선수(船數)가

18) 活洲는 물고기를 산 채로 운반하기 위한 水曹를 말한다.
19) 고기를 잡는 현장인 앞바다에서 어선으로부터 사들인 가격을 말한다.

늘어날수록 점차 체감된다. 활어를 수용하는 구역은 대개 동해안의 영일만에서 서남도해(西南島海)에 이르는 사이지만, 계절에 따라 다소 이동한다. 단 붕장어는 영일만 · 울산만 · 낙동강 · 하동강(섬진강) 외에 서해안 목포 · 영산강에서도 수용한다. 수용 시기는 어업에 따라 봄 · 가을 두 계절인 경우가 있고, 가을인 경우가 있다. 대개 부산수산주식회사의 수송업에서 기록한 것과 마찬가지이므로 여기서는 생략한다. 단 갯장어 등과 같은 것은 주로 가을이다. 인천을 중심으로 하는 경우 서해안에서는 조석간만이 격심하고 연해의 바닷물이 혼탁하므로, 멀리 떨어진 섬이 아니면 활주(活洲)를 설치할 수 있는 적당한 장소를 찾을 수 없다. 그렇기 때문에 현재 그 설비를 할 수 있는 곳은 어청도 한 곳이고, 어계(漁季)는 주로 봄 · 여름이며 잡은 고기[捕魚]는 대개 곧 활주모선(活洲母船)에 수용해서 산 채로 수송한다. 활주에 저장하는 것이 적어서 그 수송 행선지는 인천 또는 군산시장에 그치고 일본 내지에 산 채로 수송하는 것은 매우 적다. 어장에서 인천시장에 산 채로 수송하는 것은 모선(母船)의 활주장치에 수용해서 바닷물만 넣고 운반하는 것이 대부분으로, 물고기가 자유롭게 헤엄치도록 할 여지는 둘 수 없다. 그렇지만 죽도(竹島)에서 운송되는 500마리 중 폐사되는 것은 30마리 정도의 비율에 지나지 않는다고 한다. 아래에 과거 5년간 활주장치를 설치한 출어선의 통계를 표시한다.

	明治36년 (光武7년)	동 37년 (동 8년)	동 38년 (동 9년)	동 39년 (동 10년)	동 40년 (隆熙원년)
배 척수	40	53	26	43	53
종사자	135	186	97	164	138

(2) 독립 운반선

어선과 직접 관계를 가지지 않은 것을 칭한다. 여기에 속한 것은 기선(汽船) · 석유발동기선(石油發動機船) · 일본형 범선(帆船) · 부선(艀船)[20]이다. 그런데 이러한 것은

20) 거룻배를 말하며 자체 동력 및 돛을 갖추지 않은 배를 말한다. 현재의 바지선과 같은 배이다. 浮船으로 표기한 곳도 있다.

보합법(步合法)[21]에 의거해서 운반한다. 모선 또는 조선인 어부에게 그 어획물을 구입하고, 시장에 운반해서 판매하는데 대개 아래와 같다.

기선

기선으로 운반에 종사하는 것은 명치40년에 4척이었지만, 올해는 5척이 되었다. 그 배이름은 아래와 같다.

소부사환(小富士丸) · 천엽환(千葉丸) · 해리환(海利丸) · 유어환(有魚丸) · 관영환(貫榮丸)

이러한 기선 중 천엽 · 해리 두 배는 상시 조선 연해에서 항운을 주업으로 하는 것이지만, 다른 배는 어계(漁季) 중 와서 영업하고 어계가 끝남과 동시에 본지(일본)로 귀항한다. 해리환은 인천항 아라키[荒木] 아무개 등이 경영하는 바로서, 봄 · 여름 · 가을철에는 서해안 어장에서, 겨울에는 남해안 어장에서 인천시장까지 신선한 어류를 운반한다. 천엽환은 인천시장 전속인 양, 성어기 중에는 오로지 어장에서 인천까지 어선 모선을 시장에 예인[引曳]하거나 또는 어획물을 운반한다. 그 수수료는 모두 어획물 매상고[賣揚高]의 10~15%라고 한다.

석유발동기선

지난 명치 40년 중에는 6척에 지나지 않았지만, 올해는 일약 7척이 증가하여 13척이 되었다(이 안에는 부산수산주식회사의 소유선이 포함된다). 왕래는 주로 부산시장과 어장 사이로 인천에 이르는 것은 많지 않다. 수송 수수료 및 예선료는 기선과 대략 같다.

부선(浮船)

부선운반업과 다르지 않다. 즉, 어계 중에 일본인이 한국형 · 일본형 부선을 임차하여

21) 물고기를 잡은 어선 측과 물고기를 운반한 측이 비례를 정하여 수익을 나누는 것을 말한다. 아래에 따르면 운반한 측이 물고기 매상고의 10~15%를 갖는 것으로 되어 있다.

어장에 이르러 염장 어류를 매수하여 편리한 시장에 판매하는 것을 일컫는다. 이 방법은 안강망 어업자와 함께 발전하여 현재 그 수가 15척에 달한다. 영업자는 목포 · 군산 · 인천 재류 일본인이라고 한다. 그 매출은 봄에는 성행하지만, 가을 · 겨울에 계속하는 경우는 많지 않다.

상기한 것 이외에 어업 관계의 운반선으로 잠수기선에 딸린 소회선(小廻船, 운반선)이 있다. 그런데 그 배의 수는 1조(組) 1척을 보통으로 한다. 그 외에 나잠업자 · 대부방 · 정어리(멸치)망 · 해삼망 또는 거류지에서 먼 거리에 있는 어장에서 어획물 제조를 영위하는 어업단체에 부속된 소회선이 있다. 이러한 것 역시 대개 1조 1척을 보통으로 하지만, 규모가 큰 경우는 2~3척을 갖추고 있다. 그렇지만 이러한 것들은 부속선으로 개인적인 용도로만 쓸 뿐이며 운반업을 영위하는 자는 아니다.

2. 판매기관

《개요》

수산물을 전문으로 판매하는 기관으로 운영되는 것은 대개 일본인이 경영하는 것이고, 조선인의 손으로 이루어지는 것은 그 수가 적다. 규모도 역시 작아서 특별히 소개할 가치가 있는 것은 없다. 그렇지만 종래 객주(客主) 또는 여각(旅閣)이라고 하는 자가 있는데, 그 영업형태는 일본인의 도매업[問屋業]과 흡사하다. 그 취급품은 각각 전문적인 품목이 있는 것은 아니지만 지방물산의 많고 적음 또는 계절에 따라서 스스로 어떤 물품을 주관하는 경우도 있고, 취급액[取扱高]도 역시 비교적 거액에 달하는 경우가 없지 않다. 다음으로 각 기관의 어업 실태 및 현상을 간략히 설명하고자 한다.

《객주》

이미 말한 것과 같이, 조선에서 유일한 판매기관으로 각지에서 집산에 편리한 장소에서는 개설되지 않은 곳이 없다. 그리고 중요시가(重要市街) 또는 요항(要港)에는 수십 또는 십여 채의 동업자가 있다. 그 어업의 실태는 각종 물품의 매각 · 위탁판매 · 중매를 하고, 또 은행업 및 양체업(兩替業)[22]도 겸하고, 객주가 큰 경우에는 여각(旅閣)이라고 칭한다. 그 이름을 달리하지만 그 내용은 마찬가지여서 오직 크고 작은 차이가 있을 뿐이다. 객주 · 여각은 문자에서 보이는 것과 같이 모두 여행객이 숙박하는 곳이므로, 화주를 위해서는 매우 편리하다. 객주는 창고를 소유하고 화주의 물품을 보관하는 일을 맡는다. 그렇지만 화주가 그 객주의 손을 거치지 않고 해당 물품을 다른 사람에게 판매하지 않는 한, 물품의 보관에 대해 따로 창부료(倉敷料)[23]를 요구하지 않는 것을 관례로 한다. 일본인은 객주를 문옥(問屋, 돈야)이라고 부르는데, 생각건대 그 사업의 실태가 일본의 문옥과 유사하기 때문일 것이다. 그렇지만 그 업무의 범위는 앞에서 기록한 바와 같이 그 문옥업보다도 넓다. 수산물 취급의 경우에 구전(수수료)은 각지에서 다소 차이가 있지만, 대개 1할 내지 8푼이며, 일본인과 흥정 · 거래하는 경우에는 7푼~5푼으로 한다. 단 조선인에 대해서는 더 많은 수수료를 징수하는 것은 화주에게 음식을 공급하는 것을 관례로 하기 때문이다.

《어시장》

전술한 것과 같이 대저 일본인이 영업하는 것이다. 이것을 표로 나타내면 다음과 같다.

어시장 소재지	어시장 명칭	경영자명	자본금액(원)	불입금액	설립 년월일
경상남도 울산	울기어시장	울기수산주식회사	10,000		설립중
동 부산	부산어시장	부산수산주식회사	600,000		明治36년1월1일
동 마산	마산수산주식회사어시장	마산수산주식회사	20,000	5,000	동39년4월8일
동 장승포	장승포어시장	장승포어시장	10,000		동40년 2월20일
동 통영	통영어시장	통영어시장조합	5,000		동40년4월1일

22) 어음 등 유가증권을 현금을 바꾸어는 주는 업무를 말한다.
23) 창고 사용료.

전라남도 목포	목포어시장	長浦福市	5,000		동33년9월6일
동 북도 군산	군산해산 주식회사어시장	군산해산주식회사	10,000	2,500	동40년3월27일
경기도 경성	주식회사 경성수산물시장	주식회사경성 수산물시장	60,000	15,000	동38년1월11일
동 용산	주식회사 용산어시장		17,500		동40년11월9일
동 경성	日ノ丸魚市場	香椎源太郎	미상		동41년5월16일
동 인천	인천수산 주식회사어시장	인천수산주식회사	300,000	75,000	동10년11월
동 인천	인항어상회사 어시장	인항어상회사	2,680		光武3년11월15일
평안남도 진남포	진남포수산 주식회사어시장	진남포수산 주식회사	40,000		明治41년3월12일
동 평양	주식회사 평양어채시장		30,000		동39년10월20일
동 북도 신의주	신의주강안 어시장	藤原秀吉	2,200		동41년5월10일
전라북도 만경군 북면 몽산리	공영사	鄭翰主 외 7명	800		隆熙2년8월1일
평안남도 삼화부 용정동		李用仁	200		미상
동 영유군 어용리		宗風年	無		미상

앞에 본 어장 중 취급액이 많은 곳은 일본인이 경영하는 부산 및 인천 어시장이고, 이것 다음으로는 군산 · 마산 · 진남포라고 한다. 중요지에서 어류 판매기관의 경영상태 · 연혁 및 현황을 기술하는 동시에 그 매상액의 월계 및 금액을 표로 나타내었다.

● 부산수산주식회사(釜山水産株式會社)

위치 및 자본

부산수산주식회사는 부산항 남빈정(南濱町) 3번지에 있다. 회사 설립은 명치(明治) 40년 5월 1일이지만, 그 전신은 명치 22년 8월에 창설되었고, 현 회사는 그 사업을 계승한 것이다. 회사 자본금은 60만원이고, 그것을 1만 2천 주로 나누어 1주당 금액은 50원이다. 현재 불입 금액은 18만원으로 1주당 15원 비율이다. 회사 중역은 다음과 같다.

전무취체역 – 사장	야바시 히로이찌로[矢橋寛一郎]
취체역	하자마 후사타로[迫間房太郎]
	오이케 츄스케[大池忠助]
	가와무라 시게하찌로[河村茂八郎]
	가시이 겐타로[香椎源太郎]
지배인	고모 미찌사부로[河面道三郎]
감사역	사카다 분키치[板田文吉]
	호카 사다하찌[保家貞八]
	도요타 후쿠타로[豊田福太郎]

300주 이상을 소유한 주주 및 소유한 주식 수는 다음과 같다.

1,360주 오카쥬로[岡十郎] · 1,224주 오이케 츄스케 · 1,132주 가와무라 시게하찌로 · 820주 하자마 후사타로 · 730주 사카다 분키치 · 578주 야바시 히로이찌로 · 544주 세키자와 키요시[關澤廉] · 365주 다케시타 요시타카[竹下佳隆] · 320주 나가미 히로쯔구[永見寛次] · 300주 나카무라 토시마쯔[中村俊松]

연혁

명치 40년 5월 현 회사의 조직이 만들어지면서 회사 사업경고서(事業敬告書)에 밝힌 내용이 있어 아래에 그것을 게재한다.

명치 16년 재조선국일본인민통상장정(在朝鮮國日本人民通商章程)이 윤준(允准)되고, 그 41조[款]에 기반하여 우리 어업자가 속속 도한(渡韓)하는 경우가 많지만, 애석하게도 대부분 어장 상황에 어두워 어구(漁具)의 적부(適否)를 알기 위해 헛되이 동서로 떠돌아다니거나 시험에 시일을 낭비하거나, 또는 다소의 어획물이 있어도 판로를 몰라 예측치 못한 손실을 초래하여 애써 준비한 자금을 잃는다. 따라서 어기(漁期)를 모르는 등 당시 어업자의 상태가 실로 슬프고 애통한 경우가 적지 않았다. 명치 22년 일한통상규칙의정이 발포되면서 공변(公邊)[24]의 일에 익숙하지 못한 어부들이 일한 관아에 여러 가지 신고를 하는 등의 법에 어두워 불식간에 범칙자를 낳게 되는 경우 등을 우려하여, 명치 22년 8월 부산 유지자들이 서로 논의하여 자본금 5만원으로 부산수산회사를 설립하였다. 오로지 대중들보다 먼저 어장의 탐험 · 어기의 시험 · 어구의 사용 · 미끼 채취 장소 등 적어도 당국(朝鮮) 연안 어업에 관한 만반의 사항을 탐구하고, 사방으로 나가서 주야로 쉴 새 없이 노력하고 풍파를 견디어 얻은 바는 새로 오는 어업자에게 소개 · 지도 · 장려하는 한편, 부산 본사 앞 해변에 어시장을 개설하여 어획한 생선류는 곧바로 일한인(日韓人)에게 경매하여 판로를 자유롭게 하였다. 한편 새로 오는 어업자가 행정절차에 어두운 경우, 특별히 사원을 배치하여 영사관의 여러 서류, 조선 정부의 어업 감찰원(鑑札願) 등의 업무를 대서 · 대변하고, 우편 중개 · 위체저금 등의 대리 등도 주선하고, 또 자금을 대부하는 법을 만들어 새로 온 어부 중 자본이 없는 자에게 전

24) 官邊과 같은 말로 행정적인 절차 등을 말한다.

대(前貸)를 행하였다〈현재까지 계속된다〉.

이와 같이 본사는 무한한 요구에 대해 유한한 자력(資力)으로 감당할 수 없는 것은 당연하여, 이미 자본의 대부는 손해를 보면서 제공하고 있다. 주주에게 이익의 배당을 행할 수 없는 상황이 여러 기(期) 계속되었으나 각 주주는 아직 유동적인 이 사업에 매진하고 있다. 한편, 혹은 세키자와 아케키요[關澤明淸][25]씨를 초빙해서 미국식 발포 포경을 시험하거나, 혹은 새로 수척의 어선을 임대해서 죽변만에서 정어리 · 방어그물[鰯 · 鰤網]을 시험하거나, 경보신호표를 설치하여 풍우의 경계(警戒)를 어부에게 예고하는 등 크고 작은 일을 가리지 않고 어업을 위해 공헌하였다. 결국 본사는 자금의 결핍을 느끼게 되어 명치 35년 10만원으로 증자하고, 이보다 앞서 명치 31년 부산 유지자와 논의하여 일본인 출어자의 보호 · 단속 기관으로 따로 어업협회라는 단체를 조직하여 종래 부산수산주식회사가 취급해오던 공공사업을 모두 이 단체로 이관하였다. 본사는 또한 그 비용을 보조하기 위해 매월 몇천 원을 지출하여 더욱 이 사업의 개선 발달에 기여하고자 한다.

다음과 같이 전신(前身) 회사의 창립 이래 회사 시장에서의 수양고(水揚高)[26]를 제시하였는데, 회사 발전의 일반을 살피는 한편 남해에서 일본 출어자 어업 추세의 일단을 미루어 알기에 충분하다.

연도	양륙(揚陸) 금액/원	연도	양륙금액
명치 22년	11,323	명치 32년	103,831
23년	19,989	33년	93,673

25) 일본 근대수산업의 발전에 크게 기여한 인물이다(1842~1897). 加賀藩士의 아들로 태어나 막말 명치기에 관리로 구미제국으로 건너가 만국박람회 등을 견학하면서 선진적인 구미의 수산기술을 흡수하는 데 노력하였다. 특히 연어와 송어의 인공부화 · 건착망어업 · 포경술 등을 들 수 있는데, 여기에서 말하는 신식 포경술이란 300~400톤 정도 되는 범선을 모선으로 하고 몇 대의 포경용 보트를 싣고, 총이나 대포를 쏘아 고래를 잡아 모선에서 기름을 짜는 포경법이다. 명치 13년에 千葉縣에서 시작하였으며 21년에는 일본수산회사를 설립하였다. 후에 駒場農學校(現東京大學農學部)의 교장을 역임하였다.

26) 水揚은 현재 揚陸이라는 말로 쓰이며, 배에서 물고기를 육지에 올리는 것을 말한다.

24년	34,410	34년	101,142
25년	30,700	35년	95,475
26년	27,931	36년	104,637
27년	41,637	37년	157,541
28년	72,772	38년	334,494
29년	112,617	39년	402,131
30년	111,896	40년	547,339
31년	104,449		

어시장의 위치

어시장은 회사의 앞쪽 해안을 따라서 건설되어 어선이 바로 접안하여 하역이 가능하다. 특히 이 지방은 조석간만의 차가 적으므로 어선이 폭주하는 경우가 늘 끊이지 않는다. 집산의 대부분이 조선 각 어시장 중 첫째를 차지하는 것은 단지 부산이 일한(日韓) 교통의 관문이기 때문만이 아니라 또한 선박이 끊이지 않고 출입이 가능한 점에 기인하는 바가 크다.

부산수산회사 어시장

영업의 개황

업무의 범위는 정관(제2조)에 나타난 바와 같이 수산물매매 · 포어(捕魚) 수송 · 제조 · 위탁판매 · 어업자금 융자 등이지만, 주된 사업은 어시장에서의 위탁판매이다. 다음과 같이 중요사항 및 현황을 간략하게 설명한다.

상동

(1) 위탁판매

회사의 주된 업무로서 부속 어시장에서 영업하는 어시장은 매일 오전 8시에 개시해서 오후 5시에 종료한다〈단 5월 1일부터 11월 말일까지는 오전 7시부터 1회, 오후 2시부터 1회로 한다〉. 판매는 조매(糶賣)[27] · 산당매(算當賣) · 입찰매(入札賣) 3가지 방식이 있으며, 회사가 승인한 중매인을 통해서 매수한다. 단 어류가 대단히 많이 쌓였거나 부적절한 염가 혹은 다른 곳에서 주문이 있을 때는 회사 스스로 조시(糶市)에 입회

27) 조매는 현재의 경매를 뜻한다. 이하 경매로 번역한다.

해서 매수한다. 판매 수수료는 선어(鮮魚) · 염건어(鹽乾魚)를 가리지 않고 경매일 때는 1할, 산당매 또는 입찰매일 때는 5푼[歩]으로 한다. 청어와 정어리 2종류는 통과수수료로 매취주(買取主)로부터 매취 가격의 5/100를 수수한다. 단 이들 어류는 시장에서 경매를 위한 별도의 전문 중매인이 있고, 하주(荷主)와 직접 거래를 위해 오직 시장 구내의 일부를 사용하는 것을 허용한다. 작년 5~12월까지 회사 수입의 경매 수수료는 26,041여 원이고, 통과수수료는 2,580여 원이다. 위탁자 즉 하주에 대한 위탁판매[仕切] 정산은 바로 위탁판매 전표[切符]를 교부하고, 위탁판매금을 청구할 때는 위탁판매전표와 맞교환하는 방식으로 위탁판매정산서를 첨부하여 지불한다. 회사는 본업의 발전을 기하기 위해 포어 수송 · 하주인 어업자 장려 · 어업대금 융자 · 어업자의 이재(罹災) 구조 · 중매인 장려 등 여러 가지 수단을 시행하고 있는데, 다음에서 그 내용을 간략하게 기록한다.

(2) 포어수송

이 사업은 작년(명치 40년) 현 회사를 조직한 이래 개시한 것으로, 아직 성적 보고를 얻지 못하였다. 그래서 그 자세한 내용은 알 수 없으나, 회사는 어업자의 편리를 도모하는 동시에 그 시장에 생선어(生鮮魚)[28]를 수집하기 위해 소유선을 부근 어장에 파견하여 수송에 종사한다. 수송료는 어장의 원근에 따라 다소의 차이가 있지만 대개 회사 시장 매상가액의 1할~1할 5푼으로 한다. 즉 거제도 부근부터는 1할, 남해도 부근부터는 1할 5푼으로 하고, 기타 어장도 또한 이에 준한다. 회사는 포어 수송을 위한 부대사업으로 각 어장 부근에 활주(活洲)를 설비해서 어선 또는 그 모선의 의뢰에 따라서 사용토록 한다. 활주 설비는 작년 9월부터 개시하였다. 금년 봄에는 나로도〈羅老島, 召山島 혹은 國島라고 말한다〉, 삼천포 · 여수항구 · 남해도 · 욕지도 · 사량도 · 구성라(九城羅)[29] · 장승도(長承島)[30] 부근 기타 지역 9개소에 설비하고, 가을 이후에는 장승포 · 순천만구 부근 · 울산 등대 부근 · 영일만 내 · 기타 지역에 6개소를 설비하였다. 어

28) 生魚와 鮮魚라는 뜻이다.
29) 舊助羅의 잘못으로 보인다.
30) 長承浦의 잘못으로 보인다.

류는 주로 봄 · 가을 모두 도미[鯛] · 갯장어[鱧] · 삼치[鰆] · 광어 · 가자미[鰈] 등으로, 작년 9월부터 금년 1월 사이에 어선 혹은 모선의 의뢰에 응해 고기를 저장[貯魚]한 것은 대체로 다음과 같다.

종별	수량	가격/원	목적지[仕向地]
도미	-	4,000	일본 5할 내국 5할
갯장어	6,400	22,330	동 10할 동 -
삼치	-	7,000	동 5할 동 5할

그리고 이들 저장된 고기 중 삼치는 활주에서 꺼내어 전부를 선송(鮮送)하며 도미도 대부분 선송하고 활어[生魚]로 수송하는 것은 적다. 반면에 갯장어는 전부를 활어 상태 그대로 수송된다.

(3) 어업자 장려

어업의 종류에 따라 기준을 구별한다. 즉 조승(鯛繩) · 상승(鱶繩) · 타뢰(打瀨) · 사조(鰤釣) 및 기타 어선은 한 기간의 매상고(糶賣에 한함)가 1,000원에 달하는 경우에 축장기(祝章旗) 하나[一流]를 상으로 주고, 1,000원 이상은 1천원을 늘릴 때마다 술 5되를 더해준다. 망선(網船) 또는 기계선(器械船)은 매상고 2,000원에 달하면 기(旗) 하나를 주고, 2,000원 이상은 1천원을 늘릴 때마다 술 5되씩을 준다.

(4) 어업자금 융자

소위 전대제[31]로 어선은 주로 갯장어[鱧] · 삼치[鰆] · 광어[鮃] · 붕장어[海鰻] · 상어 · 새우[鰕] 등을 어획하고, 융자금은 한 척당 200~300원을 한도로 한다. 명치 40년 7월부터 동년 12월까지 전대(前貸)된 금액은 20,000원 내외이고, 어선 수는 102척이다. 그 해에 이월한 금액은 5,095여 원 남짓이다.

---

31) 원문은 '仕込'로 되어 있다. 어선에 대하여 선금을 지원하고 어획한 물고기로 납부하는 방식을 말하는 것으로 보인다.

(5) 재난[罹災] 구조

자금을 지원한 어선 또는 하주인 어선 승선원이 조난 또는 질병 사망이 있을 때는 1인당 조난 사망 10원 · 질병 사망 5원의 비율로 유족에게 급여한다. 작년 중 구조금을 송부한 인원은 12명으로 금액은 75원에 달한다.

(6) 중매인 장려

중매인의 적립(積立)을 장려하기 위하여 반기(半期)당 10원을 특별히 중매인의 공유금(共有金)으로 은행에 예입하고, 회사는 그것을 보관하면서 공동 비용에 충당하는 것으로 한다. 업무 장려는 조매에서 회사 수입으로 들어오는 수수료의 1/10을 여구전(戾口錢)[32]으로 해서 반기마다 계산하여 중매 총대(總代)의 손을 통해서 환부하고, 또한 반기마다 어류 구입액(경매에 한한다) 1만원 이상인 경우에 목배(木杯) 한 개 · 2만원 이상인 경우에 50원 · 2만원 이상은 1만원을 초과할 때마다 50원을 늘여서 상으로 준다. 작년 전반기 시상자는 7명인데, 수취고 5만원을 초과한 가노 우키찌[河野卯吉], 2만원을 초과한 오자키 우메타로[尾崎梅太郎]이고, 기타는 1만원을 초과한 자이다. 중매인이 될 수 있는 자는, 부산 민단 구역 내에 거류하면서 독립 호구[戶]를 이루고, 성년(만 20세) 이상이면서 앞에서 기술한 조건을 구비한 신원이 확실한 2명의 보증인과 신원보증금[身元金] 50원(회사 채권 또는 국고 채권 대용 가능)을 요한다. 중매인이 매취한 어류 대금 지불은 경매 · 산당 · 입찰을 구분하지 않고 3일째 지불한다(즉 매취한 다음날 개시開市 전). 그러나 이 지불기간은 1일 중 매취고 200원을 한도로 하고, 이 액수를 초과할 때는 초과액수는 당일 지불을 요하는 것으로 한다. 현재 중매인은 50여명이고, 다액을 취급하는 경우는 10명이 채 안 된다.

(7) 시장의 어류 집산 상황

1년 중 시장의 가장 한산한 때는 여름이며, 늦가을부터 점차 바빠져 겨울부터 늦봄까

---

32) 수수료로 거두어 들인 금액 중에서 1/10을 다시 중매인에게 되돌려 주는 것으로 현재의 성과급이나 리베이트적인 성격을 가진 것이다.

지 가장 분망하다. 이에 따라 양륙금액[水揚價額]도 7~9월 3개월은 적고, 10월부터 점차 많아져 12월에 가장 많다. 1~3월 3개월은 아직은 많고, 4월에 들어서서 조금 감소하고 이후 점점 감소하는 경향을 보인다. 양륙금액의 다과(多寡)는 어가(魚價)의 고저와 관계되므로, 그 다과에 따라 시장의 번한(繁閑)을 추측하는 것은 어렵기는 하지만 그래도 여름에 두드러지게 과소한 것은 분명히 한산함을 나타내는 것이다. 그 요인이 한 가지라고 할 수는 없지만, 어가가 저렴하고 근해에서 나는 어류가 감소하는 것이 주요인이 아니라고 할 수 없다. 여름에 어가가 저렴한 것은 수송의 어려움 때문으로 습도가 높아서 건염(乾鹽) 저장을 해도 여전히 곤란을 면키 어렵기 때문이다[33]. 근해에서의 어류 감소는 조석간만의 차가 이 계절(여름)에 특히 심하고 바닷물이 차고 깨끗하지 않아 어류의 대부분이 앞바다[沖合]로 도피하기 때문이다. 여름에 반해 겨울 양륙금액이 많아지는 것은 남해 연안 특유의 현상이다. 대개 겨울에는 남해 연안에만 각종 어류의 어장이 형성된다. 그래서 그 시장은 내국 일원에 대한 선어의 공급뿐만 아니라 일본 및 기타 원로(遠路) 수송에 있어서도 이 기간이 유리하다. 게다가 어가는 1년 중 최고를 나타낸다. 시장에 나오는 어류 중 주요한 것을 열기하면 도미 · 삼치 · 전복 · 방어 · 숭어 · 광어 · 상어 · 농어 · 바다장어 · 갯장어 · 고등어로서 이것들은 대개 4계절 모두 어획된다. 그러나 도미는 11월부터 다음해 5월까지 많고, 특히 많이 집산되는 것은 12월이고, 삼치는 봄 · 가을 2계절에 많고, 방어는 11월부터 다음해 3월에 이르는 기간에 많다. 숭어는 겨울, 전복은 봄, 가자미는 가을부터 겨울에 많다. 상어는 4계절 내내 많지만 취급가액이 큰 시기는 삼복[暑中] 때이다. 농어 · 붕장어 · 갯장어는 초가을에 많고, 고등어는 삼복 때 많다. 그런데 이것들은 모두 일본 어부들의 어획물이다. 어장은 계절에 따라 광협(廣狹)이 있으나, 대체로 동북쪽으로는 영일만 근해에서부터, 남쪽으로는 제주도, 서쪽은 해남(海南)[34]에 이르는 일대의 해면이다. 선어의 판로는 경부 · 경의철도 선로에 연하는 각 역에서부터 청나라 안동현에 이른다. 또 일본에는 모지 · 시모노세키 · 히로시마 · 오카야마 · 고베 · 오사카 · 교토 · 나고야 등이며 때

33) 어류의 선도가 떨어져서 제값을 받을 수 없다는 뜻이다.
34) 본문에는 海南島로 되어 있으나 이는 海南의 잘못으로 보인다.

로는 도쿄까지 이르는 경우도 있다. 각지로의 수송과 판매는 중매인의 사업이기는 하지만, 수송은 부속 운송부에서 취급한다. 이 운송부는 지난 명치 40년 12월 창업과 관련하여, 어시장 구내에 위치하고 있다. 그러나 운송부는 명목은 회사 부속이라고 하지만 실제로는 회계운영을 달리한다. 그런데 영업형태는 어하(魚荷) 운송 도매상이며 내국은 철도편으로, 일본으로는 연락 기선에 위탁하여 수송하고 있다. 내국 중 선어가 가장 많이 수송되는 곳은 경성이다. 그 다음으로는 인천 · 용산이다. 단 염건어(鹽乾魚)는 대구 부근의 각 역이 많고, 그 중 가장 많은 곳은 대구이다. 일본으로 수송하는 것은 모두 선어와 활어[鮮生, 운송부의 손을 경유한 것에 한함]로, 수량은 정확한 통계를 보면 1개월에 1,000~3,000개(箇)로 보면 큰 잘못이 없을 것이다. 그 내역은 숫자로 나타내는 것은 어렵지만 오사카가 가장 많고, 다음은 교토 · 히로시마 · 오카야마 등이다. 선어수송에 사용되는 빙괴(氷塊)는 회사가 공급하는데 회사는 그것을 오사카 · 고베 · 히로시마 · 나가사키 등 각지에서 구입한다. 시장에서 최근 3개년간의 양륙 월계 및 집산 어류의 가격을 표시하면 다음과 같다.

부산수산주식회사 어시장 매상 및 단가 월차표(月次表)

〈명치 38~40년 3년간 비교〉

단위 : 원(圓)

<table>
<tr><th colspan="11">1월</th></tr>
<tr><th rowspan="2">어명</th><th rowspan="2">연도</th><th rowspan="2">매상총액</th><th colspan="3">단가</th><th rowspan="2">매매
기준</th><th rowspan="2">주된 어획지</th><th rowspan="2">발송처</th><th rowspan="2">적요</th></tr>
<tr><th>최고</th><th>보통</th><th>최저</th></tr>
<tr><td rowspan="3">도미</td><td>명치
38년</td><td>10,344,707</td><td>25</td><td>14</td><td>8</td><td>10貫당
시세</td><td>太邊에서
거제도까지 사이</td><td>한국</td><td rowspan="5">38년은 러일전쟁 때문에 전쟁당시에 魚價가 올랐다. 39년은 제15師團에 양식 공급 등 전쟁 후의 영향이 적지 않아서, 魚價가 현저하게 올랐다. 40년에 이르러서 점차 순조로워지고 있다.</td></tr>
<tr><td>동
39년</td><td>17,303,015</td><td>48</td><td>20</td><td>9</td><td>동</td><td>동</td><td>일본 및
한국</td></tr>
<tr><td>동
40년</td><td>20,748,140</td><td>24</td><td>16</td><td>8</td><td>동</td><td>동</td><td>동</td></tr>
<tr><td rowspan="2">삼치</td><td>동</td><td>4,776,812</td><td>23</td><td>12</td><td>7</td><td>동</td><td>마산부터 거제도
근해 및 울산</td><td>한국</td></tr>
<tr><td>동</td><td>9,145,286</td><td>30</td><td>17</td><td>13</td><td>동</td><td>동</td><td>한국 및
일본</td></tr>
</table>

	동	13,353,855	22	15	8	동	동	한국 및 일본	
전복	동	923,610	15	10	8	동	거제도 근 해에서 울산 연해에 이름.	한국	
	동	2,566,680	20	9	7	동	동	동	
	동	1,633,150	12	10	8	동	동	동	
숭어	동	3,117,076	13	8	6	동	마산구 및 가덕도 근해 또는 울산내해	동	
	동	2,748,220	15	10	9	동	또는 울산내해	동	
	동	4,886,390	10	8	6	동	동	동	
방어	동	2,201,905	23	12	8	동	장승포 및 구조라 근해	동	
	동	9,231,405	27	15	10	동	동	동	
	동	6,336,951	18	14	10	동	동	한국 및 일본	
광어	동	946,706	15	8	5	동		한국	
	동	2,164,070	20	8	4	동	거제도 동남면 및 부산 근해	동	
	동	1,360,310	10	8	56	동		동	
상어	동	1,449,780	8	5	3	동	울산에서 제주도 근해	동	
	동	2,699,660	6	5	4	동	동	동	
	동	5,461,390	8	6	4	동	동	동	
기타	동	3,623,812	10	8	5	동	부산을 중심으로 해서 거제도 동북면부터 太邊 근해까지	한국	
	동	6,553,087	14	10	6	동		한국 및 일본	
	동	7,722,849	20	11	2	동		동	
월계	명치 38년	27,384,408							
	동 39년	52,411,423							
	동 40년	61,503,035[35]							

35) 원문에는 61,503,085라고 되어 있음.
36) 원문에는 24,741,536이라고 되어 있음.

2월									
어명	연도	매상총액	단가			매매 기준	주된 어획지	발송처	적요
			최고	보통	최저				
도미	명치38년	10,505,730	35	25	15	10貫당 시세		한국	
	동39년	13,078,400	35	23	16	동	太邊에서 거제도 사이	한국 및 일본	
	동40년	19,466,580	30	19	8	동		동	
삼치	동	1,574,540	33	22	13	동		한국	
	동	4,561,270	40	22	15	동	거제도 동남 근해부터 서남방면 근해	한국 및 일본	
	동	7,817,680	29	18	7	동		동	
숭어	동	787,680	25	12	6	동	마산구 가덕도 근해 및 울산 근해	한국	
	동	1,562,000	14	10	5	동		동	
	동	4,547,755	15	10	5	동		동	
전복	동	1,360,180	20	10	8	동	거제도 연해에서 산에 이르는 연해	동	
	동	1,783,830	16	11	6	동		동	
	동	1,751,950	13	10	7	동		동	
광어	동	2,090,200	20	10	5	동	부산 근해	동	
	동	1,333,440	22	13	10	동	동	동	
	동	1,671,140	12	9	6	동	동	동	
방어	동	638,515	35	24	18	동	거제도 동남방면 근해	동	
	동	8,933,440	25	17	12	동		동	
	동	2,919,180	22	15	8	동		한국 및 일본	
상어	동	2,023,050	8	6	3	동	제주도 근해에서 울산 근해에 이름	한국	
	동	2,155,650	6	5	4	동		동	
	동	5,607,360	7	6	5	동		동	
기타	동	5,761,642	18	13	7	동	거제도 동북방면부터 太邊 연해까지	동	
	동	5,765,910	20	15	10	동		한국 및 일본	
	동	7,707,180	25	14	21	동		일본 및 한국	
월계	명치38년	24,741,537[36]							
	동39년	39,173,940							
	동40년	51,488,825							

3월									
어명	연도	매상총액	단가			매매기준	주된 어획지	발송처	적요
			최고	보통	최저				
도미	명치38년	12,597,745	30	19	8	10貫目시세		한국	
	동39년	14,503,025	35	22	3	동	진해만내 및 거제도 연해	한국 및 일본	
	동40년	15,935,360	17	12	7	동		한국 및 일본	
삼치	동	1,008,490	32	22	12	동	소안도 · 남해도 북산근해	한국	
	동	2,320,600	45	23	12	동		한국 및 일본	
	동	12,260,700	22	15	8	동		한국 및 일본	
전복	동	1,190,780	20	14	8	동		한국	
	동	1,897,920	17	12	9	동	거제도 연해에서 울산에 이름	동	
	동	2,017,200	11	9	7	동		동	
상어	동	8,477,480	8	6	4	동		동	
	동	6,264,120	14	6	6	동	제주도에서 울산 근해에 이름	동	
	동	5,302,160	7	5	3	동		동	
광어	동	1,633,600	22	15	8	동		동	
	동	1,517,360	25	10	7	동	가덕도부터 부산근해	동	
	동	1,791,390	10	8	6	동		동	
방어	동	391,300	30	22	14	동		동	
	동	5,709,730	28	17	10	동	거제도 서남동방면 근해	동	
	동	3,140,210	18	12	6	동		동	
숭어	동	1,738,740	15	11	7	동		동	
	동	2,712,925	15	11	8	동	마산구, 가덕도, 통영구 및 울산근해	동	
	동	3,184,260	11	9	7	동		동	
기타	동	5,186,610	17	12	7	동		한국	
	동	9,112,200	16	12	8	동	거제도 동북방면부터 태변근해	한국 및 일본	
	동	9,206,895	24	13	2	동		일본 및 한국	
월계	동38년	32,224,745							
	동39년	44,037,880							
	동40년	52,838,175[37]							

37) 원문에는 52,848,175라고 되어 있음.

4월									
어명	연도	매상총액	단가			매매 기준	주된 어획지	발송처	적요
			최고	보통	최저				
도미	명치38년	13,730,740	20	15	10	10貫 目시세		한국	
	동39년	15,054,030	22	13	8	동	거제도 서남방면부터 통영구, 욕지도근해	한국 및 일본	
	동40년	18,064,836[38]	19	13	7	동		한국 및 일본	
삼치	동	9,372,965	14	12	10	동		한국	
	동	11,055,064	21	11	7	동	소안도 및 북산근해	한국 및 일본	
	동	13,266,064	17	12	7	동		동	
전복	동	1,464,600	19	14	9	동		한국	
	동	1,272,720	15	11	8	동	거제도연안에서 울산연안에 이른다.	동	
	동	1,527,264	14	11	8	동		동	
광어	동	1,389,430	13	10	7	동		동	
	동	555,470	11	8	5	동	부산근해	동	
	동	666,564	10	8	6	동		동	
방어	동	370,540	29	21	13	동		동	
	동	279,140	17	10	6	동	거제도 서남근해	동	
	동	338,898	10	9	8	동		동	
붕장어	동	654,150	10	7	4	동		동	
	동	452,060	9	7	6	동	부산근해	동	
	동	542,272	6	5	4	동		동	
상어	동	3,533,020	7	6	5	동		동	
	동	3,917,480	6	5	3	동	제주도에서 울산에 이르는 근해	동	
	동	3,932,120	6	5	4	동		동	
기타	동	2,871,440	17	11	5	동		동	
	동	6,611,600[39]	15	10	4	동	제주도 동북방면부터 울산 부근	동	
	동	7,218,490	20	12	3	동		동	
월계	동38년	33,386,885							
	동39년	39,197,564							
	동40년	45,556,508							

38) 원문에는 18,64,836이라고 되어 있는데, 계산상 18,064,836으로 보임.
39) 원문에는 28,611,600으로 되어 있는데, 계산상 6,611,600으로 보임.

5월									
어명	연도	매상총액	단가			매매 기준	주된 어획지	발송처	적요
			최고	보통	최저				
도미	명치38년	10,403,700	11	9	7	10貫 目시세	통영 근해부터 욕지도 근해 및 부산 근해		
	동39년	11,640,010	14	10	6	동			
	동40년	12,040,990	18	13	8	동			
삼치	동	2,153,140	9	7	5	동	부산부터 안도 근해 및 진해만내 남해도 근해	한국	
	동	1,867,306	13	9	5	동		한국 및 일본	
	동	784,440	9	7	5	동		한국 및 일본	
광어	동	1,659,422	8	6	4	동	부산근해	한국	
	동	273,510	9	6	3	동		동	
	동	127,830	7	6	5	동		동	
상어	동	2,892,080	4	3	2	동	제주도에서 울산에 이르는 근해	동	
	동	2,002,070	8	6	4	동		동	
	동	2,639,090	6	4	2	동		동	
오징어	동	501,800	6	5	4	동	삼천포 근해부터 순천만구에 이르는 사이	동	
	동	397,260	6	5	4	동		동	
	동	943,890	5	4	3	동		동	
고등어	동	5,260,000	5	4	3	동	부산근해부터 태변 근해까지	동	
	동	6,474,521	10	8	6	동		동	
	동	8,380,000	7	5	3	동		동	
전복	동	1,058,320	12	10	8	동	거제도에서 울산에 이른다.	동	
	동	778,480	11	8	7	동		동	
	동	1,002,350	10	8	6	동		동	
기타	동	2,328,500	9	7	4	동	거제도 동북방면부터 마산구 및 울산근해	동	
	동	4,344,944	8	6	4	동		동	
	동	5,907,490	20	7	3	동		동	
월계	동38년	26,256,962[40]							
	동39년	27,778,101[41]							
	동40년	31,826,080							

40) 원문에는 26,256,972라고 되어 있음.
41) 원문에는 27,778,100이라고 되어 있음.

6월									
어명	연도	매상총액	단가			매매 기준	주된 어획지	발송처	적요
			최고	보통	최저				
도미	명치38년	7,061,005	13	10	7	10貫 目시세		한국	
	동39년	5,833,270	12	9	6	동	거제도연안 진해만 및 욕지도근해	한국 및 일본	
	동40년	7,862,010	14	8	6	동			
전복	동	1,215,580	10	9	8	동		한국	
	동	841,520	14	11	8	동	거제도부터 울산에 이르는 근해	동	
	동	654,790	14	11	8	동		동	
광어	동	1,070,250	8	6	4	동		동	
	동	139,510	5	4	4	동	가덕도근해 및 부산근해	동	
	동	768,940	9	4	3	동		동	
농어	동	440,770	9	7	5	동		동	
	동	653,930	11	8	5	동	가덕도근해부터 부산근해	동	
	동	538,000	8	7	6	동		동	
상어	동	2,048,413	5	4	3	동		동	
	동	1,381,580	5	4	3	동	제주도부터 울산에 이르는 근해	동	
	동	1,437,473	4	3	2	동		동	
볼락	동	362,950	7	6	5	동		동	
	동	381,850	8	6	4	동	마산구부터 대변까지 연해	동	
	동	537,180	6	5	4	동		동	
고등어	동	374,507	6	5	4	동		동	
	동	9,122,983	6	4	2	동	부산근해 부터 대변까지	동	
	동	30,254,396	4	3	2	동		동	
기타	동	1,676,313	7	5	3	동		동	
	동	2,745,750	8	6	4	동	가덕도부터 근해 대변 연해까지	동	
	동	3,653,866	20	6	2	동		동	
월계	동38년	14,249,788							
	동39년	21,100,393							
	동40년	45,706,655							

7월									
어명	연도	매상총액	단가			매매 기준	주된 어획지	발송처	적요
			최고	보통	최저				
도미	명치38년	4,858,810	18	14	10	10貫目 시세	통영구근해부터 욕지도근해	한국	
	동39년	5,580,750	15	11	7	동		동	
	동40년	6,939,200	16	10	7	동		동	
상어	동	1,752,850	5	4	3	동	제주도부터 울산에 이르는 근해	동	
	동	863,310	6	4	2	동		동	
	동	2,066,374	5	4	3	동		동	
전복	동	1,038,590	12	10	8	동	거제도연해부터 울산에 이르는 연해	동	
	동	879,640	14	10	6	동		동	
	동	820,274	15	10	6	동		동	
광어	동	1,027,560	9	7	5	동	가덕도근해부터 부산근해	동	
	동	341,520	9	7	5	동		동	
	동	1,073,500	6	5	4	동		동	
농어	동	1,507,440	11	9	7	동	부산근해 부터 대변근해	동	
	동	3,405,480	10	8	6	동		동	
	동	1,155,440	12	8	6	동		동	
고등어	동	516,926	5	4	3	동	부산근해 부터 대변근해에 이름	동	
	동	142,540	6	4	2	동		동	
	동	1,386,571	8	6	4	동		동	
삼치	동	204,155	10	9	8	동		동	
	동	79,200	9	7	5	동	안도 · 진도근해 및 진해만내	동	
	동	118,486	9	7	5	동		동	
기타	동	1,599,381	8	6	3	동	가덕도근해부터 대변근해	동	
	동	2,009,201	7	6	5	동		동	
	동	5,319,715	10	7	4	동		동	
월계	명치38년	12,505,712							
	동39년	13,301,641							
	동40년	18,879,560							

8월									
어명	연도	매상총액	단가			매매 기준	주된 어획지	발송처	적요
			최고	보통	최저				
도미	명치38년	4,190,650	20	16	12	10貫目 시세	부산 근해에서 욕지도에 이르는 근해 및 진해만내	한국	
	동39년	3,896,960	22	10	8	동		동	
	동40년	5,027,248	15	11	6	동		동	
상어	동	977,440	8	6	4	동	제주도에서 울산에 이르는 근해	동	
	동	289,010	5	4	3	동		동	
	동	1,003,775	5	4	3	동		동	
광어	동	1,764,550	9	8	7	동	가덕도 근해에서 부산 근해	동	
	동	1,229,730	8	7	4	동		동	
	동	2,074,854	8	5	3	동		동	
조기	동	746,587	7	5	3	동	거제도 동북방면에서 울산 근해에 이름.	동	
	동	523,690	8	5	2	동		동	
	동	459,560	5	4	3	동		동	
농어	동	2,489,790	9	8	6	동	마산구에서 가덕도를 지나서 부산 근해	동	
	동	2,263,670	10	9	8	동		동	
	동	862,600	12	8	5	동		동	
갯장어	동	438,770	8	7	6	동	진해만에서 부산 근해 및 사량도 근해	동	
	동	273,220	13	8	5	동		동	
	동	698,695	6	5	3	동		동	
붕장어	동	474,680	6	5	4	동		동	
	동	71,820	5	4	3	동		동	
	동	39,330	6	5	4	동		동	
기타	동	2,028,890	7	6	5	동	가덕도에서 대변근해	동	
	동	4,928,881	6	5	4	동		동	
	동	6,448,585	20	11	2	동		동	
월계	명치38년	13,111,357							
	동39년	13,476,981							
	동40년	16,614,647[42]							

42) 원문에는 16,624,647이라고 되어 있음.

9월									
어명	연도	매상총액	단가			매매 기준	주된 어획지	발송처	적요
			최고	보통	최저				
도미	명치38년	4,546,480	17	13	9	10貫目시세	남해도 · 욕지도근해 및 진해만부터 부산근해	한국	
	동39년	4,546,050	16	13	8	동		동	
	동40년	5,377,700	23	15	9	동		동	
상어	동	1,499,320	5	4	3	동	제주도에서 울산에 이르는 근해	동	
	동	658,642	6	5	4	동		동	
	동	843,730	8	6	4	동		동	
광어	동	2,320,909	9	7	5	동	거제도 동북방면부터 부산근해	동	
	동	1,517,440	8	7	6	동		동	
	동	1,745,150	12	8	4	동		동	
삼치	동	625,464	14	11	8	동	영일만부터 모포 근해	동	
	동	219,595	13	10	7	동		동	
	동	566,670	14	11	9	동		동	
조기	동	534,130	5	4	3	동	가덕도근해 · 거제도 동남방면 및 부산근해	동	
	동	523,690	8	6	4	동		동	
	동	202,420	9	8	7	동		동	
농어	동	1,683,010	10	8	6	동	가덕도부터 태변의 연해	동	
	동	2,263,670	13	10	7	동		동	
	동	1,042,170	15	12	9	동		동	
전복	동	1,196,410	10	9	8	동	거제도연해 및 이곳에서 울산에 이르는 연해	동	
	동	899,150	12	9	6	동		동	
	동	1,196,095	16	12	8	동		동	
기타	동	3,488,455	5	4	3	동	거제도 동북방면부터 대변연해	동	
	동	3,404,389	6	5	4	동		동	
	동	6,719,291	22	14	2	동		동	
월계	명치38년	15,894,178							
	동39년	14,032,626							
	동40년	17,693,226							

10월									
어명	연도	매상총액	단가			매매 기준	주된 어획지	발송처	적요
			최고	보통	최저				
도미	명치38년	6,487,720	18	15	12	10貫 目시세	남해도 · 욕지도근해 거제도연해 및 부산근해	한국	
	동39년	5,796,920	15	13	8	동		동	
	동40년	9,924,660	18	14	9	동		동	
상어	동	4,332,880	7	5	3	동	제주도에서 울산에 이르는 근해[沖合]	동	
	동	1,207,960	6	4	2	동		동	
	동	3,746,698	6	4	3	동		동	
전복	동	1,468,850	10	8	6	동	거제도연해에서 울산에 이르는 연해	동	
	동	885,440	10	9	8	동		동	
	동	1,386,600	11	9	9	동		동	
광어	동	3,399,083	8	7	6	동	거제도 동남방면에서 울산에 이르는 근해	동	
	동	2,088,744	6	5	4	동		동	
	동	2,540,670	9	6	3	동		한국 및 일본	
삼치	동	3,207,557	8	7	6	동	영일만에서 모포근해	한국	
	동	2,532,826	14	10	6	동		한국 및 일본	
	동	5,552,100	16	11	7	동			
방어	동	1,812,458	16	12	8	동	영일만 및 거제도 동남방면 근해	한국	
	동	823,630	14	11	8	동		동	
	동	789,420	14	10	6	동		동	
꽁치	동	977,397	6	4	2	동	가덕도에서 태변연해	동	
	동	844,170	5	4	3	동		동	
	동	860,280	10	7	5	동		동	
기타	동	5,335,354	8	6	4	동	거제도 동북방면 에서 대변연해	동	
	동	6,079,958	11	8	5	동		한국 및 일본	
	동	7,462,017	16	10	4	동		한국 및 일본	
월계	동38년	27,021,299							
	동39년	20,259,648[43]							
	동40년	32,262,445							

43) 원문에는 20,239,648이라고 되어 있음.

11월									
어명	연도	매상총액	단가			매매 기준	주된 어획지	발송처	적요
			최고	보통	최저				
도미	명치38년	12,906,510	10	8	6	10貫 目시세	통영 및 남해도 · 욕지도근해 진해만내	한국	
	동39년	11,226,980	20	14	8	동		한국 및 일본	
	동40년	19,065,330	15	12	8	동		한국 및 일본	
상어	동	4,694,510	8	5	2	동	제주도에서 울산에 이르는 근해	한국	
	동	3,953,470	6	4	2	동		동	
	동	6,493,532	5	4	3	동		동	
전복	동	992,190	10	8	6	동	거제도연해에서 울산에 이르는 근해	동	
	동	572,000	12	10	8	동		동	
	동	1,598,760	12	10	8	동		동	
광어	동	3,332,400	6	5	4	동	거제도 서남동방면에서 대변에 이르는 연해	동	
	동	2,041,130	10	8	6	동		동	
	동	3,384,170	7	6	4	동		한국 및 일본	
삼치	동	7,513,337	10	9	8	동	영일만에서 울산에 이르는 근해	한국	
	동	10,313,869	18	13	8	동		한국 및 일본	
	동	15,251,170	15	11	7	동		한국 및 일본	
방어	동	4,153,520	16	14	12	동	영일만 및 거제도 남동 근해	한국	
	동	4,546,330	14	12	10	동		한국 및 일본	
	동	3,021,330	13	9	6	동		한국 및 일본	
꽁치	동	1,020,844	6	5	4	동	가덕도에서 대변에 이르는 연해	한국	
	동	1,350,908	7	5	3	동		동	
	동	3,384,230	7	6	4	동		동	
기타	동	7,589,634	10	8	6	동	가덕도에서 대변에 이르는 연해	동	
	동	5,816,976	9	7	5	동		한국 및 일본	
	동	7,591,045	16	9	3	동		한국 및 일본	
월계	동38년	42,202,945							
	동39년	39,821,663							
	동40년	59,789,567							

12월									
어명	연도	매상총액	단가			매매 기준	주된 어획지	발송처	적요
			최고	보통	최저				
도미	명치38년	21,933,243	21	15	9	10貫 目시세	통영 남해도 · 욕지도근해 및 거제도부터 부산 근해	한국	
	동39년	23,967,898	18	14	10	동		한국 및 일본	
	동40년	31,003,380	23	15	7	동		한국 및 일본	
상어	동	3,426,770	5	4	3	동	제주도에서 울산에 이르는 근해[沖合]	한국	
	동	5,205,730	6	5	4	동		동	
	동	5,767,140	5	5	4	동		동	
전복	동	1,482,580	11	9	7	동	거제도에서 울산에 이르는 연해	동	
	동	1,517,740	10	9	8	동		동	
	동	2,774,170	11	10	9	동		동	
광어	동	4,568,740	6	5	4	동	거제도 서남동방면에서 울산에 이르는 연해	한국	
	동	3,019,565	9	7	5	동		동	
	동	3,908,400	8	7	5	동		한국 및 일본	
삼치	동	15,089,691	14	12	10	동	거제도 동남연해에서 울산연해에 이른다.	한국	
	동	16,971,736	14	11	8	동		한국 및 일본	
	동	38,480,058	19	13	8	동		한국 및 일본	
방어	동	7,399,646	15	13	11	동	거제도 동남연해에서 울산연해에 이른다.	한국	
	동	11,331,720	13	10	7	동		한국 및 일본	
	동	9,635,420	17	12	8	동		한국 및 일본	
숭어	동	3,378,950	9	7	5	동	진해만내 및 가덕도근해에서 울산에 이르는 연해	한국	
	동	3,410,690	10	8	6	동		동	
	동	6,206,640	13	11	7	동		한국 및 일본	
기타	동	8,235,512	10	7	4	동	진해만에서 거제도연해 및 가덕도에서 울산에 이르는 연해	한국	
	동	12,134,917	10	8	6	동		한국 및 일본	
	동	15,384,180	20	12	3	동		한국 및 일본	
월계	동38년	65,515,132[44]							
	동39년	77,559,996							
	동40년	113,159,388							
연계	동38년	334,494,948[45]							
	동39년	402,151,856[46]							
	동40년	547,318,111[47]							

44) 원문에는 65,514,182라고 되어 있음.
45) 원문에는 334,494,007이라고 되어 있음.
46) 원문에는 402,131,855라고 되어 있음.
47) 원문에는 547,339,161이라고 되어 있음.

(8) 제조 매매

회사 제1회 영업보고〈창립 이래 명치 40년 12월까지〉를 보면 작년 중 제품은 상어지느러미[鱶鰭]·새우가루[摺鰕]·통조림[鑵詰]·생선기름[魚油] 4종이다. 상어는 야마구치현[山口縣] 다마에[玉江]·쓰루에[鶴江] 양 포구와 오이타현[大分縣] 나카쯔우라[中津浦] 어업자와 계약을 한다. 동시에 시장에 내집(來集)한 것을 매수하고, 멀리 제주도·청국 대련(大連)에서 매수하여 그 결과가 양호하였으나, 은화 하락 때문에 판매를 보류하고 있다. 새우는 오카야마현[岡山縣] 히비[日比]의 어업자와 계약을 해서 사원을 어장에 파견하고 제조에 종사시켰는데, 제품이 좋고 좋은 시기를 놓치지 않고 판매하여 상당한 이익을 얻었다. 생선기름은 근년 수요 부족과 앞으로 전망이 서지 않아 제조를 줄여서 겨우 제조량을 매각하였다. 통조림은 도미덴부[鯛田麩]의 제조로 많은 수요는 없지만 상당한 이익을 얻었다고 한다. 제조량 및 제품 매각량은 다음과 같다.

<table>
<tr><th>품명</th><th colspan="2">매수 및 제조 수량</th><th colspan="2">매각 수량</th><th colspan="2">현재 남은 품목 수량</th></tr>
<tr><td rowspan="2">상어지느러미</td><td rowspan="2">건</td><td>114개(本)</td><td rowspan="2">건</td><td rowspan="2">114개(本)</td><td rowspan="2">건</td><td rowspan="2">8,529근(斤)</td></tr>
<tr><td>8,529근(斤)</td></tr>
<tr><td rowspan="2">상동</td><td rowspan="2">생</td><td>7,611本 5合</td><td rowspan="2">생</td><td rowspan="2">-</td><td rowspan="2">생</td><td>7,611本 5合</td></tr>
<tr><td>11,424斤 4合 5</td><td>11,424斤 4合 5夕</td></tr>
<tr><td>새우가루</td><td colspan="2">1,890斤</td><td colspan="2">1,890斤</td><td colspan="2">-</td></tr>
<tr><td>통조림</td><td colspan="2">7,406筒</td><td colspan="2">3,192筒</td><td colspan="2">4,214筒</td></tr>
<tr><td>생선기름</td><td colspan="2">168筒</td><td colspan="2">168筒</td><td colspan="2">-</td></tr>
</table>

이와 같이 많은 양의 잔품(殘品)이 생겼음에도 불구하고 오히려 전체적으로 400원의 이익을 얻었다고 한다. 생각건대 이것은 상어고기의 판매 소득에 의해서 이러한 결과가 나타난 것으로 생각된다.

덧붙여 말하면, 상어고기는 종래 그 처리가 곤란해서 육포[タレ][48]로

제조하는 이외에는 방법이 없었는데, 근래 염장한 상어의 판로가 조선인 사이에 열리고 게다가 상당한 가격으로 팔리는 상태로, 수요가 매우 많다. 하지만 그 판매구역은 현재 경상도 일원에 그치고 있다고 한다.

● 마산수산주식회사(馬山水産株式會社)

이 회사는 마산포(馬山浦) 각국 거류지(居留地) 내 해변마을에 있으며, 명치 39년 4월 창립해 일본인이 경영한다. 회사 자본금액은 2만원으로, 그것을 400주(株)로 나누면 1주의 금액은 50원이다. 현재 납입금액은 자본 총액의 1/4로, 그 금액은 5,000원, 1주당 12원 50전의 비율이다. 중역(重役)은 5명으로 현재 사장은 마쯔모토 우이찌[松本卯一]이다.

영업

업무의 범위는 수산물 위탁 판매 및 제조로, 그 영업 방법은 다른 시장에서 행해지는 것과 다르지 않다. 단 수수료는 두 가지로 구별하는데, 활어[生魚]는 1할이고, 염건어는 5푼이며, 정산은 당일에 한다.

중매인으로 현재 회사 시장에 출입하는 자가 12명 있다. 이들은 회사 정관에 기초해 30원(圓)의 보증금(保證金)을 납부해야 하고, 또한 마산포(馬山浦)에서 토지 혹은 가옥을 소유한 보증인 1명을 필요로 한다고 한다. 그리고 중매인 회사에 대한 결산 감정은 매 4일이라고 한다. 그 리베이트[步戻金]는 1푼[步]이라고 한다. 또 중매인에게는 의무적으로 특히 이익의 3푼을 적립하게 한다. 이것은 해난 구조 등의 비용에 충당하는데, 때문에 연 2회 회사 정산기에 정산하고, 나머지는 환급하는 것으로 한다.

---

48) 일본 이세 지방의 특산물로 상어고기에 소금을 뿌려 햇볕에 말리거나 얇게 저며서 조미를 가한 육포이다.

집산

시장에 나오는 어류 중 주요한 것은 도미로, 총 양륙량[水揚高]의 3/10에 상당하고, 삼치 · 상어 · 숭어 등이 그 다음이다. 그런데 이들은 대개 마산포 근해 및 진해만(鎭海灣) 부근 혹은 거제도 남단 일대에서 일본 어부가 어획한다. 조선 어부의 어획물은 주로 구 마산포에서 조선인이 경영하는 객주에 의해서 취급된다. 요즈음 회사는 예선(曳船) 이려환(伊呂丸)을 사용해서 각 어장에 어선의 집하지를 정해두고, 여기에서 그 어획물을 수집하는데, 그 외에는 종래의 부산 및 기타 시장으로 흡수된다. 어획물이 점차 시장에 모이게 되면서 시장은 갑자기 활기를 띠게 되었다.

판로

판로는 삼랑진(三浪津) · 밀양(密陽) · 대구(大邱) · 조치원(鳥致院) · 대전(大田) · 경성(京城) · 용산(龍山) · 인천(仁川) · 평양(平壤) · 신의주(新義州) · 안동현(安東縣) 등으로, 마산포에서 수용되는 것은 시장 양륙량의 1/10에도 미치지 못한다. 근래 일본 내지에도 수송을 시작해 시모노세키 · 히로시마 · 오사카 등으로 수송한 것이 모두 성적이 양호하다고 한다. 그렇지만 얼음의 공급이 충분하지 않으면 이것을 일본 내지로 요청하지 않을 수 없다. 작년 자연산 얼음을 밀양에서 구했지만 1관목(貫目)[49]의 가격이 약 40전(錢)이었다고 한다.

49) 3.75kg.

구 마산포 생선 도매상

구 마산포에는 객주 21호(戶)가 있는데, 모두 연안에 위치하여 처마가 즐비하며, 주로 어류를 취급한다.

거래 상황

이 지방에서 하주(荷主)와 도매상의 관계는 비교적 공고한 상업적인 관행을 가지고 있어서, 만약 하주가 자기가 믿는 도매상과 거래를 맺으면 쉽게 그것을 바꾸는 일 없이 여러 해 동안 계속하는 것을 보통으로 한다. 그래서 도매상은 거래를 체결하는 어선이 입항하면 바로 시간을 지체하지 않고 이를 맞이해 가격을 협상하고 선상에서 중매인, 혹은 소매상인에게 매도하거나 육상으로 운송해서 판매한다. 그 대금은 바로 정산해서 자신의 소위 도매상 중개금을 제외하고 잔금을 화주에게 교부한다. 중개금은 매매량에 준해서 5/100~10/100으로 한다. 하주 등은 도매상에 대한 믿음이 자못 두터워서 어류의 판매에 대해서는 모두 도매상의 처리에 일임하고 다시 돌아보는 일은 없다.

이 지방에서 명태 거래는 매우 번성한 것으로, 근년 앞에서 기술한 21호의 도매업자가 서로 의논해서 창고 하나를 설치하여 화주의 위탁품이나 동업자의 화물을 거두어 보관하는 용도로 충당한다. 대개 이 어류에 한해 화주는 대개 배 한 척에 1,000태(駄) 이상(1駄는 명태 20마리짜리 30개, 즉 600마리이다)을 집적(集積)해서 출하하고, 차례로 도매상의 손을 거쳐 방매(放賣)하여 현금으로 바꾸어 돌아가는 것이 보통이다. 그렇지만 계절에 따라 왕왕 출하품의 집적이 정체되는 경우도 적지 않다. 창고는 이러한 경우에 수용장소의 부족을 대비하는 역할을 한다. 그래서 창고 사용자에게 주는 창고료는 일수(日數)에 관계없이 1개(30連[50])에 10문(文)이라고 하고, 그것을 매매하는 도매상의 중개료는 1태에 200문이라고 한다. 명태 외에 1년 동안 도매상에게 모여드는 어류의 대부분은 거제도 외해(外海) 방면 · 진해만 · 가덕도(加德島) 부근 및 기타

---

50) 連은 한 묶음을 의미. 즉 본문에서는 20마리짜리 한 묶음을 의미한다.

근해 연안의 어장에서 어획된 것이고, 주요한 것은 대구 · 갈치 · 조기 · 감성돔[51] · 청어 · 전어 · 고등어 · 도미 · 기타 잡어라고 한다. 그 어획량은 의거할 만한 통계가 없어 분명하지는 않지만, 1년에 1객주의 취급량이 평균 한화(韓貨)로 4,500관문(貫文)[52], 즉 신화(新貨)로는 189,000원(20할로 계산함)에 달한다고 한다. 그렇지만 경부철도(京釜鐵道)의 개통으로 부산수산주식회사(釜山水産株式會社) · 마산수산회사(馬山水産會社)의 소속 중매인 등이 이 철도 연안선의 각 역에 판로를 확장한 이래 영업이 점차 부진해졌고, 지금은 해가 갈수록 쇠퇴하는 경향인 듯하다.

● 장승포조합어시장(長承浦組合魚市場)

장승포어시장은 남해에 위치한 거제도의 동쪽 연안 장승포(長承浦)[53]에 있다. 이 또한 일본인이 경영해서 명치 40년 2월에 창설했고, 자본금액 10,000원을 가지고 있는 조합조직이다.

영업

이 조합 사무의 범위는 오로지 해산물의 위탁 판매이고, 개시(開市)는 매일 1회 이상이라고 한다. 판매 방법은 경매나 도매 등으로 하고, 수수료 혹은 중매인이나 화주의 거래 관계 등은 시장에서와 다르지 않다.

집산

계절에 따라 어류가 달라지므로 어장 및 발송지도 달라지지만, 1년을 통틀어서 시장에서 볼 수 있는 풍성한 주요 어류는 거제도 남해안 구조라(舊助羅) 앞바다[沖] · 지세포(知世浦) · 옥포(玉浦) 및 장승포 근해 어장에서 어획되는 것이다. 그 종류는 도미 · 방어 · 광어 · 조기 · 아귀 · 정어리(멸치) · 갈치 · 농어 · 삼치 · 숭어 · 상어 · 고등어

---

51) 원문은 黑鯛으로 되어 있다. 학명은 *Acanthopagrus schlegeli*이다.
52) 1貫은 1000文.
53) 원문에는 장승포 魚市揚으로 되어 있음.

등이라고 한다. 그 중 도미 · 고등어는 그 거래 수량 · 금액에서 다른 것보다 훨씬 월등하다. 판로에 있어서는 이 시장에 모여드는 것을 바로 기선(汽船)으로 부산이나 마산포로 반출(搬出)하는 것이 일반적이며 현지에서 판매되는 수량은 극히 소액이다. 매년 11월부터 다음해 2월 경까지는 근해에서 성어기이기 때문에 이 시장의 물자가 풍부해진다. 이 기간은 역시 같은 이유로 1년 중 가장 거래가 활발한 계절이라고 한다. 이제 이 시장의 (명치)40년 어획량 및 평균 시가를 월별로 기록하면 다음과 같다.

장승포 어시장 매상 및 단가 월차표(月次表)

〈명치40년 2월~12월〉

단위 : 원(圓)

2월								
어명	매상총액(원)	단가			매매 기준	주된 어획지	발송처	적요
		최고	보통	최저				
도미	128,500	12원	9원	6원	10관	구조라 근해	부산	
방어	83,200	8[54]	6	4	동	동	동	
기타	26,968	5	4	3	동	부산 근해	동	
월계	238,668							

3월								
어명	매상총액(원)	단가			매매 기준	주된 어획지	발송처	적요
		최고	보통	최저				
도미	158,120	11원	8원	5원	10관	지세포 근해	부산	
방어	126,407	7	35	4	동	옥포 근해	동	
기타	28,880	5	4	3	동	부산포	동	
월계	313,407							

54) 이하 단위가 기록되어 있지 않은 경우가 있다. 이는 앞의 단위에 따른다는 뜻으로 보인다. 일일이 단위를 표시하지 않고 원문에 따랐다. 다만 그렇게 보았을 때 문제가 있는 곳도 있다. 이는 따로 주기하였다.

4월								
어명	매상총액(원)	단가			매매 기준	주된 어획지	발송처	적요
		최고	보통	최저				
도미	35,200	9원	7원	5원	10관	장승포 근해	부산	
조기	62,791	3전	2전	1전	1미	옥포	마산	
기타	26,320	4	3	2	10관	동	부산	
월계	124,311							

5월								
어명	매상총액(원)	단가			매매 기준	주된 어획지	발송처	적요
		최고	보통	최저				
도미	17,304	8원	6원	4원	10관	진해만	부산	
갈치	37,418	1전	7리	5리	1미	옥포	마산	
조기	28,600	2[55)]	13	1	동	동	동	
고등어	53,150	8[56)]	6전	5전	동	장승포 부근	부산	
기타	13,720	3원	250원[57)]	2원	10관	동	동	
월계	150,192							

6월								
어명	매상총액(원)	단가			매매 기준	주된 어획지	발송처	적요
		최고	보통	최저				
고등어	180,100	5전	4전	2전	1미	장승포 부근	부산	
전갱이	52,328	5	4	2	동	동	동	
갈치	125,000	8	6	4	동	옥포	마산	
조기	115,300	15[58)]	1	7	동	동	동	
정어리	385,600	8원	6원	5원	10관	장승포만	부산	
기타	30,400	4원	3원	2원	10관	옥포	부산	
월계	888,728							

55) 단위가 없으나 이 경우에는 최고가 2厘이고 보통 13리, 최저가 1리로 보기에는 무리가 있다. 따라서 이는 2리, 1.3리, 1리이거나, 2전, 13리, 1전으로 보아야 할 것 같으나 자세히 알 수 없다.

56) 단위가 없으나 錢으로 추정된다.

57) 2.5원의 잘못으로 보인다.

58) 원문에는 150으로 되어 있으나, 15의 잘못으로 보인다.

7월								
어명	매상총액(원)	단가			매매 기준	주된 어획지	발송처	적요
		최고	보통	최저				
정어리	452,340	7원	5원	4원	10관	장승포 부근	부산	
갈치	182,254	7리	5리	3리	1미	옥포	마산	
조기	83,320	13	8	5	동	동	동	
기타	79,530	3[59)	2	1	10관	장승포		
월계	797,444							

8월								
어명	매상총액(원)	단가			매매 기준	주된 어획지	발송처	적요
		최고	보통	최저				
농어	65,235	5	4	3	10관	지세포	부산	
도미	71,842	7	6	5	동	지세포 근해[沖]	동	
기타	30,190	3	2	1	동	지세포 부근		
월계	167,267							

9월								
어명	매상총액(원)	단가			매매 기준	주된 어획지	발송처	적요
		최고	보통	최저				
농어	43,628	6	5	4	10관	지세포	부산	
도미	31,254	8	7	6	동	지세포 근해	동	
갈치	25,176	1전5리	1전1리	7리	1미	옥포	마산	
기타	19,212	4원	3원	2원	10관	지세포 부근	부산	
월계	119,270							

59) 단위가 없으나 원으로 추정된다.

10월								
어명	매상총액(원)	단가			매매 기준	주된 어획지	발송처	적요
		최고	보통	최저				
도미	31,216	9	8원	7원	10관	구조라 근해	부산	
준치	63,425	8	7	6	동	장승포 부근	동	
갈치	24,591	2전	1전5리	1전	1미	옥포	마산	
기타	10,509	4원	3원	2원	10관	동	부산	
월계	129,741							

11월								
어명	매상총액(원)	단가			매매 기준	주된 어획지	발송처	적요
		최고	보통	최저				
삼치	34,184	8원	7원	6원	10관	장승포 근해	부산	
넙치	71,523	22전	18전	16전	1미	장승포 부근	동	
준치	25,122	10원	9원	8원	10관	동	동	
기타	11,816	5	4	3	10관	장승포 부근	부산	
월계	142,645[60)							

12월								
어명	매상총액(원)	단가			매매 기준	주된 어획지	발송처	적요
		최고	보통	최저				
삼치	212,453	10원	9원	8원	10관	장승포 근해		
상어	100,520	4	3	25	동	구조라 근해		
숭어	53,245	6	5	4	동	옥포만		
도미	87,632	12	11	10	동	장승포 근해		
기타	42,123	5	4	3	동	동		
월계	495,973							
년계	3,567,646							

60) 원문에는 124,645라고 되어 있음.

● 통영조합어시장(統營組合魚市場)

통영어시장은 경상남도(慶尙南道) 고성반도(固城半島)의 남단인 통영 해안에 있다. 명치 40년 12월 업무를 시작한 곳으로, 일본인 33인, 조선인 2인의 조합 조직이라고 한다. 조합장[組長]은 일본인 고가 시카이찌[古賀鹿一]이다. 자본금액은 5,000원으로 이것은 100등분해서 한 명당 50원으로 정했다. 그런데 현재 제1기 납입을 완료하고 1명당 10원, 즉 그 납입금 1,000원을 창업자본금으로 해서 경영한다. 이 조합 업무의 범위는 오로지 수산물 위탁 판매로 하고, 매일 1회 이상 개시(開市)를 열어 판매에 종사한다. 판매 방법은 경매나 경쟁입찰로 수수료는 활어[生魚] 1할, 염건어(鹽乾魚) 및 해조류(海藻類)는 5푼, 삼치 · 도미에 한해서는 7푼으로 정하고, 매매량에 따라 매 시간 징수한다. 그리고 조합은 조합기본금으로 매년도 순이익금에서 1/100 이상을 적립금으로 한다. 또한 별도로 1/100을 적립해서 지방 어업자의 조난구조 보조금에 충당해서 사용한다. 화주에 대한 계산은 당일 현금 지급으로 하고, 중매인의 대금 정산은 다음 날 한다고 한다.

중매인

현재 이 시장에 출입하는 중매인은 일본인 16인 · 조선인 한인(韓人)[61]으로서, 모두 조합출자자이다. 그리고 이들은 조합규정 안에 각자 신인금(信認金)으로 일금 3,000원 및 이 조합출자권 3매 이상을 가지고 있는 자의 신원보증을 갖춘 자라고 한다. 조합에서는 중매인 장려로 매 결산기 때에 그 매수금액에 대해 2/100를 되돌려준다.

집산

이 시장에 모여드는 주요 어류는 욕지도(欲知島), 거제도 바깥 교차 지점에서 도미 · 조기 및 일본인이 경영하는 대부망(大敷網)의 어획물인 근해[沖] 삼치, 통영 부근에 있는 큰 멸치[大鰮] 및 공미리 등으로, 그 중 도미(鯛)[62] · 조기가 대부분을 점하고

---

61) 韓人이 아니라 몇 인으로 되어야 할 부분이 잘못된 것으로 보인다.

있다. 판로는 경성 · 인천 · 부산 · 마산 등이고, 드물게 일본으로 수송하는 경우도 있다. 그리고 통영에서 판매되는 경우는 헤아리기 힘들다. 이제 시장을 개시한 〈명치 40년 12월〉 이래 4개월 동안의 거래량을 보면, 그 양이 9,400원으로, 1개월 평균 2,400원이 조금 못 된다. 통영은 진해만 남쪽 입구에 있는 요충지에 해당하는데, 과거로부터 이 부근이 중요한 진지(鎭地)이며 또 연해는 각종 어족으로 풍부해 연간 어군들의 왕래가 끊이지 않는다. 1년의 어획량은 적어도 30만원을 웃돈다. 그런데 이 시장의 어획량이 앞에서 기술한 바와 같이 아주 적은 것은 개업일수가 적었기 때문이기도 하지만, 처음부터 입지[63]에 관계되는 바가 많은 점은 의심할 바 없다. 요즘 마산수산회사가 기선(汽船)을 파견하여 어류를 모으는 데 힘쓰자, 본 시장은 그 영향을 받아 지금 자못 적막한 상황이 되었다. 이곳과 마찬가지로 장승포 같은 곳도 그 지리상 단지 지방에 있는 어류 수용장(收容場)에 지나지 않으므로, 주로 일본 내지에 대한 수송을 목적으로 하거나 또는 부산이나 마산 등의 시장과 연계하지 않으면, 독립해서 그 업무를 확장할 수 없다.

● 목포어시장(木浦魚市場)

이는 목포항(木浦港) 목포대(木浦臺)에 있다. 일본 오이타현[大分縣] 사람 나가우라 후쿠이찌[長浦福市]가 경영한다. 자본금은 5,000원이라고 하지만 규모는 크지 않다.

연혁

목포 개항 당시, 즉 명치 30년 10월, 부산 거주 일본인 시라이 보쿠[白井朴] 외 19명이 서로 의논해서 해산회사(海産會社)를 조직하고 어시장을 설치했다. 그런데 당시 거류 일본인이 소수여서 판매가 적고 수지가 맞지 않았기 때문에, 그 중에서 주식금을 납입하지 못한 자도 있어서 마침내 명치 33년 부득이하게 해산하기에 이르렀다. 나가

62) 원문에는 網으로 되어 있으나, 鯛의 잘못으로 보인다.
63) 원문에는 位地라고 되어 있으나 立地의 잘못으로 보인다.

우라 후쿠이찌는 그 후에 인수하여(250원으로 인수했다고 한다) 지금에 이르렀다.

영업

일반 어시장과 다를 바 없지만 개시는 매일 아침 1회에 그친다. 경매수수료는 선어(鮮魚)와 염건어(鹽乾魚)를 불문하고 합해서 1할을 징수한다. 현재 중매인은 8명이다. 그리고 중매인에게는 30원의 신용보증금을 필요로 한다. 대금 정산은 화주에 대해서는 당일로 하고, 중매인은 매 10일에 계산한다. 중매인 장려 방법으로는 보려법(步戾法)에 따르는데, 1년간 매입량의 1푼으로 한다.

집산

시장이 한산한 것은 겨울 12월부터 다음 해 2월까지 3개월간으로, 그 외의 시기도 크게 번한(繁閑)하지는 않다. 시장에 나오는 어류 중 주요한 것은 도미[鯛][64]로, 사계절을 통틀어 어획량의 최고를 점한다. 1년 중 매상고는 대체로 총 어획량의 7할에 상당한다. 그리고 도미가 가장 많이 시장에 나오는 계절은 가을이고, 겨울 12월에서 봄까지는 적다. 대개 이러한 현상은 어획량의 다소에 따르는 것은 물론이지만, 주로 겨울철의 어장의 원근(遠近)과 관련이 있다. 1~4월 사이 시장에 나오는 도미는 주로 제주도(濟州島)[65] 및 손죽열도(損竹列島:草島) 연해에서 어획된다. 5~6월경에 나오는 것은 사자도(獅子島)와 위도(蝟島) 근해, 8~11월 사이에는 진도(珍島)·소안도(所安島) 등의 근해, 12월은 청산도(青山島)나 부산 부근이라고 한다. 그리고 진도 부근의 어장은 육지와의 거리가 멀지 않고 또 교통이 편리해서 가을에 도미가 시장에 가장 많이 나오는 원인이 된다고 한다. 이 시장에 있는 화주는 주로 거류일본어업자라고 하고〈어선이 14척이다〉, 조선인의 어획물이 시장에 나오는 것은 많지 않다. 판로는 겨우 현지와 영산강 상류의 영산포(榮山浦), 나주(羅州) 등의 재류일본인에 그친다. 아직 조선인 사이에 판로가 열리지 않아서, 1년의 어획량은 아직 부산어시장의 하루 어획량에도 미치지

---

64) 원문에는 綢으로 되어 있으나 아래의 표에 의하면 鯛임을 알 수 있다.
65) 원문에는 濟列島라고 되어 있으나 표에 의하면 이는 濟州島의 잘못이다.

못하는 상황이다. 그렇지만 조선인을 상대로 영산강 유역 일대, 기타 이곳 부근에 판로를 확장하면 상당히 발전할 여지가 있다. 아래에 이 시장이 보고한 바에 따라 지난 3년간의 어획량 및 가격 월차표를 나타내었다.

목포 어시장 매상 및 단가 월차표(月次表)

〈명치38~40년 3년간 비교〉

단위 : 원(圓)

1월									
어명	연도	매상총액	단가			매매 기준	주된 어획지	발송처	적요
			최고	보통	최저				
도미	명치38년	19,870	28	16	9	1관	초도 · 제주도	시내 · 인천	수급 관계상 다른 곳에 수송하는 것을 허락하지 않았다.
	동39년	27,588	20	13	10	동	동	동	
	동40년	45,649	28	15	10	동	동	시내	
황돔[66]	동	7,525	12	6	4	동	동	시내 · 인천	도미어업의 대표적인 혼획물이다.
	동	9,629	15	10	6	동	동	동	
	동	14,438	15	8	3	동	동	시내	
방어	동	5,029	28	15	10	동	사자도	동	
	동	-	-	-	-	동	-	-	
	동	2,780	25	18	15	동	사자도	시내	
전복	동	-	-	-	-				
	동	1,523	20	10	8	동	제주도	시내	
	동	1,825	26	15	10	동	동	동	
붕장어	동	-	-	-	-				
	동	4,162	20	10	8	동	소안도	시내	
	동	-	-	-	-				
기타	동	7,094	-	-	-				농어 · 볼락 · 붕장어 · 다금바리[67] 등
	동	6,552	-	-	-				상어 · 다금바리 · 볼락 등
	동	8,412	-	-	-				농어 · 다금바리 · 볼락 등
월계	동38년	39,518	어장이 멀기 때문에 1개월에 3번 항해를 할 수 있는 경우는 좀처럼 없는데다가 심한 경우는 겨우 1번도 항해할 수 없는 경우도 있다. 그러므로 소형 어선은 어장에서 멀어짐에 따라 해안에 상륙하지 않고, 한 두 사람이 붕장어를 포획하여 산 채로 통발에 넣어두었다가 10~15일마다 판매한다.						
	동39년	49,454[68]							
	동40년	73,104							

---

66) 원문에는 紅子鯛(べんこだい)로 되어 있는데 이는 黄鯛의 四國 지역 방언이다. 학명은 *Dentex bypselosomus*이다. 우리나라의 황돔 학명 *Dentex tumifrons*와 비슷하지만 다른 종류로 보인다, 일단 황돔으로 번역해 둔다.

67) 원문에는 이카케(いかけ)라고 되어 있다. 이는 다금바리를 부르는 용어 중 하나로 학명은 *Niphon spinosus*로 보통은 아라(あら)라고 한다.

2월									
어명	연도	매상총액	단가			매매 기준	주된 어획지	발송처	적요
			최고	보통	최저				
도미	명치38년	11,365	30	21	10	10관	제주도, 초도	시내 · 인천	
	동39년	33,276	20	13	7	동	동	동	
	동40년	34,909	25	18	7	동	동	시내	
황돔	동	4,870	13	8	4	동		시내 · 인천	
	동	6,694	15	9	6	동			
	동	12,787	13	7	5	동			
방어	동	2,216	25	17	13	동	추자도	시내	
	동	-	-	-	-	동	동		
	동	13,068	28	17	16	동	동	시내	부산 및 對州[69]에서 輸入한 분량도 포함한다.
벤자리	동	-	-	-	-	동			
	동	20,544	7	5	4	동	초도	시내 · 인천	
	동	-	-	-	-	동			
절인 청어	동	-	-	-	-				생물청어와 형태는 다르지만, 청어보다 맛있는데도 불구하고 가격은 저렴하며, 또한 판매가 저조하다.
	동	35,700	-	30	-	駄	미국품	한인	
	동	-	-	-	-				
기타	동	7,867	-	-	-				상어 · 볼락, 전복 · 넙치 등
	동	11,443	-	-	-				벤자리 · 상어 · 볼락 등
	동	5,251	-	-	-				숭어 · 상어 · 방어 · 다금바리 등
월계	동38년	26,318	표 중에서 '벤자리'[70] 등은 草島에서 나가사키현 타메시[爲石]의 배들이 염절을 목적으로 立網으로 어획하는 것이다. 38년 4월 초에 해안지역에 와서 좋은 결과를 얻었으므로 39년도에는 同船 3척이 오게 되었다. 그렇지만 그 해 가격이 폭락해서 40년에는 폐지했다.						
	동39년	107,657							
	동40년	66,015[71]							

68) 원문에는 49,451로 되어 있음.

69) 對馬島를 뜻한다.

70) 黑魚(くろうお)라고도 한다. 다만 흑어는 雷魚를 뜻하기도 한다.

3월									
어명	연도	매상총액	단가			매매기준	주된 어획지	발송처	적요
			최고	보통	최저				
도미	명치38년	61,545	25	17	10	10관	제주도 · 초도	시내	
	동39년	62,047	18	13	8	동	동	동	
	동40년	104,381	26	17	8	동	동	동	
황돔	동	18,055	12	7	4	동	동	동	
	동	14,825	15	10	5	동	동	동	
	동	17,569	13	8	4	동	동	동	
감성돔	동	15,360	10	6	5	동	진도	시내 · 인천	
	동	18,929	15	12	5	동	동	동	
	동	-	-	-	-	동			
농어	동	8,375	20	12	8	동	목포항구	시내	
	동	-	-	-	-	동			
	동	-	-	-	-				
벤자리	동	-	-	-	-				
	동	8,644	8	5	4	동	초도	시내	
	동	-	-	-	-				
작은 상어	동	1,347	4	2	1	동	제주도	시내	
	동	-	-	-	-				
	동	1,305	6	4	3	동	동	동	
기타	동	31,873	-	-	-				동갈민어 · 붕장어 · 볼락 · 전복 등이다.
	동	12,525	-	-	-				붕장어 등이다.
	동	18,913	-	-	-				방어 · 다금바리 · 농어 등
월계	동38년	136,555	점차 따뜻해짐에 따라서 소형선은 근해에서 고기 잡는 데에 이른다. 어획의 중심인 제주도는 이번 달이 도미의 성어기이지만, 수십 리를 떨어져 있어서 항상 신선한 것을 제공할 수 없음에 따라서 가격도 결코 싸지 않았다. 하지만 40년도부터는 기선의 항행이 증가하여 이러한 불만은 상당히 줄어들었다.						
	동39년	116,970							
	동40년	142,168							

71) 원문에는 86,015라고 되어 있음.

4월									
어명	연도	매상총액	단가			매매 기준	주된 어획지	발송처	적요
			최고	보통	최저				
도미	명치38년	45,670	20	9	6	10관	제주도 · 추자도	시내	
	동39년	61,012	18	12	7	동	동	동	
	동40년	138,736	23	15	6	동	동	동	
황돔	동	21,165	12	6	4	동	제주도 · 초도	동	
	동	7,615	12	7	5	동	동	동	
	동	3,555	13	6	2	동	동	동	
감성돔	동	37,580	10	5	3	동	진도	동	
	동	39,142	12	7	5	동	동	동	
	동	40,134	15	8	4	동	동	동	
붕장어	동	7,540	25	14	10	동	소안도 · 목포항구	동	
	동	3,927	15	10	6	동	동	동	
	동	-	-	-	-				
농어	동	3,219	20	13	10	동	목포항구	동	
	동	5,632	15	10	8	동	동	동	
	동	-	-	-	-				
벤자리 기고리 鯛	동	10,810	-	8	-	동	초도	동	
	동	-	-	-	-				
	동	-	-	-	-				
민어	동	6,335	6	5	4	동	목포항구	동	
	동	-	-	-	-				
	동	-	-	-	-				
기타	동	24,626	-	-	-			동	상어 · 볼락 · 민어 등
	동	22,957	-	-	-			동	전복 · 상어 · 볼락 등
	동	29,727	-	-	-			동	삼치 · 가오리 · 갯장어 등
월계	동38년	156,945	근해의 어획이 점차 많아지는데, 그 중심은 감성돔이라고 한다.						
	동39년	140,285							
	동40년	212,152							

5월									
어명	연도	매상총액	단가			매매 기준	주된 어획지	발송처	적요
			최고	보통	최저				
도미	명치38년	51,192	16	8	5	10관	추자도 · 위도	시내	
	동39년	79,031	18	10	7	동	동	동	
	동40년	74,603	20	7	4	동	동	동	
흑돔	동	10,727	10	5	3	동	진도	동	
	동	20,015	10	8	4	동	동	동	
	동	24,556	10	5	4	동	동	동	
삼치	동	16,395	9	5	4	동	소안도	동	
	동	20,510	10	6	4	동	동	동	
	동	18,017	9	5	3	동	동	동	
준치	동	9,570	6	3	2	동	동	동	
	동	16,014	5	3	1	동	동	동	
	동	10,939	8	2	1	동	동	동	
민어	동	2,790	6	4	3	동	목포항 부근	동	
	동	-	-	-	-	동	동	동	
	동	8,988	7	5	3	동	동	동	
농어	동	4,216	15	9	7	동	동	동	
	동	7,265	15	8	5	동	동	동	
	동	5,908	15	8	6	동	동	동	
붕장어	동	6,343	20	13	10	동	동	동	
	동	-	-	-	-	동	동	동	
	동	2,793	18	13	7	동	동	동	
기타	동	35,095	-	-	-				
	동	30,216	-	-	-				
	동	28,367	-	-	-				
월계	동	136,328[72]	제주도에서 늦어지고, 진도에서 빨라졌으며, 위도에서 멀어져서 39년도 추자도의 고기잡이 할 곳을 발견하기까지 도미 잡이에 가장 곤란을 느낀 것이 이 달이다.						
	동	173,051							
	동	174,171[73]							

72) 원문에는 136,528이라고 되어 있음.
73) 원문에는 173,469라고 되어 있음.

6월									
어명	연도	매상총액	단가			매매 기준	주된 어획지	발송처	적요
			최고	보통	최저				
도미	명치38년	37,416	15	8	4	10관	추자도	시내	
	동39년	66,715	15	9	7	동	동	동	
	동40년	85,645	18	7	4	동	동	동	
삼치	동	24,555	6	5	3	동	소안도	동	
	동	23,921	15	9	7	동	동	동	
	동	49,640	8	6	3	동	동	동	
준치	동	17,474	5	3	2	동	동	동	
	동	23,020	6	3	1	동	동	동	
	동	23,354	6	4	1	동	동	동	
농어	동	2,150	18	10	7	동	목포항구	동	
	동	6,954	15	10	7	동	동	동	
	동	6,970	15	10	9	동	동	동	
갯장어	동	-	-	-	-	동	동	동	
	동	6,123	17	9	6	동	위도	동	
	동	7,885	13	9	6	동	동	동	
작은 상어	동	2,340	5	2	1	동	추자도	동	
	동	3,065	4	2	1	동	동	동	
	동	-	-	-	-	동	동	동	
흑돔	동	-	-	-	-	동	동	동	
	동	-	-	-	-	동	동	동	
	동	22,179	10	5	3	동	소라기 · 고마도[74]	동	
기타	동	15,984	-	-	-	동	동	동	민어 · 붕장어 · 전복 등
	동	19,542	-	-	-	동	동	동	민어 · 전복 · 조기[75] 등
	동	23,572	-	-	-	동	동	동	민어 · 조기 · 다금바리 등
월계	동38년	99,919	해수 관계로, 잡힌 도미가 가장 많다. 삼치류망이 전성기인데, 다른 데 판로가 없는 상황이므로, 일반적인 漁價에 영향을 미치는 바가 적지 않다.						
	동39년	149,340							
	동40년	219,245							

74) 두 곳은 당시 조선의 지명으로 생각되지만 자세히 알 수 없다.

75) 원문은 グチ로 되어 있다. 원래는 조기 · 부구치 · 수조기 · 흑조기 등을 총칭하는 용어이다. 그러나 『한국수산지』에서는 조기(キグチ)를 나타내는 말로 쓰고 있다.

7월									
어명	연도	매상총액	단가			매매 기준	주된 어획지	발송처	적요
			최고	보통	최저				
도미	명치38년	73,585	15	7	4	10관	장자도 · 진도		
	동39년	84,097	20	12	8	동	동		
	동40년	90,486	18	7	4	동	동		
삼치	동	28,216	8	3	2	동	소안도		
	동	7,203	10	6	5	동	동		
	동	23,604	6	2	1.5	동	동		
준치	동	11,380	6	2	1	동	소안도		
	동	10,040	5	3	2	동	동		
	동	13,897	6	2	1	동	동		
농어	동	-	-	-	-	동	목포항구		
	동	10,548	15	1	8	동	동		
	동	3,540	15	9	6	동	동		
가오리	동	8,215	2	1	1	동	장자도 및 진도		
	동	-	-	-	-	동	동		
	동	5,340	4	2	1	동	동		
붉바리 76)	동	-	-	-	-	동	동		
	동	-	-	-	-	동	동		
	동	8,178	17	7	5	동	위도		
기타	동	25,244	-	-	-	동	동		감성돔 · 볼락 · 상어 등
	동	30,779	-	-	-	동	동		민어 · 상어 · 조기 등
	동	42,029	-	-	-	동	동		민어 · 붕장어 · 갯장어 등
월계	명치38년	146,640	당시 어선의 보고라고도 할 수 있는 진도 어장은 이달을 시작으로 한다.						
	동39년	142,667							
	동40년	187,074							

76) 원문은 아카우(アカウ)로 되어 있다. '아코오'로 읽으면 *Epinephelus akaara*로 능성어를 닮은 붉바리라는 물고기를 말한다.

8월									
어명	연도	매상총액	단가			매매 기준	주된 어획지	발송처	적요
			최고	보통	최저				
도미	명치38년	86,870	16	6	4	10관	진도 · 소안도	시내	
	동39년	87,611	25	13	9	동	동	동	
	동40년	86,578	16	8	3	동	동	동	
삼치	동	10,325	6	4	2	동	동	동	
	동	-	-	-	-	동	동	동	
	동	9,475	6	4	3	동	동	동	
준치	동	4,156	3	2	1	동	동	동	
	동	-	-	-	-	동	동	동	
	동	5,330	4	2	1	동	동	동	
가오리	동	11,321	4	2	1	동	진도 및 항내	동	
	동	-	-	-	-	동	동	동	
	동	25,783	3	2	1	동	동	동	
농어	동	7,385	5	4	3	동	진도 및 항내	동	
	동	7,664	6	4	3	동	동	동	
	동	11,635	6	5	4	동	동	동	
민어	동	-	-	-	-	동	동	동	
	동	11,953	1	7	6	동	목포항구	동	
	동	-	-	-	-	동	동	동	
기타	동	14,953							붕장어 · 전복 · 갯장어 등
	동	28,995							상어 · 붉바리 · 갯장어 등
	동	27,034							상어 · 붕장어 · 갯장어 등
월계	동38년	135,010	유망했던 진도 어장은 해마다 퇴보하여 점차 근해로 출어하는 데 그치게 되었다. 3일에 얻을 수 있었던 것은 5일이 되어도 그에 못 미치게 되었다.						
	동39년	136,223							
	동40년	165,835							

9월									
어명	연도	매상총액	단가			매매 기준	주된 어획지	발송처	적요
			최고	보통	최저				
도미	명치38년	85,365	16	8	4	10관	진도	시내	
	동39년	85,692	25	13	10	동	동	동	
	동40년	168,962	17	7	4	동	동	동	
붕장어	동	11,959	18	12	9	동	항내 · 소안도	동	
	동	5,963	18	9	7	동	동	동	
	동	-	-	-	-				
민어	동	5,735	6	4	3	동	진도	동	
	동	1,508	6	4	3	동	동	동	
	동	24,001	10	5	3	동	동	동	
가오리	동	2,210	3	2	1	동	장자도 부근	동	
	동	-	-	-	-				
	동	-	-	-	-				
작은 상어	동	-	-	-	-				
	동	4,723	5	2	1	동	청산	동	
	동	-	-	-	-			동	
농어	동	3,540	25	16	10	동	항구	동	
	동	-	-	-	-			동	
	동	5,218	25	13	10	동		동	
기타	동	12,741	-	-	-	-		-	갯장어 · 감성돔 · 절인 도미 등
	동	28,084	-	-	-	-		-	갯장어 · 전복 · 절인 민어 등
	동	56,331	-	-	-	-		-	갯장어 · 볼락 · 민어 등
월계	동38년	121,550[77]	어장이 점점 안정된다. 기후가 순조로워져서 시중에는 어류가 풍부하게 되었다.						
	동39년	125,970							
	동40년	254,512							

77) 원문에는 123,550이라고 되어 있음.

10월									
어명	연도	매상총액	단가			매매 기준	주된 어획지	발송처	적요
			최고	보통	최저				
도미	명치38년	71,855	19	12	6	10관	완도	市中	
	동39년	123,932	28	13	8	동		동	
	동40년	139,319	15	6	4	동		동	
민어	동	4,845	7	5	4	동	진도	동	
	동	3,964	6	5	4	동		동	
	동	9,683	3	2	1	동		동	
작은 상어	동	6,295	4	2	1	동	진도	동	
	동	-	-	-	-				
	동	3,850	2	1.5	1	동		동	
붕장어	동	3,170	20	13	10	동	항내	동	
	동	3,153	24	15	12	동		동	
	동	8,196	18	8	5	동		동	
가오리	동	5,916	4	2	1	동	항내	동	
	동	-	-	-	-				
	동	4,653	3	1.5	1	동		동	
갯장어	동	-	-	-	-				
	동	2,918	10	8	6	동	진도	동	
	동	7,775	15	8	7	동		동	
흑돔	동	-	-	-	-				
	동	-	-	-	-				
	동	28,342	15	8	6	동		동	
기타	동	18,771	-	-	-				붉바리 · 볼락 · 조기 등
	동	29,862	-	-	-				조기 · 절인 도미 등
	동	32,261	-	-	-				절인 도미 · 조기 등
월계	동38년	110,852[78]	대체로 진도의 어장은 끝난다.						
	동39년	163,829[79]							
	동40년	234,079[80]							

78) 원문에는 110,850이라고 되어 있음.
79) 원문에는 161,809라고 되어 있음.
80) 원문에는 214,079라고 되어 있음.

11월									
어명	연도	매상총액	단가			매매 기준	주된 어획지	발송처	적요
			최고	보통	최저				
도미	명치38년	53,265	20	17	8	동	진도	시내	
	동39년	110,574	25	15	8	동	동		
	동40년	119,495	25	13	7	동	동	시내 · 광주	
민어	동	5,140	7	5	4	동	진도	시내	
	동	5,369	10	7	5	동	동	동	
	동	6,400	7	5	4	동	동	동	
붕장어	동	3,660	25	18	16	동	항내	동	
	동	6,950	18	15	10	동	소안도	동	
	동	14,074	25	16	13	동	소안도 · 항내	동	
전복	동	-	-	-	-				
	동	3,219	25	17	14	동	제주도 · 추자도	동	
	동	-	-	-	-				
흑돔	동	-	-	-	-				
	동	-	-	-	-				
	동	7,921	14	9	7	동	목포항구	동	
기타	동	24,450	-	-	-				민어 · 상어 · 가오리 등
	동	17,227	-	-	-				상어 · 방어 · 가오리 등
	동	26,805	-	-	-				가오리 · 갯장어 · 조기 등
월계	동38년	86,515	40년에 이르러서 광주에 판로를 열었다. 아직 근소하지만 전도가 유망하다.						
	동39년	143,339[81]							
	동40년	174,695[82]							

81) 원문에는 137,339라고 되어 있음.
82) 원문에는 174,693이라고 되어 있음.

12월									
어명	연도	매상총액	단가			매매 기준	주된 어획지	발송처	적요
			최고	보통	최저				
도미	명치38년	45,060	25	15	7	10관	청산	시내 · 인천	
	동39년	51,043	28	15	9	동	소안도 · 청산		
	동40년	58,906	28	15	7	동	초도 · 청산	시내 · 광주	
민어	동	-	-	-	-			시내	
	동	5,622	9	5	4	동		동	
	동	4,670	8	6	4	동	소안도 · 초도	동	
작은 상어	동	3,005	15	9	4	동	청산도	동	
	동	-	-	-	-				
	동	3,375	7	4	5	동	초도 · 청산	동	
붕장어	동	6,219	20	15	12	동	소안도	동	
	동	4,176	19	13	7	동	동	동	
	동	8,197	25	14	10	동	동	동	
붉은 새끼 도미	동	8,500	12	6	2	동	초도	시내 · 인천	
	동	-	-	-	-				
	동	6,952	15	12	8	동		시내 · 광주	
방어	동	-	-	-	-				
	동	-	-	-	-				
	동	17,115	28	20	15	동	추자도	시내	사자도 · 제주
기타	동	10,806	-	-	-				민어 · 다금바리 · 전복 등
	동	13,693	-	-	-				가오리 · 갯장어 · 다금바리 등
	동	34,891	-	-	-				가오리 · 볼락 등
월계	동38년	73,590							
	동39년	74,534[83]							
	동40년	134,106[84]							
연계	동38년	1,269,740[85]	어선이 점차 증가하였지만, 해당 지역의 발전과 광주에 판로를 여는 등에 따라서, 예년에 인천에서 보냈던 것은 40년도에 이르러서 완전히 쇠퇴하였다.						
	동39년	1,523,319[86]							
	동40년	2,037,156[87]							

83) 원문에는 74,429라고 되어 있음.
84) 원문에는 123,906이라고 되어 있음.
85) 원문에는 12,699,380이라고 되어 있음.
86) 원문에는 15,151,910이라고 되어 있음.
87) 원문에는 20,262,520이라고 되어 있음.

● 군산수산주식회사(群山水産株式會社)

이 회사는 군산 각국 거류지 제227번지에 있다. 이 회사도 또한 일본인이 경영하는 곳으로 명치 40년 3월 설립했다. 회사 자본금액은 1만원으로 이것을 200주로 나누면 1주의 금액은 50원이다. 현재 납입금액은 자본금액의 1/4로서 2,500원, 즉 1주당 12원 50전의 비율이다. 회사 중역은 취체역 6명, 감사역 2명으로 현재 사장은 오사와 토쥬로[大澤藤十郎]라고 한다. 어시장은 회사가 경영에 관계하지만, 그 소유자이면서 유권자는 이곳의 일본인거류민단(日本居留民團)이고, 회사는 명목상의 대표업자에 지나지 않는다. 즉 회사는 영업세 외에 회사 수입수수료의 2/10, 즉 2할을 민단(民團)에 납부하고, 민단은 시장건물을 무료로 회사에 임대해 주는 것으로 하였다.

연혁

명치 33년 무렵 오사카상선회사 대리점의 오사와 토쥬로라는 자가 개인사업으로 생선도매업을 시작해서 주로 한인(韓人)에게 판매하는 한편 어업자에게서는 그 어획물을 사들였다. 이렇게 2~3년을 지냈는데, 창업 당시 사정에 어둡고, 특히 시세가 오늘날과 같지 않아서 종종 장애로 인해 손실을 입은 일이 한두 번이 아니었다. 여러 번의 곤란을 견디다가 명치 36년에 이르러서, 시장을 설치하고 중매인으로부터 보증금을 징수하는 등 차차 질서를 정비한 결과 점차 이익을 보게 되었다. 그런데 이후 사업이 점점 발전하면서 이곳 거류지 일본인들이 이익이 되는 것을 알게 되었고, 지인과 의논해서 회사를 조직해 본업을 경영하기로 계획하였다. 이 계획은 마침내 명치 39년 봄에 이르러 실행되어 군산수산주식회사가 창립되었다. 이에 오사와가 창시한 어시장은 이 회사로 옮겨서 영업하게 되었다. 이는 곧 현 회사의 전신이다. 당시 이곳으로 이주한 일본인은 날이 갈수록 그 수가 증가하였고 어류 수요가 증가했다. 사운(社運)이 점차 융성해져 가는데, 갑자기 회사와 중매인 사이에 분쟁이 발생하여 중매인은 회사를 떠나서 재류어업자와 결합하여 명치(明治) 연간에 군산수산조합을 조직하고, 별도로 어시장을 설립했다. 당시 회사는 창립 이래 얼마 되지 않았음에도 불구하고 신설 시장은 숙련된 중매인과 하주인 어업자가 결합했기 때문에 그 경영의 대부분은 새로운 시장에 뺏겨서 자못 어려운 지경에 이르게 되어, 바야흐로 존립 문제를 야기할 상황에 서게 되었다. 이에 유지자(有志者) 및 거류민단은 양자 사이를 조정하고 회사 및 신설 조합을 합병해서 하나의 회사로 하고, 두 회사가 같은 수의 주식을 소유하는 것으로 했다. 곧 현 회사의 성립을 알리고 명치 40년 3월 27일 등기를 했다. 그리하여 민단은 ① 이후 다시 경쟁자가 나오는 것을 방지하기 위해, ② 그 재원(財源)에 제공하기 위해, 두 개의 어시장 및 그 권리를 매수하고 현 회사로 하여금 그 사업을 담당하게 함으로써 지금에 이르렀다.

영업

회사 업무의 범위는 정관 제2조에 보이는 것처럼 해산물 위탁판매에 한한다. 그리고 어시장에서의 영업 방법은 경매 · 산당매(算當賣) · 입매(入賣) 등으로 하고, 판매방법과 수수료는 부산 · 인천 및 기타 어시장과 같다. 단 선매(船賣) 혹은 염물(鹽物) 수수료는 8푼으로 하는데, 선매는 대부분 다른 시장에서는 취급하지 않는 것이라고 한다. 즉 선매란 하안(河岸)에 도착한 모선〈親船:어선의 모선으로, 운송선이다〉에 가득 실은 어류를 시장으로 수송하는 비용을 줄이기 위해서 행해지는 방법으로, 무거운 어획물이 다량일 때에 이 거래를 한다. 그 방법은 생선의 견본으로 한 척의 배 전체 가격을 정하고, 매수한 중매인은 하안에서 바로 그 짐을 다른 곳으로 옮겨 적당한 판로에 수송한다. 이곳에 양륙하는 비용은 하안에서 시장까지 1지게에 1전 정도라고 한다. 한 지게는 조기로 약 400마리를 운반하는 데 불과하다. 화주는 곧 위탁자와의 대금 정산을 당일에 하고, 중매인의 회사에 대한 정산은 10일을 기한으로 한다고 한다. 중매인은 신원보증으로 현금 25원, 혹은 그에 상당하는 유가증권을 제공해야 하며, 그 수를 27명으로 제한한다. 현재 중매인은 인원수가 가득 찼는데, 그 다수는 회사의 주주이다. 어업자 장려방법으로는 1년 어획고 1,000원 이상인 자에 대해 회사 깃발 하나, 술 한통(5되짜리 술통)을 상으로 준다. 중매인의 장려방법으로는 1년간 매상액의 1푼 5리를 상으로 주는 것이라고 한다. 회사 영업세는 1년에 60원이다.

집산

시장에 나오는 어류 중 주요한 것은 도미 · 조기 · 갈치 · 가오리 · 달강어 · 방어 · 민어[88] · 절인 청어이고, 주로 일본 어부가 어획에 종사한다. 어장은 위도 · 격음군도(隔音群島) · 죽도(竹島) · 전도(畑島) · 어도(魚島) · 호도(狐島) 등의 근해라고 한다. 판로는 인천 · 군산 · 강경(江景) · 웅포(熊浦) · 부안(扶安) · 임산(林山) · 논산(論山) · 황산(黃山) 등지와 금강 상류 일대라고 한다. 금강 상류 일대에서 수용되는 어류의 종별 및 생물[鮮魚]과 염물(鹽物)의 비율을 보면 대체로 다음과 같다. 단, 그 수량은 계산하기 어렵지만, 다소(多少)는 대체로 다음에 기록된 순서대로이다.

조기	갈치	가오리	도미	농어	달강어	방어	민어	미역	고등어
鮮魚	鮮魚	鮮魚	鮮魚	鮮魚	鮮魚	鮮魚	鮮魚	鮮魚	鮮魚
0.5	0.2	1.0	1.0	1.0	1.0	1.0	0.5	·	·
鹽魚	鹽魚	鹽魚	鹽魚	鹽魚	鹽魚	鹽魚	乾魚	乾	鹽
0.5	0.8	·	·	·	·	·	0.5	1.0	1.0

나아가 앞에서 기술한 어장에서 어획되는 일본 어부 어획물의 판로를 살펴보면, 도미 · 삼치 등 성어기의 어획물은 대개 소금에 절여서 일본으로 수송되고, 그 이외 시기의 어획물은 인천 및 이 시장에 나온다. 그리고 도미는 입춘으로부터 88일째 밤 전후를 초어(初漁)로 하고, 5월 중을 성어기로 한다. 삼치는 봄 · 가을 두 계절로, 봄은 4월 초에서 6월 상순까지로 하고, 가을은 8~9월로 한다. 6~7월경은 어획이 적고, 8~9월경은 삼치 외에 농어 · 가오리 등이 어획된다. 이들은 인천 및 이 시장에 나온다.

다음에 이 시장의 어획량 및 주요 어류의 가격을 표시하였다.

88) 원문에는 魚+色으로 되어 있으나 鮸의 잘못으로 보인다.

군산 어시장 어류 양륙고 표

〈명치39년 1~12월〉

단위: 원(圓)

종목	금액	종목	금액
도미	8,774	조기	1,292
삼치	4,563	달강어[89]	795
농어	1,180	숭어	815
가오리	1,185	작은 상어	2,644
가자미	399	망둥어	120
민어	1,049	뱀장어	3,500
갈치	1,303	합계	27,619[90]

89) 원문에는 金頭魚라고 되어 있다. 가나가시라(かながしら) 즉 달강어이며 머리가 쇠처럼 단단하다는 뜻이다. 학명은 *Lepidotrigla microptena Gunther*이다.

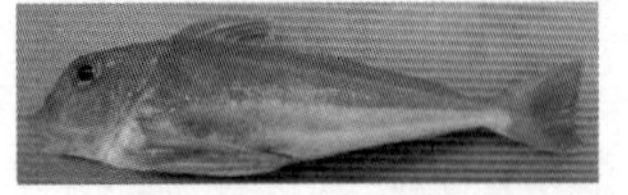

90) 원문에는 24,471이라고 되어 있음.

군산 어시장 어류 수양고(水揚高) 표

〈명치40~41 2년간〉

단위: 원(圓)

	명치40년	동41년
1월	-	2,534
2월	-	1,184
3월	-	2,018
4월	4,398	4,849
5월	6,281	721[91]
6월	7,055	5,498
7월	2,553	2,687
8월	1,657	1,789
9월	2,184	2,104
10월	2,473	2,628
11월	2,073	2,517
12월	1,682	1,949
합계	30,356	30,478[92]

91) 원문에는 7,21이라고 되어 있는데, 오타인 듯함.
92) 원문에는 37,868로 되어 있음. 표의 숫자대로 계산하면 30,478이나, 5월의 721은 오타인 듯하다. 만약 37,868로 계산한다면, 5월은 8,111이 되어야 함.

강경에서의 어류 집산 개황(槪況)

강경은 충청도 은진군에 속하고, 군산과의 거리가 동쪽 육로로 110리(里), 수로로 금강을 거슬러 올라가 100리에 있다. 이곳 부근은 일대가 평야로서, 토질이 비옥하여 농사에 적합한 좋은 곳이다. 게다가 교통은 수운(水運)의 이익을 가지고 있어서 물화의 집산이 많고, 상업도 자못 번성하였다. 여기 집산하는 어류는 대부분 조선의 중상인(中商人:仲買人)의 손에 의해서 이입(移入)되는데, 중매상인은 대저 이곳의 객주와 특약을 맺은 자가 하며, 독립영업을 하는 자는 많지 않다. 객주는 십수 호가 있고, 모두 일반적인 예를 벗어나지 않아서, 백화(百貨)의 도매상이며 어류 취급을 전담하지는 않는다. 그렇지만 수입 어류의 대다수는 그들에 의해서 취급되고, 수입 어류는 앞에서 기술한 것처럼〈군산어시장의 기사를 볼 것.〉 그 수량은 헤아리기 어렵지만, 1년에 대략 30만원에 달할 것이다. 이곳은 상 · 하 두 시장이 있어서 개시일이 다르다. 즉 상시(上市)는 매월 음력 4일, 하시(下市)는 9일이 개시 날짜라고 한다. 그 번성함을 부근과 비교하면 평양 · 대구와 맞먹으며, 조선의 3대 시장이라고 한다. 시장의 집산이 자못 크다.

일본인 거주자는 올해 5월 현재 60명이다. 그리고 그 경영은 강경신탁주식회사(江景信託[93]株式會社)가 관여한다. 올해 3월 건립되었으며 자본금을 1만 원으로 하고, 그 경영 목적은 (1) 수산물의 위탁 판매, (2) 금전 대차(貸借)의 중개, (3) 토지, 건물 및 각종 상품의 중개, (4) 동산(動産), 부동산의 담보 대부(貸付), (5) 상품의 보관 등으로 되어 있는데, 수산물의 취급은 아직 많지 않다.

● 인천수산주식회사(仁川水産株式會社)

이 회사는 명치 40년 11월 1일에 설립되었고, 인천항 해안정(海岸町) 2정목(丁目)에 있다. 회사 자본금액은 30만원으로, 그것을 6,000주로 나누면 1주의 금액은 50원이다.

93) 본문에서는 '托'으로 되어 있음.

현재 납입액은 75,000원으로, 매 1주는 12원 50전의 비율이다. 회사 중역은 다음과 같다.

이사[取締役]	사장	加來榮太郎	전무	沖津戶十郎		
同		潁原修一郎		秋田毅	지배인	守永安三郎
감사역		桑野良太郎	감사역	平山末吉		

또한 회사 주식 200주 이상을 소유한 주주를 기록하면 다음과 같다.

오키쯔 토쥬로(沖津戶十郎) · 아키타 쯔요시(秋田毅) · 가쿠 에이타로(加榮太郎) · 히라야마 스에키찌(平山末吉) · 니시모토 타키찌(西本多吉) · 모리나가 야스사부로(守永安三郎) · 야마가타 지로하찌(山方治郎八) · 에이하라 슛이찌로(潁原修一郎) · 고오리 긴자부로(郡金三郎)

연혁

회사사업의 연혁을 서술하자면, 인천 근해에 있는 일본인 어업의 기원부터 서술해야 한다. 처음에 일본인이 조선 연해에 출어하기에 이른 것은 일본 명치 16년 계미년(癸未年) 조선국무역규칙 제41조[款]에 기초한 것으로, 이 장정에 의해 일본국 어선의 왕래 포어가 허가된 것은 전라 · 경상 · 강원 · 함경 4도의 연해에 한정되었다. 그런데 이 항이 개항된 것은 그 해 1월이다. 당시 일본인 거류자는 아직 많지 않았지만 명치 20년 경부터 점차 그 수가 증가하여 조선 어민의 포어로 그 수요를 충당하기에 부족해졌다. 일본 거류민은 자가(自家)의 수요를 충당할 수 있게 하기 위해 스스로 포어할 필요에 봉착했다. 이에 일본 공사(公使)는 조선 정부와 교섭한 것이다. 협의가 이루어져서, 어선 15척으로 제한하고, 북으로는 강화도에서, 남으로는 남양만(南陽灣)에 이르는 사이를 포어장소로 허락하였다. 이것은 실제 일본 명치 21년 6월의 일이다. 즉 그 달 18일, 재인천일본국영사관(在仁川日本國領事館)은 달(達) 제(第)30호(號)로서 이것을 거류민에게 시달(示達)하였다. 그 내용은 다음과 같다.

인천영사관 달(達) 제13호(명치 21년 6월 18일)

거류민(居留民) 일반

이번 당항 해면(海面)에서 우리 어선 15척에 한해 어업을 허락하는 뜻으로 조약을 체결한 조목이 있다. 이에 지원자는 당관(當館)에 출원(出願) 해야 한다.

추신, 앞의 어업규칙의 건은 당관에 출원한 후 참관(參觀)해야 한다.

다음에 그 어업규칙을 요약해서 기록한다.

인천 해면(海面)에서 일본 어선의 포어를 잠정적으로 허가하는 제한 규칙

제2관 일본 어선의 수는 15척으로 정한다. 인천 근해의 남쪽은 남양(南陽)까지로 제한하도록 하고, 북으로는 강화도까지로 제한한다. 왕래 포어를 허락하지만, 결코 이 한계를 어길 수 없다. 또 포획한 물고기는 오직 인천항 내에서 매각하고, 다른 곳으로 운반해 가서 매각하는 것은 허락하지 않는다.

제3관 전항(前項)에 언급한 어선의 정액 15척은 조선 인천항에 주재한 일본국영사관에서 선적(船籍)을 보관하고, 영사는 이를 해관(海關)에 보고한다. 감리(監理)는 해관장과 함께 부책등록(簿册謄錄)하고, 번호를 기재한 후 어선에 감찰(鑑札)을 교부하며, 해당 선박은 이 감찰을 증표로 삼는다. 이제 포어 판매하는 것을 허락하지만, 만약 해당 어선은 상황에 따라 다른 곳으로 갈 때에는 반드시 출항의 정규(定規)에 비추어 조선국 인천항에 주재한 일본영사관으

로부터 해관에 통보하고, 교부한 감찰을 반납한 후, 해당 선박은 다른 곳으로 갈 수 있다.

제4관 교부한 감찰은 1년을 기한으로 하고, 기일에 이르면 반드시 반납해야 한다. 어선이 감찰을 출원할 때에는 우선 1년의 수수료로 묵은(墨銀)[94] 10원(元)을 해관에 상납한다.

제6관 어선이 인천항을 출발해서 해관에 가서 물고기를 잡을 때 및 물고기를 잡아 인천항으로 향할 때마다 반드시 해관에 보고해서 검사를 받아, 비로소 출입을 허락하는 것으로 한다.

그래서 해당 규칙에 의해 그달 27일 감찰(鑑札)을 교부받은 어선이 11척이었다. 그런데 갑오년(甲午年) 일본과 청나라 간에 전쟁이 일어나면서 그 해 10월 경부터 일본인이 도래하는 자가 갑자기 증가했다. 1월에는 머무르는 자가 2,300인에 지나지 않았는데, 증가해서 일본 명치 28년 3월에 이르러 4,200여 인에 달했다. 또 날로 증가하는 형세를 띠면서, 이에 재차 교섭이 이루어진 결과 다시 어선 15척의 증가를 허락했다. 즉 이에 관한 재인천일본국영사관의 시달(示達)은 다음과 같다.

인천영사관 달(達) 제2호(명치28년 4월 12일)

거류민 일반

종래 당항 연해에서 어선 15척에 한해 우리(일본) 국민의 어업을 허가하였는데, 이번 그 대강을 협의한 후 다시 15척을 증가하고, 매년 5월 1일부터 다음 해 4월 3일까지 1년간 특별히 허락하는 것으로 결정하였으므로, 원하는 자는 종전의 수속에 비추어 본월 30일까지 출원하도록 한다.

또 종래 특허한 15척에 대해서는 만기를 대비하여 본년 9월 1일부터 내년

94) 멕시코 은을 말한다. 은화의 질이 고르고 중량이 정확하여 동양 쪽에서도 무역에 사용하였다.

4월 30일에 이르는 기간을 1기(期)로 하고, 1년에 대한 세액의 비율로 징수를 허가한다. 이후는 모두 본문의 예에 따른다.

앞의 내용을 포달(布達)한다.

이와 같이 인천항 근해에서 어업할 수 있는 일본 어선수는 30척이 되었다. 그렇지만 제한 규칙은 그 어획물을 인천 이외로 반출해서 판매하는 것을 허락하지 않는다. 판로가 협소한 어업자는 스스로 잡은 고기를 가지고 다니면서 행상하거나 어상인(魚商人)에게 팔아버리는 등 직매(直賣)를 하여, 아직 어시장 개설의 단계에는 이르지 못하였다. 명치 30년에 이나다 카쯔히코[稲田勝彦]라는 자가 조선[韓國] 어업자 양성을 명분으로 어선 10척으로 어업할 것을 출원하고, 그것을 특허하자마자 이 사람은 스이즈[水津]·다하라[田原]·마에다[前田], 기타 일본 어선주와 서로 논의해서, 다음 해 5~6월 경 청국거류지 경계에서 어시장을 개설했다. 이것이 이 지역에 있는 일본인 어시장 설치의 효시라 한다. 그렇지만 그 조직은 원래부터 간단해서 어업자의 공동판매소에 불과하여 경제활동으로서의 어업과 시장이 서로 혼재되어서 독립된 사업을 이루기 어려웠다. 시장경제는 어황에 따라서 직접 영향을 받는 일이 많으므로 창업 첫해부터 어선이 난파되는 일이 많이 발생해 타격을 입는 일이 많음에 따라, 중매인에게는 외상대금이 발생하여 결손이 3,000원 이상에 달하여 마침내 만회할 방법이 없기에 이르렀다. 이에 영업한 지 2년 만에 인천공동어시장으로 부득이 교대하게 되었다.

인천공동어시장은 곧 현 회사의 전신으로, 명치 33년 4월 1일 가쿠 에이타로[加來榮太郎]·오키쯔 토쥬로[沖津戶十郞]·모리나가 야스사브로[守永安三郞], 기타 어선주에 의해 설립되었다. 합자회사로 경영하여 어선 1척을 1주로 하고, 총주수는 40매이다. 위치는 현 시장의 옆으로 지금 또한 당시의 건물을 유지하면서 현 시장의 물건을 보관하는데 사용한다. 규모는 원래부터 작아서 공동판매소에 지나지 않았지만, 경인철도는 회사의 창립과 동시에 모든 도로로 어류 반출의 통로를 열었을 뿐 아니라 같은 해 11월에 이르러 경기도 연안 일대도 무역규칙 제41관에 적힌 각 도 연안과 마찬가지로 일한 통어규칙(日韓通漁規則)을 적용하기에 이르렀다. 그런데 어선이 항내에 폭주하는 경우 50~100척에 달하고, 또 판매의 자유를 얻게 되면서 이에 시장의 업무는 발전의 기운을 얻기에 이르렀다. 공동판매소인 옛 모습을 벗고 자못 면모를 고쳤으며, 뒤이어 명치 37년 러일전쟁이 일어나면서 거류민이 증가하자 마침내 수용이 갑자기 격증했을 뿐만 아니라, 경성 부근 일대의 판로는 회사가 독점하게 됨으로써 크게 사운이 융성해졌다. 그렇지만 이 현상은 영원히 계속될 수 없었다. 동 38~39년에 이르러 경쟁자가 나타났으니, 하나는 부산수산주식회사이고, 다른 하나는 반대 시장의 설립이었다. 요컨대 부산수산주식회사는 그 설립이 본 회사보다 여러 해 앞섰으나, 그 판로는 부산 부근에 그치고 있었다. 그런데 명치 37년 11월 경부철도가 개통되고 이듬해인 38년 1월부터 영업을 개시하자마자 동 회사의 발전을 촉진함과 동시에 본 회사의 판로를 잠식하게 되었다. 그렇지만 이후 경성, 기타 지역에 일본인 거류자가 격증함과 동시에 어류의 수요가 증가했을 뿐 아니라 인천 부근이 휴어기 중이라도 선어(鮮魚)를 공급을 받는 편의를 얻었다. 그래서 부산수산주식회사의 판로 신장은 오히려 본 회사 발전에 유익하게 된 것이 사실이다.

반대 시장은 재류어상인(在留魚商人) 및 어청도(於青島) 이주자의 주창에 의해서 조직되어 주식회사로 경영되었다. 그래서 이 회사는 그 자본금액이 21,000원으로 1주의 금액을 50원으로 하고, 납입 금액은 5,250원(1/4)으로, 명치 39년 1월부터 영업을 개시했다. 시장은 각국 거류지 제3호의 해안 대로에 설치하고, 인천수산주식회사 동어시장(仁川水産株式會社 東魚市場)이라고 이름하였다. 이 회사가 그 창설과 함께 미끼의 배포 · 준비금의 전대(前貸) · 호객선[客引船]의 파견 · 물고기를 싣는 기선(汽船)의 설비 등 가지고 있는 수단을 다 이용해서 어선의 유치에 힘쓰자 구 회사도 가만히 묵시할 수는 없었다. 이에 양자의 경쟁이 시작되기에 이르렀고, 양자의 경쟁은 어업자를 유익하게 하는 면도 적지 않지만, 그 사이에 양성된 폐단 또한 이에 수반하였다. 이처럼 신설회사는 소회사인데도 창업할 때 과대한 경비를 지출했을 뿐 아니라 종국에는 중매인의 기초를 공고히 하는 일 또한 소홀히 했기 때문에 어가(魚價)는 차차 떨어져서 어선의 환심을 끌 방법이 없었다. 2차년도에는 마침내 만회할 수 없을 정도의 비참한 상황에 빠지게 되었다.

이와 반대로 구 회사는 이 방면에 경험을 쌓은 당사자와 중매인의 경영이 잘 이루어져서 종래의 모습을 지킬 수 있었을 뿐 아니라, 명치 39년과 같은 경우는 그 어획량이 과거 5년 중에 최고를 보이게 되었다. 그런데 명치 40년 10월에 이르러 지인의 알선이 있어서 두 회사 합병 의논을 조정하고, 현재의 인천수산주식회사를 조직했다. 그 해 11월 1일 등기를 함으로써 금일에 이르렀다. 다음에 공동어시장 창설 이래 1년의 어획량을 표시했다. 이로써 그 발달의 일부를 엿보는 데 충분할 것으로 생각된다.

	仁川共同魚市場(단위 원)	東魚市場
명치33년	약 8,000	-
동34년	27,472	-
동35년	32,552	-
동36년	65,459	-
동37년	142,407	-
동38년	244,294	-
동39년	247,465	初年　84,014
동40년〈1~10월〉	227,404	

시장

시장은 해안대로의 구 시장의 앞에 있다. 바다 속에 나무말뚝을 박아넣고, 그것을 기초로 해서 그 위에 건설되었다. 바닥은 널빤지를 깔아서 가로(街路)와 같은 높이로 만듦으로써 거마가 다닐 수 있게 했다. 그래서 시장 안에 들어가면 해상에 있는 건축물인지 의심할 정도이다. 인천 근해는 해조(海潮)의 간만이 격심함으로써 만조 때에는 보이는 곳이 모두 갯벌이 되지만, 간조 때에는 어선이 바로 시장에 정박할 수 있다. 편리함은 물론이고 위생상으로도 조금도 흠잡을 만한 것이 없다. 본 시장은 명치 41년 3월 건축에 착수하여 동년 5월 18일 준공한 것으로, 정면의 폭이 25간(間), 안길이가 12간〈건평 300평〉이라고 한다. 부속 건물을 합해서 총 건평은 580평이고〈건축비는 부속건물 모두 32,226원 남짓을 필요로 하였다고 한다〉, 또 양륙의 편의를 도모하기 위해 시장 뒤편에 폭 2간의 잔교(棧橋)를 설치했다〈이 건축비는 650원〉. 본 시장은 위치한 곳이 편리할 뿐만 아니라 그 건축에 있어서는 조선 어시장 중 제일이다. 일본 어시장 중에서도 대부분 이에 비할 바가 아니다.

영업

업무의 범위는 수산물 매매 · 포어 수송 · 제조 · 위탁판매 등이지만, 현재는 오직 위탁판매에만 종사하고, 아직 다른 3개 업무에 착수하지 않았다. 단 적당한 장소를 선정해서 닭새우[伊勢海老][95]의 번식을 도모해야 한다고 중역회의에서 의결했지만 이 또한 아직 착수하지 못했다. 시장에서의 판매방법은 오로지 경매[糶賣]뿐으로, 중개인은 가격을 부르고, 중매인은 손가락으로 매수하려는 값을 표시한다. 때문에 거의 10인의 중매인이 시장에 모여도 오직 중개인의 소리만 들리고, 다른 사람들은 조용해서 아무런 소리도 없다. 가격은 일반적인 예에 따라서 몇 관(貫) 몇 백 문(文)으로 한다.[96] 경매수수료는 선어(鮮魚)는 그 판매대가의 1할 · 염물(鹽物)은 7푼 · 건어(乾魚:스루메) 등은 5푼 · 가쯔오부시[鰹節]는 3푼이라고 한다. 개시(開市)는 매일 하고, 시간 및 횟수는 일정하지 않다. 그렇지만 대개 매일 오전 · 오후의 두 차례라고 한다. 단 만조 때가 아니면 하선(荷船)이 들어올 수 없으므로 그 시간은 물때[潮時]의 형편에 따른다.

화주[荷主] 대우

화주, 즉 어선의 대우는 정성스러움을 최우선으로 하고, 그 양륙 대금은 당일에 계산하고(대부분은 선수금[仕込前貸金]을 공제하고 정산한다) 처음에 양륙할 때에는 술 · 수건 등을 준다. 양륙한 양이 10만 혹은 20만을 넘어서 축의(祝儀)할 때에는 사람들을 불러서 잔치를 열며, 4월에 도미를 처음 양륙한 사람에게는 특별한 향응을 베푼다. 또

95) 학명은 *Panulirus japonicus*이다.

96) 도표 중의 매상액 등은 당시 일본의 단위인 圓錢厘로 표시한 것과 비교하면 경매 등에서는 조선 화폐 단위인 貫文으로 하였음을 알 수 있다. 1貫은 1000文이며 무게로 따지면 3.75kg에 해당한다. 즉 화폐단위와 질량단위가 같다. 이를 구별하기 위해서 질량단위는 貫目, 화폐단위는 貫文으로 표현하기도 한다.

평상시의 장려법으로는 양륙액 1,000원에 먼저 도달한 자를 1등으로 하여 일금 50원 · 회사 깃발 하나 · 술 한통〈3되들이 통〉 · 수건 여러 장(승선 선원의 수에 맞춘다) · 도미 한 상자[折][97]를 주어 축연을 연다. 2등 이하는 상여금 5원씩을 체감해서 10등을 5원으로 한다. 회사 깃발 및 기타 물품은 각 등수가 모두 동일하다. 또 10등 이하는 각 등수 모두 10등의 예에 따른다. 어획이 성한 해에는 25~26등에서 30등에 달하는 경우도 있다. 어업자의 이재(罹災) 구조는, 조난 사망의 경우에는 선두(船頭) 10원 · 선원[舸子] 5원, 부상자는 선두 5원 · 선원 3원, 병상의 경우에는 선두 5원 · 선원 3원의 비율로 부조금을 준다. 난파선은 시가를 견적해서 대략 4할을 보조한다. 단 이는 시간과 경우에 따라 다소 참작한다.

전대(前貸) 방법

전대 방법은 모두 현금 대부이며 어선 1척에 대해 100~200원을 전대한다. 명치 41년 전반기 거치(据置)[98] 대부금액은 12,499원이며, 전반기 전대금액은 26,700원에 달하였다. 전대금의 회수는 어획물 매상 대금에서 차츰 공제해서 계산하도록 되어 있지만 어획량이 너무 적으면 회수가 쉽지 않다. 특히 근래에 어업자의 상도의가 피폐해져서 전대금을 받고는 다른 곳으로 전어(轉漁)하는 자가 있다. 심할 때는 두 곳의 어시장에서 2중 차입을 하는 자도 있어서 회수가 상당히 곤란해져서 결국 앞에서 언급한 것처럼 많은 금액의 거치금이 발생하기에 이르렀다. 전대금에는 이자를 붙이지 않는다. 그렇지만 다음 해의 어업에서 6월이 될 때까지 전대금을 다 소각(消却)하지 못한 때에는 한 달에 1푼의 이자를 붙인다.[99]

중매인

중매인은 현재 그 인원수를 35명으로 제한한다. 중매인이 되는 데는 회사의 승인을 필요로 한다. 신원보증을 위해서 회사의 주식 20주를 공탁토록 한다. 중매인의 매수대

97) 도시락 상자 정도 크기의 작은 나무 상자.
98) 前貸金을 회수하지 못한 상태를 말한다.
99) 어획한 물량으로 전대금을 다 상환하지 못한 경우에 적용되는 이율이다.

금 지불기한은 3일간으로 한다. 그렇지만 하루의 매수액이 200원 이상일 때에는 그 초과금은 즉시 지불한다고 한다. 중매인 장려법은 매년 2기 결산 때에 그 매수액의 1,000분의 8.5를 리베이트로 해서 지급하고, 또한 별도로 금품을 상으로 주는 경우가 있다. 단 회사가 거두어들인 수수료가 7푼 이하인 것(염건어류)은 리베이트에 산입하지 않는다. 또한 중매인에서 제명되거나 혹은 만 1년 이내에 폐업한 자는 제외한다. 현재 중매인은 인원이 다 찼는데, 이들 모두 이 회사의 주주이다. 1년 중의 취급액이 많은 자는 야마구찌 몬타로[山口紋太郎]가 약 45,000원, 미기타 에이끼치[右田榮吉]는 약 4만원, 스기야마 헤이지[杉山平治]와 야마모토 겐끼치[山本原吉]은 약 25,000원으로, 이들을 당시 회사 중매인 중의 사천왕(四天王)[100]이라고 부른다.

집산

1년 중 시장이 한산한 것은 2~3월 2개월이며, 4월에 들어가면 가오리와 기타 잡어의 인양이 있고, 동 20일 전후로 도미의 초하(初荷)가 있어서 점차 바빠지기 시작한다. 5~11월 일본 천장절(天長節)[101]까지는 200척 내외의 어선이 모이며, 11월 중순에 이르면 출어선은 바다로 나갔다가 귀국 길에 오른다. 다음 해 3~4월에 이르는 사이에 시장에 나오는 것은 주로 수입품에 그친다. 다시 시장에 나오는 어류의 주요한 것을 4계절로 나누어 살펴보면 봄(1~4월)에는 고등어 · 방어 · 도미 · 다랑어 · 붕장어 · 청어 · 연어 · 정어리(멸치) 등이고〈부산 · 마산 · 군산 · 시모노세키 · 나가사키 · 오사카 등에서 수입〉, 여름(5~7월) 및 가을(8~10월)은 도미 · 민어 · 삼치 · 볼락 · 해삼 · 전복 · 준치 · 농어 · 조기 · 쪄서 말린 멸치 등이고〈竹島 이북, 장산곶에 이르는 일대의 바다에서 일본 어선이 어획한다.〉, 겨울(11~12월)은 도미 · 방어 · 삼치 · 연어 · 고등어 · 정어리(멸치) · 청어 · 고래 등이라고 한다.〈도미는 11월 어청도 근해에서 어획한 것이 오고, 그 외에는 부산 · 마산 · 군산 · 시모노세키 · 나가사키 · 오사카 등에서 수입〉 그리고 또 시장에 나오는 선어(鮮魚) · 염어(鹽魚) · 건어(乾魚)의 비율을 보면,

---

100) 대표적인 존재를 나타낼 때 일본인들이 즐겨 쓰는 표현이다. 원래는 불교의 수호신인 四天王에서 온 말이다.

101) 천황의 생일을 뜻하는 말로 明治天皇의 경우는 11월 3일이었다.

1년의 평균 선어는 총 어획량의 5할 5푼 남짓을 점하고, 다음은 염어로 약 3할을 차지한다. 건어와 기타 물고기는 약 1할 5푼이라고 한다. 성어기에 도미는 대개 활어로 시장에 나온다〈수송방법은 따로 기록한다〉. 다음에 현 회사 창립 이래 이해 10월에 이르는 인양 월계표를 적어 둔다.

연월	양륙고	기사
명치40년 11월	4,433	어선은 대개 돌아가고, 어청도에서 80%, 부산 기타에서 20%를 수입한다. 또 양륙고가 적은 것은 현 회사가 창립했을 즈음이었기 때문이다.
동 12월	21,877	휴어 중이어서 부산·마산 등에서 80%, 일본에서 20%를 수입한다.
명치41년 1월	14,421	위와 같다.
동 2월	17,015	위와 같다.
동 3월	22,608	위와 같다.
동 4월	21,591	출어선이 점차 와서 수입 물고기가 감소한다.
동 5월	36,760	도미가 성어기에 들어간다. 수입 물고기는 없어진다.
동 6월	40,516	
동 7월	27,274	
동 8월	23,044	
동 9월	22,212	
동 10월	21,150	

판로

경의선은 신의주까지 가고, 경부선은 대전역을 종착으로 하는데, 경성 및 인천 두 곳의 수요가 많다.

어장

어류를 가지고 오는 출어선이 일하러 가는 어장은 황해도 장산곶에서 전라남도 칠산탄에 이르는 일대의 해면이라고 한다. 그렇지만 그 중 도미의 어장은 죽도(竹島)·녹도

(鹿島) · 어청도 등이라고 하고, 조기는 위도 · 격음열도 · 연평열도 · 강화도 부근 해역이라고 한다. 삼치는 어청도 · 죽도 · 녹도 · 대소청도 · 군산 · 백령도 근해라고 한다.

어가(魚價)

시장에서의 어가는 과거 각 해의 통계가 없다. 단 현 회사 창립 이후의 가격 월차표를 보면 다음과 같다.

인천 어시장 어류 가격 월차표

어류명	단가											
	1월	2월	3월	4월	5월	6월	7월	8월	9월	10월	11월	12월
도미	26	22	20	17	13	14	18.5	22	23	22	26	26
삼치	10	15	12	8	6	8	7	12	15	1.5	20	22
민어	16	14	12	10	7	6	7	8	85	85	14	15
전복	15	13	12	10	8	6	6	75	78	78	12	13
숭어	12	10	9	7	6	6	7	75	8	8	10	13
농어	13	-	-	14	12	12	14	15	16	14	11	10

비고 : 가격은 10貫目 평균 시세로 하고, 12개월분은 월초의 시세[102]로 한다.

앞바다[沖]에서의 가격

회사는 앞바다[沖]에서 구매하지 않는다. 그렇지만 출어선(出漁船)의 모선[親船], 기타 운반선(運搬船)이 구입하는 가격을 들어보니, 올해 도미는 초어기[初漁季 : 입춘으로부터 88일째 밤 전후]에 380돈[匁][103]정도의 것이 1마리 25전이며, 성어기에는 18~15전이라고 한다. 조기는 첫 어획기에는 3전 · 두 번째 어획기에는 1전 7리(厘) · 세 번째에는 1전 2리이다. 단 그 어획량은 첫 어획기에는 100만(萬) · 두 번째에는 200

---

102) 원문에서는 '水場'이라고 되어 있지만, 내용상 시세를 의미하는 相場을 잘못 표기한 것으로 보인다.

103) 돈. 돈쭝. 1관의 1/1,000. 약 3.75g.

만 · 세 번째에는 500만 마리의 비율이라고 한다.

포어수송(捕魚輸送)

이것 역시 회사가 운영하지는 않는다. 그래서 그 수송은 근해(近海)인 경우는 어선이 스스로 운반해 오고 멀리 떨어진 어장이면 기선(汽船)에 운송을 맡기거나 예인[引曳]해서 온다. 운송 기선에는 천엽환(千葉丸) · 소부사환(小富士丸) · 북국환(北國丸) 등이 있다. 그런데 해리환(海利丸)은 오로지 매입을 목적으로 하고, 그 외에는 주로 운반을 업으로 한다. 예선료(曳船料)는 모두 동일해서 장산곶(長山串) 이남 가의도(賈誼島) 사이의 어장에서는 시장 판매대 순수입량〈시장 중개료 1할을 뺀 순수한 수취금〉의 2할이라고 한다. 어청도(於靑島) · 죽도(竹島) 방면에서는 2할 5푼이라고 한다. 그리고 회사는 또 예인료에서 2푼을 징수한다. 활어를 운반할 때에는 활주를 이용하지 않고 포어하는 한편 어선 혹은 모선으로서 활주장치가 있는 배로 거둬들이는데 그냥 바닷물에 넣어서 온다. 보통 바닷물을 쓰더라도 도미 500마리 중 폐사하는 것이 30마리 정도에 지나지 않는다고 한다.

회사 수입

회사 수입은 주로 어획수수료라고 한다. 올해 상반기 중에 총 수입량은 14,001원 남짓이라고 한다.

● 인천항어상회사(仁川港魚商會社)

인천항구 시가에서 조선인이 경영하는 것으로, 광무(光武) 3년 11월 설립했으며, 사장은 김덕흥(金德興)이라고 한다. 본 회사는 조선인이 설립한 유일한 어시장이지만 그 규모가 크지 않다. 시장에서 어류를 취급하는 방법은 종래의 객주(客主)와 큰 차이가 없지만 그 경영은 개인경영인 객주와는 아주 큰 차이가 있다. 아울러 객주와 성격을 달리하는 것은 사업의 전문성에 있다. 경영방법은 대부분은 할인해서 회사에서 거둬들이고 뒤에 판매한다. 할인 비율은 어류와 계절에 따르므로 동일하지 않다. 대략적인 계산은 다음과 같다.

어류	1월	2월	3월	4월	5월	6월	7월	8월	9월	10월	11월	12월
숭어	4/5득	8/9득	2/5득	-	-	-	-	5/6득	4/5득	8/10득	-	4/5득
민어	-	-	同上	2/4득	3/4득	5/6득	-	3/4득	同上	同上	-	-
농어	-	-	同上	同上	同上	同上	-	同上	同上	同上	-	-
갈치	-	-	4/5득	同上	同上	同上	-	同上	3/4득	5/6득	-	-
준치	-	-	同上	1/2반 득	同上	-	-	-	-	-	-	-
전어[104]	-	-	同上	同上	-	3/4득	3/4득	3/4득	3/4득	3/6,5/6득	-	-
병어	-	-	同上	同上	3/4득	-	-	-	-	-	-	-

앞에서 기술한 "몇 분의 몇 득[4/5得]"이라고 한 것은 설명하면, 1월에 "숭어 4/5得"은 숭어 10마리의 호가[呼値] 즉 시가를 5원으로 하면, 실가(實價)는 4원이어서, 1원이 할인되는 것이다[105]. 그 외에도 모두 이와 같다.

---

104) 원문에는 鱣魚로 되어 있다. 鱣은 원래 철갑상어를 뜻하는 한자이지만, 일본에서 鱣魚는 '무나기(むなぎ)'라고 하여 장어과에 속하는 물고기를 총칭하는 용어로 쓰였다. 표에서 볼 수 있듯이 3월부터 10월까지 계속 잡힌 것으로 되어 있는데, 철갑상어가 이렇게 지속적으로 잡히지도 않고 그 개체도 많지 않았기 때문에 철갑상어는 아닌 것으로 보인다. 한편 아래 표에서는 이를 고노시로(このしろ) 즉 전어라고 밝히고 있다. 따라서 이를 전어라고 옮겼다.

105) 회사 측에서 호가보다 일정한 비율로 싸게 구입하면 그만큼 이득이 된다는 의미에서 '得'이라고 하였다.

인천어시장 매상고(賣上高) 및 단가 월차표

〈광무 9년에서 융희 원년까지 3년간〉

1월								
어명	연도	매상총액	단가			주된 어획지	발송처	적요
			최고	보통	최저			
숭어	명치38년	140원	90전	40전	10전	인천 · 영종 · 무의 · 용류	경성 황해도	4/5득
	동39년	100원	동	동	동	동	동	
	동40년	90원	동	동	동	동	동	
월계	동38년	140원						
	동39년	100원						
	동40년	90원						

2월								
어명	연도	매상총액	단가			주된 어획지	발송처	적요
			최고	보통	최저			
숭어	명치38년	110원	80전	40전	12전	인천 · 영종 · 무의 · 용류	경성 황해도	8/9득
	동39년	91원	동	동	동	동	동	
	동40년	82원	동	동	동	동	동	
월계	동38년	110원						
	동39년	91원						
	동40년	82원						

3월								
어명	연도	매상총액	단가			주된 어획지	발송처	적요
			최고	보통	최저			
숭어	명치38년	50원	40전	20전	10전	인천 · 영종 · 무의 · 용류	경성	3/5등
	동39년	30원	동	동	동		동	동
	동40년	40원	동	동	동		동	동
민어	동	12원	50전	30전	10전	동	동	동
	동	34원	동	동	동	동	동	동
	동	22원	동	동	동	동	동	동
농어	동	48원	70전	40전	30전	동	동	동
	동	14원	동	동	동	동	동	동
	동	19원	동	동	동	동	동	동
갈치	동	13원	10전	8전	6전	동	동	4/5
	동	9원	동	동	동	동	동	동
	동	5원	동	동	동	동	동	동
준치	동	8원	5전	4전	3전	동	동	동
	동	7원	동	동	동	동	동	동
	동	5원	동	동	동	동	동	동
전어	동	8원	5전	4전	3전	동	동	동
	동	7원	동	동	동	동	동	동
	동	5원	동	동	동	동	동	동
병어	동	9원	9전	5전	4전	동	동	동
	동	3원	동	동	동	동	동	동
	동	6원	동	동	동	동	동	동
기타	동							
	동							
	동							
월계	동38년	148원[106]						
	동39년	104원[107]						
	동40년	102원[108]						

106) 원문에는 160원이라고 되어 있음.
107) 원문에는 177원이라고 되어 있음.

4월								
어명	연도	매상총액	단가			주된 어획지	발송처	적요
			최고	보통	최저			
민어	명치38년	90원	30전	15전	12전	인천 · 영종 · 무의 · 용류	경성	2/3등
	동39년	40원	동	동	동	동	동	동
	동40년	95원	동	동	동	동	동	동
농어	동	80원	50전	40전	30전	동	동	동
	동	90원	동	동	동	동	동	동
	동	100원	동	동	동	동	동	동
갈치	동	14원	9전	5전	4전	동	동	동
	동	16원	동	동	동	동	동	동
	동	12원	동	동	동	동	동	동
준치	동	190원	6전	5전	3전	동	동	1.5/2등
	동	114원	동	동	동	동	동	동
	동	50원	동	동	동	동	동	동
전어	동	5원	5전	4전	3전	동	동	동
	동	6원	동	동	동	동	동	동
	동	1원10전	동	동	동	동	동	동
병어	동	50원	8전	5전	4전	동	동	동
	동	40원	동	동	동	동	동	동
	동	5원20전	동	동	동	동	동	동
월계	동38년	429원						
	동39년	306원						
	동40년	263원30전						

108) 원문에는 106원이라고 되어 있음.

5월								
어명	연도	매상총액	단가			주된 어획지	발송처	적요
			최고	보통	최저			
민어	명치38년	94원	30전	15전	10전	인천 · 영종 · 무의 · 용류	경성	3/4 득
	동39년	90원	동	동	동	동	동	동
	동40년	50원	동	동	동	동	동	동
농어	동	70원	40전	30전	25전	동	동	동
	동	50원	동	동	동	동	동	동
	동	6원40전	동	동	동	동	동	동
갈치	동	30원	10전	7전	5전	동	동	동
	동	20원	동	동	동	동	동	동
	동	10원80전	동	동	동	동	동	동
준치	동	290원	5전	3전	2전	동	동	동
	동	210원	동	동	동	동	동	동
	동	120원	동	동	동	동	동	동
병어	동	32원	6전	4전	3전	동	동	동
	동	95원	동	동	동	동	동	동
	동	90원	동	동	동	동	동	동
월계	동38년	516원						
	동39년	465원						
	동40년	277원20전						

7월								
어명	연도	매상총액	단가			주된 어획지	발송처	적요
			최고	보통	최저			
민어	명치38년	62원	50전	40전	30전	인천 · 영종 · 무의 · 용류	동	5/6 득
	동39년	70원	동	동	동	동	동	동
	동40년	60원	동	동	동	동	동	동
농어	동	80원	60전	40전	31전	동	동	동
	동	51원	동	동	동	동	동	동
	동	4원	동	동	동	동	동	동
갈치	동	3원	10전	7전	6전	동	동	3/4 득
	동	4원	동	동	동	동	동	동
	동	5원	동	동	동	동	동	동
전어	동	4원50전	5전	4전	3전	동	동	동
	동	2원	동	동	동	동	동	동
	동	2원10전	동	동	동	동	동	동
월계	동38년	249원50전						
	동39년	127원						
	동40년	71원10전						

8월								
어명	연도	매상총액	단가			주된 어획지	발송처	적요
			최고	보통	최저			
숭어	명치38년	5원	60전	40전	35전	인천 · 영종 · 무의 · 용류	경성 황해도	5/6 득
	동39년	51원	동	동	동	동	동	동
	동40년	85원	동	동	동	동	동	동
민어	동	50원	60전	40전	30전	동	경성	3/4 득
	동	52원	동	동	동	동	동	동
	동	40원	동	동	동	동	동	동
농어	동	80원	70전	60전	50전	동	동	동
	동	60원	동	동	동	동	동	동
	동	10원	동	동	동	동	동	동
갈치	동	20원	12전	8전	5전	동	동	동
	동	58원	동	동	동	동	동	동
	동	60원	동	동	동	동	동	동
전어	동	56원	7전	6전	5전	동	동	동
	동	65원	동	동	동	동	동	동
	동	40원	동	동	동	동	동	동
월계	동38년	211원						
	동39년	286원						
	동40년	235원						

9월								
어명	연도	매상총액	단가			주된 어획지	발송처	적요
			최고	보통	최저			
숭어	명치38년	50원	50전	40전	30전	인천 · 영종 · 무의 · 용류	황해도	4/5 득
	동39년	55원	동	동	동	동	동	동
	동40년	60원	동	동	동	동	동	동
민어	동	50원	60전	50전	40전	동	경성	동
	동	56원	동	동	동	동	동	동
	동	70원	동	동	동	동	동	동
농어	동	92원	90전	50전	40전	동	동	동
	동	52원	동	동	동	동	동	동
	동	25원	동	동	동	동	동	동
갈치	동	48원	10전	9전	3전	동	동	3/4 득
	동	30원	동	동	동	동	동	동
	동	39원	동	동	동	동	동	동
전어	동	40원	8전	5전	3전	동	동	동
	동	20원	동	동	동	동	동	동
	동	28원	동	동	동	동	동	동
월계	동38년	280원						
	동39년	213원						
	동40년	222원						

10월								
어명	연도	매상총액	단가			주된 어획지	발송처	적요
			최고	보통	최저			
숭어	명치38년	40원	90전	80전	70전	인천·영종·무의·용류	경성	8/10 득
	동39년	30원	동	동	동	동	동	동
	동40년	28원	동	동	동	동	동	동
민어	동	20원	80전	70전	65전	동	경성	동
	동	21원	동	동	동	동	동	동
	동	19원	동	동	동	동	동	동
농어	동	8원	1원20전	90전	80전	동	동	동
	동	7원50전	동	동	동	동	동	동
	동	6원	동	동	동	동	동	동
갈치	동	3원20전	12전	9전	8전	동	동	5/6 득
	동	2원30전	동	동	동	동	동	동
	동	6원10전	동	동	동	동	동	동
전어	동	3원	10전	8전	5전	동	동	동
	동	2원60전	동	동	동	동	동	동
	동	3원20전	동	동	동	동	동	동
월계	동38년	74원20전[109]						
	동39년	63원40전						
	동40년	62원30전						

109) 원문에는 73원80전이라고 되어 있음.

12월								
어명	연도	매상총액	단가			주된 어획지	발송처	적요
			최고	보통	최저			
숭어	명치38년	72원	90전	80전	50전	인천 · 영종 · 무의 · 용류	동	4/5 득
	동39년	51원	동	동	동	동	동	
	동40년	40원	동	동	동	동	동	
월계	동38년	72원						
	동39년	51원						
	동40년	40원						
연계(年計)	동38년	2,229원70전[110]						
	동39년	1,806원40전[111]						
	동40년	1,444원90전[112]						

110) 원문에는 2,141,300라고 되어 있음.
111) 원문에는 1,879,400라고 되어 있음.
112) 원문에는 1,448,900라고 되어 있음.

● 주식회사 경성수산물시장(株式會社京城水産物市場)

본 시장은 경성 남대문 거리에 있다. 주식조직으로 명치38년 1월에 창립하여 3월부터 영업을 개시했다. 자본금액은 6만원인데 이것을 1,200주로 나누어 1주(株)의 금액을 50원으로 했다. 현재 불입액은 15,000원이다. 회사중역은 취체역(取締役) 7명 · 감사역(監査役) 3명이고, 현재 취체역회장은 나카무라 사이조[中村再造]113)이다.

영업

목적은 수산물 위탁판매이고 개시(開市)는 매일 1회로 한다. 판매방법은 주로 경매[糶賣]로 하는데 그 수수료는 활 · 건 · 염어를 불문하고 모두 1할로 한다. 화주는 주로 인천이나 부산 · 마산 등에 있는 어시장소속 중매인으로, 그 위탁판매정산[仕切勘定]은 대개 화물이 도착하여 매각[着荷賣却]한 다음날에 한다. 본 시장소속 중매인의 정산도 또한 같다. 중매인은 신원보증금 50원과 확실한 보증인을 제공해야 하고, 보려금(步戾金)114)은 매취고(買取高)의 1푼으로 한다.

집산

시장에 나온 어류의 주된 것은 도미 · 방어 · 삼치 · 숭어 · 광어 · 볼락 · 농어 · 민어 등인데 도미 · 삼치 · 숭어 · 광어 등은 사계절 내내 잡히고, 볼락은 대개 4~8월 사이에, 민어, 농어는 6~9월까지, 방어는 12월부터 다음해 2월까지를 어기로 한다. 그 중 매상액의 대부분을 올리는 것은 도미로서 그 액수는 1년간 총 매상고의 약 5~6할에 달한다. 1년 중 업무가 바쁠 때는 12월이며, 한가할 때는 7~8월의 2개월이다. 늦가을부터 다음해 봄까지는 부산과 마산의 공급에 의지하고, 봄의 중간 무렵부터 가을의 중간에 이르는 시기는 주로 인천의 공급에 의지한다. 판로는 주로 경성에 있는 일본인 사이에서 이루어진다. 매월 매상고는 평균 1만원 내외인데, 일본인 거주자[在住者]의 증가와

113) 유길준과 함께 경성부윤의 자문기관인 경성부 부협의회 회원을 지내기도 하였고 후에 滿洲殖産의 사장을 지낸 인물로 조선에서 성공한 대표적인 일본인 중 한 명이다.

114) 리베이트, 판매 대금의 일부를 환불하는 돈.

함께 점차 그 수가 늘어나고 있다. 아래에 창립 이후 매년의 매상고를 비교하여 그 발달[進步]의 정도를 짐작할 수 있다.

연차(年次)	매상고(賣上高)圓
명치38년(동 3월부터 12월까지) 10개월간	4,544,152
명치39년 전체[全年]	108,685,615
명치40년 전체	132,671,650

또한 개시 이후 매월의 매상과 어가(魚價)를 표시하면 다음과 같다.

주식회사 경성수산물시장 매상 및 단가 월차표

〈명치 39 · 40년 2년간 비교〉

단위: 원(圓)

1월									
어명	연도	매상총액	단가			매매기준가격	주된 어획지	발송처	적요
			최고	보통	최저				
도미	명치38년	미개업				10貫			
	동39년	2,562,500	25	15	10			현지	
	동40년	2,435,550	30	15	10			동	
방어	동	동						동	
	동	1,528,150	20	13	10			동	
	동	1,651,560	21	13	10			동	
삼치	동	동						동	
	동	2,155,150	25	13	10			동	
	동	2,051,870	25	13	10			동	
숭어	동	동	-	-	-			동	
	동	485,100	16	10	8			동	
	동	928,150	16	10	8			동	
가자미	동	동	-	-	-			동	
	동	158,550	13	8	6			동	
	동	195,600	13	8	6			동	
기타	동	동	-	-	-			동	
	동	3,495,880	-	-	-			동	
	동	3,548,705	-	-	-			동	
월계	동38년	동							
	동39년	10,385,330							
	동40년	10,811,435[115]							

2월									
어명	연도	매상총액	단가			매매기준가격	주된 어획지	발송처	적요
			최고	보통	최저				
도미	명치38년	미개업	-	-	-	10貫			
	동39년	2,052,500	26	15	12		부산, 마산	경성	

115) 원문에는 10,421,525라고 되어 있음.

	동40년	2,358,150	25	15	12		동	동	
방어	동	동	-	-	-				
	동	1,048,750	22	15	12		동	현지	
	동	1,589,850	22	15	12		동	동	
삼치	동	동	-	-	-				
	동	1,898,350	25	15	12		동	동	
	동	2,177,900	25	15	12		동	동	
숭어	동	동	-	-	-				
	동	576,180	15	11	9		동	동	
	동	595,250	15	11	9		동	동	
가자미	동	동	-	-	-				
	동	205,150	13	8	6		동	동	
	동	198,550	13	8	6		동	동	
기타	동	동	-	-	-				
	동	1,302,705	-	-	-		동	동	
	동	3,377,565	-	-	-		동	동	
월계	동38년	동							
	동39년	7,083,635							
	동40년	10,297,265							

3월									
어명	연도	매상총액	단가			매매기준가격	주된 어획지	발송처	적요
			최고	보통	최저				
도미	명치38년	1,232,530	25	14	10	10貫			
	동39년	2,862,280	25	14	10			경성	
	동40년	3,675,250	26	14	11			경성	
삼치	동	728,350	23	13	11			동	
	동	1,756,250	24	15	12			동	
	동	2,169,780	24	15	12			동	
숭어	동	473,150	13	10	8			동	
	동	879,630	14	11	9			동	
	동	868,350	14	11	9			동	
가자미	동	1,521,340	12	8	6			동	
	동	1,323,350	13	8	6			동	
	동	1,528,670	13	8	6			동	

기타	동	571,815						동	
	동	3,789,195						동	
	동	1,962,640						동	
월계	동38년	4,527,185[116]							
	동39년	10,610,705							
	동40년	10,204,690[117]							

4월									
어명	연도	매상총액	단가			매매기준가격	주된 어획지	발송처	적요
			최고	보통	최저				
도미	명치38년	2,458,890	21	12	8	10貫			
	동39년	3,795,820	22	12	9				
	동40년	3,973,580	22	12	9				
삼치	동	1,876,660	20	11	8				
	동	2,175,830	21	11	9				
	동	2,473,250	21	11	9				
볼락	동	675,280	20	12	10				
	동	1,276,180	20	13	10				
	동	1,387,550	20	13	10				
숭어	동	370,820	12	9	7				
	동	673,560	12	9	6				
	동	789,190	12	9	6				
가자미	동	280,610	11	8	5				
	동	788,110	11	8	6				
	동	862,590	11	8	6				
기타	동	590,975	-	-	-				
	동	1,950,575	-	-	-				
	동	1,841,200	-	-	-				
월계	동38년	6,253,235							
	동39년	10,660,075[118]							
	동40년	11,327,360[119]							

116) 원문에는 3,528,185라고 되어 있음.
117) 원문에는 10,234,690라고 되어 있음.
118) 원문에는 10,745,575라고 되어 있음.
119) 원문에는 11,527,360라고 되어 있음.

5월									
어명	연도	매상총액	단가			매매기준가격	주된 어획지	발송처	적요
			최고	보통	최저				
도미	명치38년	2,124,830	18	10	8	10貫			
	동39년	2,495,350	19	10	8				
	동40년	3,852,170[120)]	19	10	8				
삼치	동	1,289,650	17	10	8				
	동	1,279,880	17	10	8				
	동	1,758,990	17	10	8				
볼락	동	575,825	17	11	9				
	동	785,360	17	11	9				
	동	1,258,590	17	11	9				
숭어	동	289,180	11	9	7				
	동	729,250	11	9	7				
	동	998,830	11	9	7				
가자미	동	875,280	10	8	6				
	동	899,360	10	8	6				
	동	1,502,350	10	8	6				
기타	동	228,555	-	-	-				
	동	204,590	-	-	-				
	동	1,208,425	-	-	-				
월계	동38년	5,383,320							
	동39년	6,393,790[121)]							
	동40년	10,579,355							

120) 원문에는 3,852,70이라고 되어 있는데, 월계로 계산해보면 3,852,170이 됨.
121) 원문에는 6,395,790라고 되어 있음.

6월									
어명	연도	매상총액	단가			매매기준가격	주된 어획지	발송처	적요
			최고	보통	최저				
도미	명치38년	1,628,560	15	9	6	10貫			
	동39년	2,005,650	15	9	6				
	동40년	3,975,180	15	9	6				
삼치	동	852,850	14	8	6				
	동	843,700	14	8	6				
	동	1,588,280	14	8	6				
볼락	동	476,650	15	8	6				
	동	555,970	15	8	6				
	동	985,000	15	8	7				
숭어	동	152,150	11	8	6				
	동	173,850	11	8	6				
	동	365,960	11	8	6				
농어	동	852,640	18	10	8				
	동	827,500	19	10	9				
	동	1,287,780	20	10	9				
민어	동	679,180	11	7	5				
	동	785,690	11	7	5				
	동	987,890	11	7	5				
기타	동	195,255	-	-	-				
	동	749,405	-	-	-				
	동	2,439,440	-	-	-				
월계	동38년	4,837,285							
	동39년	5,941,765[122]							
	동40년	11,629,530							

122) 원문에는 5,941,815라고 되어 있음.

7월									
어명	연도	매상총액	단가			매매기준가격	주된 어획지	발송처	적요
			최고	보통	최저				
도미	명치38년	1,652,360	15	9	6	10貫			
	동39년	2,152,850	15	9	6				
	동40년	2,897,550	16	9	7				
삼치	동	1,052,840	14	9	7				
	동	1,526,750	15	9	7				
	동	1,758,960	15	9	7				
볼락	동	362,850	14	8	6				
	동	605,835	14	8	6				
	동	897,380	14	8	7				
숭어	동	152,850	10	7	5				
	동	250,830	11	7	5				
	동	296,750	11	7	5				
농어	동	895,750	16	11	8				
	동	1,053,250	16	11	8				
	동	1,152,670	16	10	9				
민어	동	505,830	10	7	5				
	동	875,350	10	7	5				
	동	867,550	10	7	5				
기타	동	196,875	-	-	-				
	동	116,785	-	-	-				
	동	804,470	-	-	-				
월계	동38년	4,829,355							
	동39년	6,581,650							
	동40년	8,675,330[123]							

123) 원문에는 8,675,830라고 되어 있음.

8월									
어명	연도	매상총액	단가			매매기준가격	주된 어획지	발송처	적요
			최고	보통	최저				
도미	명치38년	1,258,620	19	10	8				
	동39년	1,587,880	19	11	9				
	동40년	2,875,550	19	11	9				
삼치	동	873,250	18	11	9				
	동	1,274,780	19	11	9				
	동	1,873,550	19	11	10				
볼락	동	308,250	16	11	8				
	동	572,350	16	11	9				
	동	975,500	16	11	9				
숭어	동	275,200	12	8	6				
	동	189,500	12	8	6				
	동	290,650	13	9	6				
농어	동	697,150	19	12	10				
	동	988,600	20	12	10				
	동	1,275,850	20	13	10				
민어	동	453,350	12	9	6				
	동	538,550	21	9	6				
	동	905,850	12	9	6				
기타	동	663,330	-	-	-				
	동	-	-	-	-				
	동	-	-	-	-				
월계	동38년	4,529,150							
	동39년	5,151,660[124]							
	동40년	8,196,950[125]							

124) 원문에는 5,594,240라고 되어 있음.
125) 원문에는 9,628,230라고 되어 있음.

9월									
어명	연도	매상총액	단가			매매기준가격	주된 어획지	발송처	적요
			최고	보통	최저				
도미	명치38년	1,958,250	19	12	10				
	동39년	2,285,360	19	13	11				
	동40년	3,275,800	19	13	11				
삼치	동	1,489,150	18	12	10				
	동	1,987,800	19	12	10				
	동	2,785,880	19	12	11				
농어	동	998,500	19	12	10				
	동	1,256,550	19	12	10				
	동	1,587,550	20	12	11				
민어	동	650,650	13	10	8				
	동	798,500	13	10	8				
	동	1,005,250	13	10	9				
기타	동	1,228,810	-	-	-				
	동	696,955	-	-	-				
	동	1,907,885	-	-	-				
월계	동38년	6,325,360							
	동39년	7,025,165[126]							
	동40년	10,562,365							

10월									
어명	연도	매상총액	단가			매매기준가격	주된 어획지	발송처	적요
			최고	보통	최저				
도미	명치38년	1,852,830	15	11	9				
	동39년	2,576,250	16	12	9				
	동40년	3,275,280	16	12	10				
삼치	동	1,253,880	14	11	9				
	동	1,758,550	14	11	9				
	동	2,378,520	14	12	10				
가자미	동	1,589,850	12	10	8				
	동	1,679,250	12	10	8				
	동	1,985,250	12	10	7				

126) 원문에는 7,025,175라고 되어 있음.

어명	연도	매상총액	단가 최고	단가 보통	단가 최저	매매기준가격	주된 어획지	발송처	적요
기타	동	1,932,975	-	-	-				
	동	3,221,915	-	-	-				
	동	4,034,785	-	-	-				
월계	동38년	6,629,535							
	동39년	9,235,965[127]							
	동40년	11,673,835[128]							

11월									
어명	연도	매상총액	단가			매매기준가격	주된 어획지	발송처	적요
			최고	보통	최저				
도미	명치38년	2,985,350	18	14	12				
	동39년	2,758,250	19	14	13				
	동40년	3,675,800	20	14	12				
삼치	동	2,583,750	18	13	11				
	동	2,975,250	18	13	11				
	동	3,098,700	18	12	10				
가자미	동	1,598,550	10	6	4				
	동	1,875,620	10	6	4				
	동	2,059,830	11	5	4				
기타	동	3,697,997							
	동	2,739,190							
	동	3,750,490							
월계	동38년	10,865,647[129]							
	동39년	10,348,310							
	동40년	12,584,820							

127) 원문에는 8,935,965라고 되어 있음.
128) 원문에는 11,672,835라고 되어 있음.
129) 원문에는 10,825,602라고 되어 있음.

12월									
어명	연도	매상총액	단가			매매기준가격	주된 어획지	발송처	적요
			최고	보통	최저				
도미	명치38년	3,189,280	30	20	14				
	동39년	3,798,550	30	20	13				
	동40년	3,973,800	30	21	15				
삼치	동	2,283,770	26	18	15				
	동	2,695,250	26	16	12				
	동	3,073,700	28	15	12				
가자미	동	1,785,250	10	6	4				
	동	1,973,880	10	5	4				
	동	2,955,400	10	6	5				
방어	동	2,567,280	15	12	10				
	동	1,050,880	14	12	10				
	동	1,208,050	15	13	11				
기타	동	1,557,545							
	동	2,813,895							
	동	3,645,610							
월계	동38년	11,383,125							
	동39년	12,332,455							
	동40년	14,856,560							
연계	동38년	65,563,197[130)							
	동39년	101,750,505[131)							
	동40년	140,454,395[132)							

130) 원문에는 64,564,152라고 되어 있음.
131) 원문에는 103,685,615라고 되어 있음.
132) 원문에는 132,671,605라고 되어 있음.

● 히노마루[日の丸] 어시장

본 시장은 경성 남대문거리 2정목(丁目)에 있다. 일본인 가시이 겐타로[香椎源太郎]의 개인경영으로, 명치37년 러일전쟁 때를 즈음하여 일본군대에 공급할 목적으로 이곳에 어류판매의 일을 처음으로 시작한 이후 세월을 거듭하여 점차 업무를 확장함으로써 오늘날에 이르렀다.

영업

주로 선어류(鮮魚類)를 판매하고 하루 종일 도매[卸賣]와 소매를 한다. 도매에 한해서는 입찰경매법을 이용하며 모두 현금거래를 한다. 때문에 다른 시장처럼 중매인규약 혹은 수수료 등의 규정을 세우지는 않았다.

집산

취급어류의 주요한 것은 도미 · 삼치로 총 양륙고[水揚高]의 약 70%를 차지한다. 대부분의 어류는 모두 부산 · 마산 · 인천 등에 공급을 의지한다. 겨울철 12월 이후 4월에 이르는 사이는 주로 부산의 공급에 의지한다. 때문에 이들 시장에는 어류를 사들이기 위해 항상 점원을 배치한다. 판로는 주로 경성 재류 일본인 사이에 한정되고, 먼 지역의 거래는 전혀 없다. 요컨대 본 시장은 하나의 소매시장에 지나지 않는 것이다.

● 주식회사 용산어시장(株式會社龍山魚市場)

본사는 경성에서 약 30정(町)정도 떨어진 한강 유역에 연해있는 용산(龍山) 천단정(川端町)에 있다. 이 또한 일본인이 경영하는 것으로 명치40년 11월에 설립했다. 회사 자본금은 17,500원인데 이것을 350주로 나누어 1주(株)의 금액을 50원으로 한다. 역원은 취체역 3명 · 감사역 2명이다. 취체역인 구니이 이즈미[國井泉]는 역원회(役員會)의 투표에 의해 선출됨에 따라 현재 회장으로 사무를 전담 · 경영하게 되었다.

영업

어구 · 기타 수산물의 도매업을 영위한다. 시장을 만들어 경매[糶賣]나 도매[卸賣] 등의 방법에 따라 매일 1회 이상 개시(開市)한다. 그 판매방법 · 수수료 징수와 같은 것은 인천 · 경성 등의 어시장과 다를 바가 없다. 단, 중매인의 정산은 3일마다 한다.

중매인

중매인의 수는 15명으로 제한한다. 그 업무[執業]는 일정한 계약에 근거하여 회사의 승인을 받아서 할 수 있다. 현재의 중매인은 모두 본 회사의 주주이다. 리베이트는 거래액[取引高]의 1/100로 하고, 매 영업년도 말에 계산한다.

집산

시장에서 판매되는 선어류 중에 중요한 것은 도미 · 삼치 · 방어 · 가자미 · 전어 · 넙치 · 학꽁치 등으로 부산 · 인천 · 마산에서 운송된다. 이 밖에 한강에서 포획된 어개류(魚介類)가 때때로 시장에 올라오는 경우도 있다. 판로는 단지 용산 재류 일본인에게만 한정된다. 구역이 협소하지만 시장은 항상 활기를 띠고 있으며, 판매고에 있어서도 비교적 많은 액수를 보인다. 대개 이 지역은 일본 주차군(駐箚軍) 사령부와 사단(師團) 및 통감부 철도관리국 등의 소재지로 일본관민으로서 거류하는 자가 많으며 동시에 우세한 구매력을 기록하고 있기 때문이다. 지금 동 회사영업개시(명치40년 12월) 이래 본년 10월까지의 판매고를 계산하면 그 액수는 53,000원으로 월차표(月次表)로 나타내면 다음과 같다.

용산 어시장 매상 및 단가 월차표

〈명치40년12월~명치41년10월〉

12월(40년)							
어명	매상총액(원)	단가			주된 어획지	발송처	적요
		최고	보통	최저			
도미	441,000	10관에 35원	21원	12.3원	부산	현지	전부 가까운 해당지역에서 소비
방어	968,000	1本에 5원	3원	2원			
넙치	698,000	10관에 20원	15원	10원			
삼치	364,000	1本에 2원	1원20전	50전			
가자미	473,000	1尾에 60전	30전	20전			
꽁치	540,000	1尾에 5전	1전	5리			
붕장어	485,000	1尾에 20전	15전	8전			
기타	1,348,000						
월계	5,317,000						

1월							
어명	매상총액(원)	단가			주된 어획지	발송처	적요
		최고	보통	최저			
도미	642,000	10관에 40원	25원	20원	부산	현지	전부 가까운 해당지역에서 소비
삼치	786,000	1尾 3원	1원20전	80전			
방어	483,000	1尾 4원	2원	1원50전			
넙치	627,000	10관 25원	18원	12원			
가자미	364,000	1尾 50전	20전	15전			
꽁치	283,000	1尾	2전	5전			

		6전					
전어	765,000	1尾 6전	3전	2전			
기타	590,000						
월계	4,540,000						

2월							
어명	매상총액(원)	단가			주된 어획지	발송처	적요
		최고	보통	최저			
도미	840,000	10관 30원	20원	13원	부산	현지	전부 가까운 해당지역에서 소비
삼치	789,000	1尾 2원10전	1원	1원			
방어	437,000	1尾 2원10전	1원50전	1원10전			
넙치	325,000	10관 18원	12원	9원			
가자미	637,000	1尾 40전	20전	10전			
전어	439,000	1尾 5전	3전	2전			
숭어	889,000	1尾 50전	30전	20전			
기타	721,000						
월계	5,077,000[133]						

3월							
어명	매상총액(원)	단가			주된 어획지	발송처	적요
		최고	보통	최저			
도미	1,875,000	10관 30원	18원	10원	부산	현지	전부 해당지역에서 소비
삼치	898,000	1尾 1원50전	80전	50전	동	동	

133) 원문에는 5,277,000이라고 되어 있음.

방어	429,000	1尾 2원	1원50전	80전	동	동	
전어	236,000	1尾 5전	2전	1전5리	동	동	
가자미	396,000	1尾 25전	20전	8전	동	동	
농어	211,000	10관 16원	10원	7원	동	동	
기타	598,000						
월계	4,643,000						

4월							
어명	매상총액(원)	단가			주된 어획지	발송처	적요
		최고	보통	최저			
도미	167,000	10관 25원	18원	13원	부산	현지	전부 해당지역에서 소비
삼치	829,000	1尾 1원80전	1원	60전	동	동	
방어	282,000	1尾 2원	1원50전	1원	동	동	
넙치	431,000	10관 17원	12원	9원	동	동	
고등어	567,000	1尾 40전	15전	8전	동	동	
기타	531,000						
월계	2,807,000[134)]						

5월							
어명	매상총액(원)	단가			주된 어획지	발송처	적요
		최고	보통	최저			
도미	2,132,000	10관 20원	12원	7원	부산 · 인천 · 마산	현지	
삼치	2,119,000	1尾 1원	60전	30전	동	동	

134) 원문에는 4,311,000이라고 되어 있음.

가자미	394,000	1尾 30전	15전	7전	동	동	
농어	215,000	10관 15원	10원	6원	동	동	
고등어	227,000	1尾 30전	15전	5전	부산	동	
전복	195,000	10관 30원	20원	10원	부산, 마산, 인천	동	
기타	360,000						
월계	5,642,000						

6월							
어명	매상총액(원)	단가			주된 어획지	발송처	적요
		최고	보통	최저			
도미	2,967,000	10관 25원	17원	8원	인천	현지	
삼치	1,425,000	1尾 80전	50전	35전	인천	현지	
기타	500,000						
월계	4,892,000						

7월							
어명	매상총액(원)	단가			주된 어획지	발송처	적요
		최고	보통	최저			
도미	852,000	10관 30원	16원	9원	인천	현지	
농어	1,271,000	10관 16원	10원	7원	동	동	
삼치	280,000	1尾 8전	40전	20전	동	동	
민어	428,000	10관 15원	9원	5원	동	동	
볼락	750,000	10관 14원	8원	6원	동	동	
기타	195,000				동	동	
월계	3,776,000[135]						

8월							
어명	매상총액(원)	단가			주된 어획지	발송처	적요
		최고	보통	최저			
도미	516,000	10관 40원	20원	12원	인천	현지	
농어	487,000	10관 20원	12원	8원	동	동	
민어	582,000	10관 15원	8원	4원	동	동	
준치	762,000	1尾 20전	10전	5전	동	동	
볼락	859,000	10관 15원	10원	7원	동	동	
전복	282,000	10관 15원	12원	10원	동	동	
전어	653,000	1尾 5전	2전	1전	동	동	
기타	185,000				동	동	
월계	4,326,000						

9월							
어명	매상총액(원)	단가			주된 어획지	발송처	적요
		최고	보통	최저			
도미	1,690,000	10관 30원	20원	10원	인천, 부산	현지	
삼치	1,218,000	1尾 60전	40전	25전	동	동	
숭어	893,000	1尾 30전	20전	8전	동	동	
농어	637,000	10관 20원	12원	8원	동	동	
볼락	386,000	10관 12원	9원	6원	동	동	
가자미	215,000	1尾 25전	15전	7전	동		
전복	220,000	10관	18원	13원	동		

135) 원문에는 3,781,000이라고 되어 있음.

		30원					
기타	152,000				동		
월계	5,411,000						

10월							
어명	매상총액(원)	단가			주된 어획지	발송처	적요
		최고	보통	최저			
도미	1,375,000	40원	18원	10원	부산, 인천	현지	
삼치	1,002,000	1尾 1원	60전	30전	동	동	
고등어	698,000	1尾 30전	12전	6전	동	동	
가자미	893,000	1尾 40전	20전	8전	동	동	
가다랭이	737,000	1尾 1원50전	80전	4전	동	동	
기타	920,000				동	동	
월계	5,625,000						
연계	52,056,000[136]						

● 진남포수산주식회사(鎭南浦水産株式會社)

진남포 동(東) 7정목에 있다. 현 회사는 명치41년 3월 12일에 설립되었지만 그 전신은 일찍이 성립되었기 때문에 단지 조직을 변경한 것에 지나지 않는다. 1년 중 사업의 바쁘고 한가한[繁閑] 기간을 보면 6~9월까지의 4개월이 가장 바쁘고, 12월부터 다음해 3월까지의 3개월이 제일 한가하다. 대개 겨울은 결빙(結氷) 때문에 휴어기에 속하므로 이 기간에는 부산 · 마산 등의 공급에 의지한다. 해빙기는 매년[例年] 3월 중순인데, 한기가 혹독한 해에는 3월 하순이 되어도 또한 출어자가 없는 경우도 있다. 시장에서의 매월 어류집산의 상황은 아래 표에 의해 자세히 알 수 있기 때문에 생략한다.

136) 원문에는 53,505,000이라고 되어 있음.

진남포 어시장 매상고 및 단가 월별표(月別表)

〈명치39년과 40년 2년간 비교〉

단위: 원(圓)

1월									
어명	연도	매상총액	단가			매매기준가격	주된 어획지	발송처	적요
			최고	보통	최저				
도미	명치39년	110,000	-	28	-			현지판매[137]	
	동40년	267,800	-	23	-			동	
방어		-	-	-	-			동	
	동	153,900	-	20	-			동	
삼치	동	250,000	-	25	-			동	
	동	136,600	-	25	-			동	
숭어	동	120,000	-	15	-			동	
	동	63,740	-	13	-			동	
멸치[138]	동	-	-	-	-			동	
	동	18,200	-	10	-			동	
붕장어	동	-	-	-	-			동	
	동	11,700	-	10	-			동	
전복	동	-	-	-	-			동	
	동	16,000	-	18	-			동	
기타	동	77,630	-	-	-			동	
	동	359,400	-	-	-			동	
월계	명치39년	557,630	얼음이 얼어서 休漁 중으로, 숭어를 제외하고는 다른 지방에서 수송하며, 그중 부산 · 인천의 두 곳에 의지하는 경우가 많다.						
	동40년	1,027,340							

137) 원문에는 地賣로 되어 있다. 첫달에만 '현지판매'라고 하고 뒤에서는 그대로 두었다.
138) 鰮은 일본에서 '이와시'라고 읽으며, 정어리 · 멸치 · 보리멸을 총칭하는 용어다. 편의상 '멸치'로 번역하였다.

2월									
어명	연도	매상총액	단가			매매기 준가격	주된 어획지	발송처	적요
			최고	보통	최저				
도미	명치39년	470,000	-	27	-			지매(地賣)	
	동40년	180,320	-	26	-			동	
방어	동	-	-	-	-			동	
	동	45,500	-	24	-			동	
삼치	동	380,000	-	25	-			동	
	동	367,500	-	28	-			동	
기타	동	117,300	-	-	-			동	
	동	341,164	-	-	-			동	
월계	동39년	967,300	休漁 중으로, 전부 타지방의 공급에 의지한다.						
	동40년	934,484[139]							

3월									
어명	연도	매상총액	단가			매매기 준가격	주된 어획지	발송처	적요
			최고	보통	최저				
도미	명치39년	250,000	-	27	-			지매(地賣)	
	동40년	180,320	-	26	-			동	
방어	동	-	-	-	-			동	
	동	94,100	-	20	-			동	
삼치	동	250,000	-	25	-			동	
	동	647,400	-	27	-			동	
숭어	동	-	-	-	-			동	
	동	240,220	-	13	-			동	
붕장어	동	-	-	-	-			동	
	동	128,660	-	15	-			동	
고래	동	-	-	-	-			동	
	동	197,500	-	15	-			동	
가오리	동	-	-	-	-			동	
	동	405,440	-	5	-			동	
기타	동	79,990	-	-	-			동	

139) 원문에는 930,984라고 되어 있음.

	동	542,182	-	-	-			동	
월계	동39년	579,990[140)	명치 39년 한기가 심하여 3월 중에도 여전히 출어자가 없었지만, 동 40년은 3월 중순부터 출어한 배가 여러 척 있었다.						
	동40년	2,435,822							

4월									
어명	연도	매상총액	단가			매매기준가격	주된 어획지	발송처	적요
			최고	보통	최저				
도미	명치39년	100,000	-	23	-	10관목	부산, 인천에서	지매(地賣)	
	동40년	108,980	-	22	-	동	동	동	
삼치	동	150,000	-	25	-	동	부산·인천방면	동	
	동	194,280	-	25	-	동	동	동	
가오리	동	650,000	-	8	-	동	장산곶 근해	평양 및 황해도 방면	
	동	1,054,260	-	5	-	동	동	동	
감성돔	동	110,000	-	15	-	동	목포에서	동	
	동	343,000	-	15	-	동	동	동	
농어	동	-	-	-	-	동		동	
	동	239,700	-	10	-	동	인천에서	동	
가자미	동	-	-	-	-	동			
	동	410,000	-	10	-	동	대동강에서 장산곶 근방 및 대화도	평양	
상어	동	550,000	-	8	-	동	장산곶 근해	동	
	동	107,600	-	10	-	동	동	동	
기타	동	123,350	-	-	-	동	동	동	
	동	432,080	-	-	-	동	동	동	
월계	명치39년	1,683,350							
	동40년	2,889,900							

140) 원문에는 549,990이라고 되어 있음.

5월									
어명	연도	매상총액	단가			매매기준가격	주된 어획지	발송처	적요
			최고	보통	최저				
도미	명치39년	1,800,000	-	25	-		황해도 대동만 근해	평양 및 지매(地賣)	
	동40년	3,393,860	-	25	-		동		
감성돔	동	-	-	-	-				
	동	179,360	-	10	-		목포에서	지매(地賣)	
가자미	동	-	-	-	-				
	동	503,100	-	10	-		황해도 대동만·대동강구	평양	
상어	동	1,200,000	-	7	-		동	동	
	동	466,360	-	5	-		동	동	
민어	동	1,100,000	-	4	-		장산곶 근해	지매(地賣)	
	동	1,103,720	-	6	-		대동만 및 대동강구	평양 및 지매(地賣)	
혹돔	동								
	동	349,160	-	8	-		동	동	
조기	동	-	-	-	-				
	동	474,900	-	4	-		동	동	
기타	동	123,660	-	-	-				
	동	1,039,110	-	-	-				
월계	동39년	4,223,660[141]							
	동40년	7,509,570							

141) 원문에는 4,221,660이라고 되어 있음.

6월									
어명	연도	매상총액	단가			매매기준가격	주된 어획지	발송처	적요
			최고	보통	최저				
도미	명치39년	6,100,000	-	15	-		대동만 및 초도 부근	평양 및 지매(地賣)	
	동40년	6,883,560	-	10	-				
상어	동	350,000	-	5	-		동	동	
	동	178,700	-	4	-		동	동	
민어	동	380,000	-	6	-		동	동	
	동	828,420	-	4	-		동	동	
숭어	동	250,000	-	8	-		동	동	
	동	-	-	-	-				
가오리	동	150,000	-	4	-		장산곶 근해 · 초도 근해	동	
	동	117,400	-	3.5	-			동	
가자미	동	47,500	-	6	-		동	동	
	동	79,300	-	5.8	-		동	동	
준치	동		-	-	-				
	동	122,350	-	3.5	-		안주 부근	동	
기타	동	580,770	-	-	-				
	동	1,300,170	-	-	-				
월계	동39년	7,858,270[142]	40년은 39년에 비해서 상당히 물고기를 많이 잡았는데, 단가가 저렴함에도 불구하고, 가격에서 약 23%의 증가를 보였으며, 수량에서 50% 내외가 증가하였다. 육지 운송의 교통이 발달하여 가격의 하락을 초래하지 않게 됨에 따라서 어획고가 증가하기 쉬웠던 것이다.						
	동40년	9,509,900							

7월									
어명	연도	매상총액	단가			매매기준가격	주된 어획지	발송처	적요
			최고	보통	최저				
도미	명치39년	7,850,000	-	14	-		장산곶 부근 · 초도 · 석도	평양 70%	

142) 원문에는 7,786,270이라고 되어 있음.

어명	연도	매상총액	단가 최고	단가 보통	단가 최저	매매기준가격	주된 어획지	발송처	적요
	동40년	5,082,000	-	8	-			지매(地賣) 30%	
농어	동	-	-	-	-				
	동	145,000	-	6	-		동	동	
상어	동	160,250	-	6	-		동		
	동	88,000	-	4	-		동		
전복	동	250,000	-	10	-		동		
	동	-	-	-	-				
민어	동	250,000	-	6	-		동	동	
	동	553,000	-	4	-		동	동	
가오리	동	650,000	-	4	-		동	동	
	동	-	-	-	-				
볼락	동	-	-	-	-				
	동	140,390	-	6	-		동	동	
기타	동	-	-	-	-				
	동	389,996	-	-	-				
월계	동39년	9,160,250							
	동40년	6,398,386[143]							

8월									
어명	연도	매상총액	단가			매매기준가격	주된 어획지	발송처	적요
			최고	보통	최저				
도미	명치39년	6,550,000	-	15	-		장산곶에서 해당 항구 및 안주근해에 이른다.	평양 78% 나머지 지매(地賣)	
	동40년	5,215,440	-	9	-		동	동	
상어	동	320,000	-	5	-		동	동	
	동	71,520	-	4	-		동	동	
전복	동	300,000	-	11	-		동	동	
	동	49,800	-	15	-		동	동	
농어	동	184,630	-	11	-		동	동	
	동	44,300	-	6.5	-		동	동	

143) 원문에는 6,394,386이라고 되어 있음.

가오리	동	450,000	-	4	-		동	동	
	동	48,600	-	3.5	-		동	동	
민어	동	-	-	-	-				
	동	438,700	-	-	-		동	동	
볼락	동	-	-	-	-		동	동	
	동	86,720	-	-	-		동	동	
기타	동	-	-	-	-		동	동	
	동	394,060	-	-	-		동	동	
월계	동39년	7,804,630							
	동40년	6,349,140							

9월									
어명	연도	매상총액	단가			매매기준가격	주된 어획지	발송처	적요
			최고	보통	최저				
도미	명치39년	8,200,000	-	10	-	10관	해당 항구 근해[沖合]에서 장산곶근해[沖合] 안주부근	평양 지매(地賣)	
	동40년	5,360,000	-	9.5	-				
상어	동	350,000	-	5	-	동		동	
	동	112,000	-	4	-	동		동	
민어	동	280,000	-	6	-	동		동	
	동	156,000	-	5	-	동		동	
전복	동	-	-	-	-	동		동	
	동	111,400	-	15	-	동		동	
고등어	동	-	-	-	-	동		동	
	동	54,000	-	15	-	동		동	
볼락	동	-	-	-	-	동		동	
	동	180,000	-	7	-	동		동	
가오리	동	-	-	-	-	동		동	
	동	64,000	-	4	-	동		동	
기타	동	31,770	-	-	-	동		동	
	동	195,500	-	-	-	동		동	

월계	동39년	8,861,770	
	동40년	6,232,900	

10월									
어명	연도	매상총액	단가			매매기준가격	주된 어획지	발송처	적요
			최고	보통	최저				
도미	명치 39년	9,055,000		10		10관	항구에서 장산곶근해[沖合]	평양·경성 사이 지매(地賣)	
	동40년	6,076,000		11					
상어	동	250,000		5				지매(地賣)	
	동	98,000		3.4					
민어	동	650,000		6				평양 지매(地賣)	
	동	630,000		4.5					
전복	동	-		-					
	동	196,000		15				평양	
갯장어	동	-		-					
	동	146,000		10					
준치	동	-		-					
	동	26,000		13			초도부근		
숭어	동	-		-					
	동	44,000		11					
기타	동	232,050							
	동	411,680							
월계	동39년	10,187,050[144)							
	동40년	7,827,680							

144) 원문에는 10,187,005라고 되어 있음.

11월									
어명	연도	매상총액	단가			매매기준가격	주된 어획지	발송처	적요
			최고	보통	최저				
도미	명치39년	3,764,000		17				평양 지매(地賣)	
	동40년	3,054,000		15					
전복	동	-		-					
	동	212,000		17				동	
숭어	동	-		-					
	동	128,000		10					
상어	동	250,000		7				지매(地賣)	
	동	344,000		4.5				동	
민어	동	555,000		8				평양 지매(地賣)	
	동	432,000		6.5				동	
갯장어	동	-		-					
	동	70,000		17				동	
볼락	동	-		-					
	동	44,000		7					
기타	동	145,180							
	동	217,940							
월계	동39년	4,714,180							
	동40년	4,501,940							

12월									
어명	연도	매상총액	단가			매매기준가격	주된 어획지	발송처	적요
			최고	보통	최저				
도미	명치39년	755,000		25					
	동40년	131,500		20					
감성돔	동	-		-					
	동	40,000		15					
준치	동	-		-					
	동	335,880		4					

민어	동	157,000		10					
	동	25,410		6.5					
상어	동	250,000		10					
	동	16,430		5					
고등어	동	-		-					
	동	15,300		20					
삼치	동	-		-					
	동	458,000		20					
기타	동	255,660		-					
	동	109,980		-					
월계	동39년	1,417,660[145]							
	동40년	1,132,500[146]							
연계	동39년	58,015,740[147]							
	동40년	56,749,562[148]							

● 주식회사 평양어채시장(株式會社平壤魚菜市場)

본 회사는 평양부(平壤府)의 신시가(新市街) 대화정(大和町)에 있고, 일본인이 조직했다. 그 창설은 명치39년 10월이며, 자본금은 30,000원인데 이것을 600주(株)로 나누어 1주의 금액은 50원이다. 역원은 취체역 4명 · 감사역 2명이며 회장은 미야지마 죠타로[宮島長太郞]라고 한다.

영업

업무의 범위는 주로 어류 · 야채 · 기타 식료품 등의 위탁판매로 한다. 별도로 장내에 소매부(小賣部)를 만들어 종일 수요자의 편의에 이바지한다. 시장으로 들어오는 물자의 대부분은 어류이며, 개시는 매일 1회 이상으로 한다. 경매 호가[呼聲]는 몇 관(貫) 몇 백문(百文)이라고 하는데, 1관문을 일화(日貨) 10전으로 하고, 10관문을 1원으로

145) 원문에는 1,875,660이라고 되어 있음.
146) 원문에는 674,500이라고 되어 있음.
147) 원문에는 58,369,695라고 되어 있음.
148) 원문에는 56,084,062라고 되어 있음.

한다. 회사 수수료는 매상고에 따라 활어는 10/100, 염건어는 5/100로 하며, 명태 · 염청어[鹽鯡]에 한하여 3/100으로 한다. 그 거래방법은 화주[荷主]부터 위탁을 받은 자가 바로 그 날 시장에 올라와서 경매나 도매에 붙이고, 그 매상금액에서 수수료를 공제한 잔액을 현금으로 바꾸어 지불한다. 중매인에게 매도한 대금은 다음날 수금[集金]하는 것으로 한다.

평양어채시장

중매인

중매인은 모두 미리 회사의 승인을 거친 자로서 일정한 보증금과 보증인을 제공함으로써 어대금(魚代金) 체납 및 기타의 경우에 있어서 회사의 채권을 보전한다.

집산

본 시장에 모이는 어류는 진남포에서 수송하는 것과 인천이나 부산 · 마산에서 수송하는 것이 있다. 여름철에는 주로 진남포에서, 봄 · 가을 두 계절에는 인천에서, 겨울에는 오로지 부산이나 마산에서 공급된다. 일 년 동안 가장 다량으로 시장에 들어오는 선어류의 주요한 것은 도미 · 삼치 · 아구 · 조기 · 방어 등이다. 판로는 오직 평양 재류 일본인 사이로 한정된다. 단, 염 · 건어류는 간혹 조선인과의 거래도 있지만 대개 소매이므로 통계를 낼 정도는 아니다. 이 지역은 북행철도(北行鐵道)의 주요지점으로서 큰 정거장과 통감부 철도관리국지국이 있고, 또한 군대가 주재하는 지역이기 때문에 재류하는 일본 관민의 수가 많으므로 비교적 풍부한 구매력을 가지고 있다. 지금 회사 영업개시(명치39년 11월)이래 지난 명치40년 중의 매상고를 나타내면 85,356원인데 이것을 월별로 하면 다음과 같다.

명치39년도			
11월	3,117원	12월	8,499원
명치40년도			
1월	7,555원	2월	4,912원
3월	6,581원	4월	5,101원
5월	6,919원	6월	6,127원
7월	5,592원	8월	5,978원
9월	5,943원	10월	6,211원
11월	6,147원	12월	6,714원
합계 금 73,782원			

그리고 어류 시세는 집산의 많고 적음과 계절 등에 관계되기 때문에 다소의 등락은 면할 수 없지만 현재 시장에서의 평균 시세를 나타내면 대개 다음과 같다.

1근당[100目] 시장에 나오는 가격					
도미	22전	송어	20전	삼치	19전
문어	24전	참다랑어	18전	붕장어	14전
갯장어	15전	방어	15전	감성돔	12전
숭어	12전	감성돔	12전	전복	13전
민어	10전	양태	12전	농어	10전
쑤기미149)	12전	학꽁치	10전	닭새우	18전
가자미	13전	넙치	10전	전어	11전
생청어(1마리)	4전				

염물(鹽物) 1근[100目]에 대해					
방어	12전	송어	10전	삼치	11전
연어	10전	멸치	8전	고래고기	11전

● 신의주어채시장(新義州魚菜市場)

신의주 욱정(旭町) 1정목 7번호(番戶)에 있다. 후지와라 히데끼찌[藤原秀吉] 개인이 경영하는 것으로 본년 5월 창설했다.

시장에 나오는 어류는 겨울은 부산 · 마산에서 공급하고, 봄 · 여름 · 가을의 3계절에는 인천 · 진남포 · 중국 안동현(安東縣) 등의 공급에 의지한다. 본 시장은 판로가 아직 열리지 않았기 때문에 그 매상고와 같은 것은 매우 적다. 다음에 시장개시 이래의 매상월계(賣上月計) 및 어가(魚價)의 개요를 표시한다.

신의주 어채 시장 매상고 및 단가 월차표

〈명치41년 5~12월〉[150]

5월									
어명	연도	매상총액(원)	단가			매매기준가격	주된 어획지	발송처	적요
			최고	보통	최저				
달강어	명치40년	450,000	8리	6리	4리	1미	四っ子島 방면	지방, 조선인[151]	
양태	동	225,000	1전	1전	9리	1미	동	지방, 중국인	
민어	동	75,000		전		100목	동		
가자미	동	150,000		4리		100목	동		
잡어	동	45,000							
월계	동40년	945,000							

149) 원문은 오코제(おこぜ)로 되어있으며, 학명은 *Lnimicus japonicus*이다.
150) 제목에는 명치41년이라고 되어 있는데, 표는 전부 40년임.
151) 원문에는 韓人으로 되어 있으나, 조선인으로 번역하였다. 뒤에는 그대로 두었다.

6월									
어명	연도	매상총액(원)	단가			매매기준가격	주된 어획지	발송처	적요
			최고	보통	최저				
달강어	명치40년	600,000	7원	5.5원	4.5원	1미	四っ子島 방면	지방, 韓人	
조기	동	300,000	-	-	-				
가자미	동	150,000	-	-	-				
갈치	동	75,000	-	-	-				
민어	동	60,000	-	-	-				
월계	동40년	1,185,000							

7월									
어명	연도	매상총액(원)	단가			매매기준가격	주된 어획지	발송처	적요
			최고	보통	최저				
도미	명치40년	450,000	13전	10전	6전	100목	대화도[152]		
갈치	동	75,000	-	3전	-	1미			
볼락	동	60,000	-	-	-				
민어	동	75,000	-	-	-				
농어, 잡어	동	32,500	-	-	-				
월계	동40년	692,500							

8월									
어명	연도	매상총액(원)	단가			매매기준가격	주된 어획지	발송처	적요
			최고	보통	최저				
도미	명치40년	75,000	-	-	-		대화도		물고기가 잡히지 않는데 따른다.
농어	동	35,000	-	-	-				
민어	동	25,000	-	-	-				
볼락, 쥐노래	동	30,000	-	-	-				

152) 大和島는 평안북도 철산군 철산반도 남쪽 끝에서 남쪽으로 15㎞ 떨어진 곳에 있다. 조기 어장으로 유명하다.

미									
갯장어 붕장어	동	15,000	-	-	-				
월계	동40년	180,000							

9월									
어명	연도	매상총액(원)	단가			매매기준가격	주된 어획지	발송처	적요
			최고	보통	최저				
도미	명치40년	225,000	-	-	-				
농어	동	150,000	-	-	-				
민어	동	45,000	-	-	-				
볼락	동	45,000[153]	-	-	-				
월계	동40년	465,000							

10월									
어명	연도	매상총액(원)	단가			매매기준가격	주된 어획지	발송처	적요
			최고	보통	최저				
도미	명치40년	450,000		10전		100목	해양도		
민어	동	30,000							
볼락, 붕장어	동	60,000							
삼치	동	37,500		15전		100목			
월계	동40년	577,500							

11월									
어명	연도	매상총액(원)	단가			매매기준가격	주된 어획지	발송처	적요
			최고	보통	최저				
도미	명치40년	375,000		17전		100목			물고기가 잡히지 않기 때문에, 天長節 이후는 入船하지 못한다.
삼치	동	225,000							
잡어	동	22,500							

153) 원문에는 45라고 되어 있는데, 월계에 맞추면 45,000이 됨.

									마산, 부산에서 送荷
월계	동40년	622,500							

12월									
어명	연도	매상총액(원)	단가			매매기 준가격	주된 어획지	발송처	적요
			최고	보통	최저				
도미	명치40년	420,000		18전		100목			부산에서 送荷
삼치	동	340,000		20전		100목			동
방어	동	780,000		15전		100목			동
잡어	동	45,000							동
월계	동40년	1,585,000[154]							
연계	동40년	6,252,500[155]							

154) 원문에는 883,500이라고 되어 있음.
155) 원문에는 5,551,000이라고 되어 있음.

안동현 수산회사 어시장

상동 2

● 안동수산주식회사(安東水産株式會社)

본 회사는 청나라 안동현(安東縣) 압록강 연안에 있는데 재류 일본인이 조직한 것이다. 창설은 명치40년 6월이며 자본금은 30,000원인데, 이것을 600주로 나누어 1주의 금액은 50원이다. 현재 불입액은 10,500원으로 매1주 17원 50전의 비율이다. 회사 중역은 취체역 5명 · 감사역 3명으로 하며, 회장은 가와이 요시타로[河合芳太郎]이다. 현재 회사시장에 출입하는 중매인은 12명이 있다.

영업

업무의 범위는 수산물 채취 · 제조 및 수출입 경매 등이지만 지금은 오로지 어시장의 위탁품 판매에만 종사한다. 판매방법은 경매[糶賣] · 산당매(算當賣) · 입찰매(入札賣)의 3종류가 있는데 위탁자(화주)의 희망에 따른다. 매상대금은 즉시불로 하고, 현금으로 위탁증서[仕切書]와 함께 교부한다. 경매의 호가는 몇 관 몇 백문으로 한다. 수수료는 경매의 경우 매상금액의 10/100, 산당매, 입찰매는 5/100로 규정하고 있다. 그러나 경매의 경우는 통상적으로 1관문은 8전 정도로 하고 별도로 수수료를 징수하지 않는다. 회사는 매상고에 따라 약간의 적립금을 두어 어선 조난구조와 장려의 비용에 충당한다. 장려방법은 매상금액 1,000원 이상의 자에게는 사기(社旗) 하나(축면제[156]), 2,000원 이상의 자에게는 사기 하나, 나무잔[木杯] 1개, 3,000원 이상의 자에게는 사기 하나, 은잔 1개를 상여하는 것으로 한다.

집산

5~11월에 이르는 7개월간은 대화도(大和島) · 사자도[四ッ子島] · 갈매기섬[カモメ島] 부근 일원과 대고산(大孤山) 근해[沖]에서 해양도(海洋島) 부근에 이르는 일대를 어장으로 하고, 일본어선이 직접 어획물을 가지고 온다. 그러나 12월부터 다음해 4월

---

156) 縮緬製, 견직물의 일종, 바탕이 오글쪼글한 비단

에 이르는 5개월간은 압록강이 결빙되기 때문에 모두 부산 · 마산 · 인천 · 평양 · 진남포 등의 각지에서 공급을 의지한다. 그 중 대부분은 부산에서 수송되는 것이다. 판매는 조선에서는 신의주 · 구의주(舊義州), 청나라에서는 안동현 · 오룡배(五龍背) · 봉황성(鳳凰城) · 본계호(本溪湖) · 초하구(草河口) 및 안봉철도(安奉鐵道)에 연해 있는 일대, 아울러 압록강 유역의 각지로 한다. 일본인에 대해서는 도미 · 민어 · 농어 등의 활어 · 선어를 주로 하고, 중국 · 조선인에 대해서는 갈치 · 가오리 · 달강어[火魚] · 청어 · 새우 등의 염장품으로 위주로 한다. 그러나 회사는 개업을 한 지 얼마 되지 않았고 염장을 하는 설비도 갖추어지지 않았으며, 이 지역의 소금 값 또한 싸지 않기 때문에 소금을 치지 않은 채로 판매하며, 염장은 주로 중국상인[淸商]의 손에 의해 행해진다. 염장품은 청국인의 소비가 넓어 판로가 막히는 경우가 없기 때문에 조선에서 염어(鹽魚)로 만들어 수입하면 많이 판매될 것이다. 지부(芝罘) 기타 산동성(山東省) 방면에서 청국인의 손에 의해 정크선[戒克船]으로 이 지역에 수입된 염건어는 매우 큰 금액이다. 본년 5~6월 무렵 지부에서 소금을 치지 않은 도미 · 고등어를 가득 싣고 온 중국 정크선이 몇 척 있었는데 모두 5,000~6,000마리 내지 10,000마리 정도를 적재하고 있었다. 그 중에는 선창(船艙)을 밀폐하고 얼음을 채워 온 경우도 있었다고 한다.

회사 창립 이래 시장에서의 취급고(取扱高)는 다음과 같다.

일금 32,833원	명치40년(6월부터 12월까지) 취급고
일금 34,636원	명치41년(1월부터 7월까지) 취급고
계 금 67,469원 11전	

또한 명치41년 1~7월까지의 월차표를 나타내면 다음과 같다.

월차	중요한 취급품 종류	금액(원)
1월	도미 · 삼치 · 방어 · 숭어 · 전복 · 붕장어 · 새우 · 준치	2,739
2월	위와 같다.	3,430
3월	위와 같다.	2,626
4월	위와 같은 것 외에 하순에 이르러서 넙치가 어획되었다.	2,416

5월	넙치 · 달강어 · 가오리 · 갈치 · 삼치 · 상어	9,414
6월	도미 · 민어 · 넙치 · 조기 · 가오리 · 삼치 · 달강어 · 상어	10,851
7월	도미 · 민어 · 농어 · 조기 · 갈치 · 가오리 · 갯장어 · 붕장어	3,156

다음으로 올해 8월 중의 시장 거래가격을 보면 다음과 같다.

품목	수량	최고(원)	최저(원)
도미	10貫目	25	8
민어	동	13	7
농어	동	30	6
갯장어	동	22	12
갈치	동	12	4
부시리[157]	동	18	8
가오리	동	3	1
상어	동	5	2
붉은 조기[158]	동	11	4
백조기[159] · 황조기[160]	동	8	4

덧붙여 말하면 안동세관 관세율은 생어(生魚) 100근당 해관량(海關兩)[161] 1전 3푼 7리 · 염어(鹽魚) 1전 6푼 5리 · 건어 1전 1푼 5리로 한다. 해관량은 금(金)에 대해 보통 한결같지 않다. 본 조사 당시(즉, 본년 8월)는 1량이 일본화폐의 1원 35전 정도에 상당했다.

현재 안동현에 재류한 일본어업자는 호수 9호 · 인구 68명이며, 어선 20척이 있다.

157) 히라스(ヒラス). 표준말은 부시리이며, 방어와 닮았기 때문에 전북지역에서는 평방어, 포항에서는 납작방어라고 부른다.
158) 일본어로 아까(あか) · 긴타루(きんたる)라고 한다고 하며, 조기로 불리지만 실제로는 볼락의 일종으로 알려져 있다.
159) 수조기, 부세 등으로 불리는 참조기와 비슷하게 생긴 물고기이다.
160) 참조기를 말한다.
161) 은 38.24g을 1냥으로 하는 화폐의 단위, 양-전-푼-리로 나누어지며 일반수세량보다 2g 정도를 더 징수한다.

제5장 제염업(製鹽業)

1. 총설

조선 종래의 제염업은 바다에 접해있지 않은 충청북도를 제외한 다른 12도의 연안, 즉 나라의 전 연안에 걸쳐 영위되어 온 중요한 산업의 하나이다. 제염법은 하나는 전오법(煎熬法)으로 해수를 직접 끓인다[煎熬]. 또한 먼저 해수를 염전에 끌어들여 농후한 함수(鹹水)를 얻은 연후에 이것을 가마에 넣고 끓여서 제염하는 것이 있다. 각 도 연안의 토질 · 기후 · 조석의 높낮이가 각각 다름에 따라 염전의 구조를 달리한다. 또한 가마와 부옥(釜屋)의 축조방법, 조업의 방법 등도 다소 그 형태가 다르다.

원래 조선연안의 토양은 반도의 중앙을 남북으로 관통하는 한 선으로 나누면 동서로 분명하게 그 질을 달리한다. 즉, 동해안지역에 속하는 지역은 사질토(砂質土)이고, 서해안지역에 속하는 지역은 점질토(粘質土)이다. 그 기후 · 온도는 남북으로 현저한 차이가 있지만 일반적으로 강우가 적어서 강우량이 가장 많은 전라남도와 경상남도에서도 일본 내해연안, 즉 십주(十州)[162] 염전지방과 비슷하다. 또한 소위 대륙풍의 영향으로 공기가 잘 건조해지므로 제염상 매우 양호한 상황이므로 기후상 조선은 일본 내지보다도 제염업에서는 우월한 천혜의 기후를 가지고 있다고 할 수 있다. 해수는 큰 하구 부근에서는 강물[河水]이 혼입되기 때문에 염도가 낮아서 보메[163]비중계의 2도 이하를 나타내지만 다른 곳에서는 2.5~3.5도을 보이는데 이 또한 자못 양호한 것이다. 다만 애석한 것은 종래 제염업자[當業者]가 진취적인 기상이 없어서 단지 고래(古來)의 제염법을 고수하고 추호도 진보를 도모하는 자가 없어 헛되이 이 하늘이 준 혜택을 버려둔 채 돌아보지 않은 상태에 있었다는 것이다. 이 때문에 해마다 외국염[外鹽]의 수입이 증가하게 되어 지금은 전국 소비액의 거의 1/3은 외국염의 공급에 의지하고 있다. 따라

162) 세토나이카이 지역에 연해 있는 長門 · 周防 · 安芸 · 備後 · 備中 · 備前 · 播磨 · 阿波 · 讃岐 · 伊予의 10곳을 통틀어 일컫는 말이다. 천일염전을 대표하는 지역이다.

163) 액체 비중의 단위

서 제염업의 쇠퇴를 초래해 유지가 곤란한 경향을 보이기에 이르렀다. 지금은 염업을 전문으로 하는 자가 매우 드물고 대부분은 농업을 겸업하면서 겨우 오늘날까지 유지하고 있다. 그런데 생산비의 주요 부분을 차지하고 있는 연료가 최근 등귀하면서 가격 폭등을 초래하여 더욱 곤란한 지경에 빠졌다. 해마다 폐업을 하는 자가 증가하고 있는 것은 폐업 염전이 많은 것을 보면 알 수 있다. 이러한 상황은 중국염 수입이 번성한 평안남북도에서 특히 현저하다. 생각건대 중국염의 수입은 실로 일본염업에 큰 타격을 가하고 있는 것이라고 말할 수 있다.

조선염업의 상태는 이상과 같기 때문에 이를 구제하기 위해서 최근 정부사업으로 염업시험소를 설치하고 여러 가지 종류의 제염법, 그 중 천일제염의 시험을 행하여 성과를 보게 된 경우도 있다. 이에 대한 개요는 따로 기재할 것이다.

2. 염지(鹽地) 및 생산액

소금의 생산지는 반도의 전 연안에 산재한 연안의 군이며, 소금을 산출하지 않는 경우는 거의 없다. 염전의 넓이[鹽田反別]와 생산액은 통계가 확실하다고 믿을 수 있는 것은 없지만 각 방면에서 추정하여 염전 3,000정보(町步), 생산액 2억 5천만근, 즉 151만석에 달한다고 하는 것은 의심할 수 없으며 이는 일반적으로 이야기되고 있는 바와 일치하므로 어느 정도 정확한 것 같다. 가장 번성한 염업지는 전라남도의 연안과 그에 속한 여러 섬으로 전국 생산액의 1/3 이상을 산출하는데, 가장 이름이 높은 나주염(羅州鹽)이 바로 여기에서 산출된다. 그 다음은 경기도로 여기에서 생산되는 남양염(南陽鹽) 또한 저명하다. 경상남도 · 충청남도 · 함경남도가 그 다음인데 그 생산액은 서로 비슷하다. 생산액이 가장 적은 곳은 함경북도이다. 이를 요약하면 염전은 반도의 남쪽[南半面]에 많고 북쪽[北半面]에 적으며, 서해안에 많고 동해안에는 적다. 남쪽은 기후가 북쪽보다 온난하여 제염계절이 길다. 또한 서해안은 지형이 넓고 얕아서 간척지가 많기에 염전에 적합하다. 동해안은 지형적으로 그렇지 않은 점도 있지만 또한 인구의 조밀도와도 대략 일치하는 면이 있다.

지금 재정고문본부와 임시재원조사국의 조사를 기초로 하면서, 아직 조사가 끝나지 않은 부분은 옛 기록[舊記]을 참조하고 여기에 추정을 덧붙여 도별 염부옥(鹽釜屋)164)의 수, 염전의 넓이[鹽田反別] 및 소금생산액을 나타내면 다음의 표와 같다. 이것과 끝부분의 제염지분포도를 참조하면 능히 그 분포 상황을 알 수 있을 것이다.

종목 / 도명	부옥의 수	염전 면적(町)	1년 생산액(斤)	비고
경기도	814	497	52,100,000	조사 아직 끝나지 않은 부분 4/100
충청남도	390	391	21,480,000	조사 아직 끝나지 않은 부분 60/100
전라남도	974	773	105,850,000	조사 아직 끝나지 않은 부분 2/100
전라북도	80	134	3,067,000	조사 아직 끝나지 않은 부분 4/100
경상남도	365	205	26,125,000	
경상북도	90	79	7,041,000	
강원도	178	54	7,785,000	
황해도	147	74	4,751,000	전부 조사 끝나지 않았음.
평안남도	256	427	10,365,000	
평안북도	67	50	985,000	
함경남도	355	564	21,139,000	釜屋數 중에는 염전이 아닌 해수로 직접 구운 제염 釜屋 12곳을 포함한다.
함경북도	246	53	1,409,000	마찬가지로 해수로 직접 구운 제염 釜屋 173곳을 포함한다.
계	3,962	3,301	262,097,000	

3. 제염방법

조선의 제염법은 두 가지 종류로 크게 구분할 수 있다. 하나는 염전에서 농후한 함수(鹹水)를 채취하여 이를 끓여서[煎熬] 제염하는 것이고, 다른 하나는 해수를 바로 가마에 부어 넣고 끓여서 소금을 만드는 것이다. 후자는 극히 일부에서 행해지고, 전자가

164) 조선에서는 흔히 鹽盆으로 표기하였다. 소금가마를 설치한 시설을 말한다.

가장 널리 행해진다.

(1) 염전식 제염법

염전에 의해 소금을 만드는 것은 일본 내지와 동일하지만 2가지 종류의 다른 작업을 채택하고 있다. 하나는 함수를 채취하는 작업[採鹹作業]이고, 다른 하나는 끓이는 작업[煎熬作業]이다. 염전에는 2종류의 구분이 있다. 유제염전(有堤鹽田)과 무제염전(無堤鹽田)이 그것이다.

유제염전

유제염전은 그 이름에서 알 수 있는 것처럼 염전의 주위에 제방이 있어서 함부로 해수가 침입하는 것을 막는다. 염전의 면[田面]은 평탄하고 그 주위나 중앙 곳곳에 도랑[溝渠]을 파서 해수의 유통에 편리하다. 염전의 면에 모래나 흙을 살포하여 여기에 해수를 흡수시켜 햇빛[天日]을 쬐인다. 수분이 증발 · 건조되어 염분만 남아서 모래나 흙에 부착되면 이것을 끌어모아 염정[沼井][165]으로 운반하고, 여기에 해수를 부어 염분을 용해하여 농후한 함수를 채취한다. 유제염전은 모두 높은 조수[高潮]를 이용하여 해수를 자연스럽게 끌어들이는 소위 입빈식(入濱式)이다. 염정은 염전 내 도랑의 옆이나 염전의 주위에 배치하는데, 모두 염전면보다 2 · 3척 이상의 높은 자리에 장치한다. 일본의 염전처럼 염전면에 근접하여 낮게 장치하는 것은 매우 적고 실로 일부에 불과하다. 모양[形狀]은 원형이나 타원형인 것이 많고 방형은 적다. 염전 1구(區)에 대한 넓이, 이에 대한 염정의 수나 구조 등은 장소에 따라 각각 차이가 있다. 전라남도, 경상남북도의 염전과 함경남북도 · 전라남도 염전의 대부분은 유제염전이다.

무제염전

무제염전은 입빈식(入濱式)과 양빈식(揚濱式)의 구분이 있다. 양자 모두 제방을 가지고 있지 않다. 입빈식 무제염전에도 다시 2가지 종류가 있다. 제1종 입빈식 무제염전

165) 누이(ぬい)라고 하며 여과하기 위한 시설이라고 할 수 있다.

은 형태가 대개 원추뿔이나 타원추뿔로, 주변에서 중앙으로 향해 점차로 높아져 흡사 사발[擂鉢]을 엎어놓은 모양과 같다. 그 정상의 평탄한 곳에 염옥과 염정을 설치하고, 주위의 사면(斜面)을 염전의 지반으로 한다. 지반은 모두 점질토이기 때문에 살토(撒土)도 또한 점질토이다. 월 2회의 대조(大潮) 때에는 해수가 자연스럽게 이 염전에 밀려들어와 살토를 적시지만 소조(小潮) 때에는 해수가 침입하지 않기 때문에 이 기간에 살토를 갈아 엎고 건조시켜서 이것을 염정으로 운반해 넣어 농후한 함수를 채취한다. 그 살토는 다음 번 대조 전에 다시 지반으로 반출하여 살포한다. 1회의 작업을 다음 대조 때까지 마치는 것을 일반적으로 한다. 때문에 이러한 종류의 염전에는 도랑이 없고 단지 염정의 근처에 채함용(採鹹用)의 해수를 저장해 두는 구덩이[窪所]만 있을 뿐이다. 염전 경사의 완급, 가마와 부옥의 구조 및 한 부옥에 부속하는 염전의 면적, 염정의 수 등과 같은 것은 각각의 장소에 따라 일정하지 않다. 조수간만의 차이가 매우 큰 평안남북도 · 경기도 · 충청남도 · 전라북도의 염전이 바로 이러한 방식인데, 이러한 종류의 염전에서는 단지 월 2회만 조업을 하기 때문에 조업 중에 만약 비가 오면 다음 대조 때까지 휴업해야만 한다. 이것이 이 염전의 큰 결점이다.

제2종 입빈식 무제염전은 전자와는 완전히 다르다. 단지 해빈(海濱)에 제방을 설치하지 않은 염전으로 사토질의 해빈에서 행한다. 만조시에 조수가 밀려들어와 살토[撒砂]를 적시도록 하는 것과 간조시에 갈아 엎어서 건조시켜 일반적인 방법으로 채함(採鹹)을 하는 것이 있다. 때문에 염전에는 도랑이 없고 곳곳에 해수를 저장해 두는 시설만 있을 뿐이다. 염정은 염전 주위의 높은 곳에 설치하고 염옥 또한 그러하다. 이러한 종류의 염전은 매우 적고, 단지 전라남도의 일부에만 존재한다.

양빈식 무제염전은 해면보다 높은 지면에 만든다. 먼저 점질토로 지반의 하층을 구성하고, 그 위에 사질토를 상당한 두께로 펴서 지반으로 한다. 여기에 도랑을 통하게 하고 다시 해빈의 물가에 이르기까지 점질토로 도랑을 구성한다. 큰 바가지를 이용해서 해수를 퍼 올리고 염정은 염전 도랑의 곁에 2~3척의 높이로 배치시킨다. 이 염전은 조수간만의 차이가 적은 강원도와 함경도 방면에 일부 존재할 뿐이다.

이상은 단지 염전상황의 대강을 보인 것뿐이다. 그 세세한 부분은 천차만별이므로 낱낱이 거론할 겨를이 없다. 예를 들면 함수저장구덩이[鹹水溜]와 같은 것도 이것이 독립해서 존재하는 일본 내지의 것과 유사한 경우는 단지 경상남도의 낙동강 부근 염전에서만 볼 수 있을 뿐이고, 다른 지방의 염전에서는 대부분 염옥 내 부뚜막[竈]의 곁에 있을 뿐이다. 따라서 그 크기도 부옥의 크기에 따라 제각각으로 일정하지 않다. 또한 상기(上記)한 제1종의 입빈식 무제염전과 경상남도 좌수영부근의 유제염전은 염정에 들어있는 항아리가 매우 큰데 분명히 함수를 저장하는 대용으로 사용한 것으로 보인다. 때문에 부옥 내의 함수구덩이는 다른 곳에 비해 현저하게 작은 것이 자못 차이가 있다. 또한 염정의 구조배치 등의 경우에서도 매우 다르다. 그 수에 대해서만 말하더라도 어떤 것은 겨우 1부옥에 대해 1~2개에 불과한데, 많은 것은 열 몇 개에서 20개 정도에 달하는 경우도 있다. 이러한 차이는 동일한 방식의 염전에서도 보이기 때문에 그 상황의 차이가 심한 것을 알기에 충분하다.

채함(採鹹)

채함작업(採鹹作業)의 방법 · 순서 등은 염전 방식의 차이에 따라 다르다. 또한 동일한 방식의 염전에서도 지방에 따라 자못 그 형식이 다르며, 그 기구의 종류 · 형태 · 명칭에도 어느 정도 이동이 있다. 그 개요를 들면 입빈식 유제염전과 양빈식 무제염전에서는 먼저 살토를 가래[手鋤]를 이용하여 염정에서 파내어 이것을 지게[負畚]나 삼태기에 담아 염전면의 각 장소에 옮긴 다음, 이것을 가래로 염전바닥에 펼친 후 써레[馬耙]를 염전바닥을 종횡으로 끌고 돌아다니면서 살토를 고르게 편다. 다음으로 예판(曳板)이나 전목〈轉木이라고 부르는 회전하는 원통모양의 나무〉을 끌어서 모래덩어리를 부수고 물을 뿌린 후 다시 써레로 갈아엎는다. 다음 날 다시 2~3번 써레로 갈아엎거나 예판을 끈다. 제3일이나 4일째 아침에 써레로 간다. 오후에 미레[集板]로 살사를 모으고 지게나 삼태기를 이용하여 이것을 염정으로 운반하고 서너 명이 밟아서 다진 후 해수를 부어 함수를 채집한다. 보통은 이틀 동안 두지만 여름철에는 더 오래 두는 경우도 있다. 또 물을 뿌리는 작업을 생략하는 곳도 있다. 비가 온 뒤나 휴업 뒤에 처음으로 조업에 착수할 때에는 소를 이용하여 쟁기로 살토를 가는 것이 일반적이다. 기타의 염전작업은 모두 인력으로 하는데 경상도 · 전라도 지방에서는 많지 않지만 대부분 써레나 예판, 혹은 전목 작업은 소를 이용한다. 혹은 살사의 반출, 살포와 수집에 목삽(木鍤, 나무가래)이라고 부르는 미레와 비슷한 큰 것을 소가 끌게 해서 이용하는 경우도 있다. 채함작업 중에서 가장 기이한 것은 건조되어 염분이 부착된 살사, 즉 소위 함사(鹹砂)를 그대로 쌓아서 자리[薦]나 볏짚[藁]으로 덮고 오랫동안 저장하면서 필요에 따라 염정 속으로 운반해 넣어 채함하는 것이다. 이러한 방법은 함경북도 · 강원도 · 경상남북도와 전라도의 염전에서 일반적으로 볼 수 있는데 해안이 있는 곳에서 빈번하게 행해진다. 이는 기후가 건조하고 함수구덩이가 비교적 협소하기 때문에 행해지는 것이다.

입빈식 유제염전 제1종은 채함 후의 살토를 대조 2~3일 전에 나레[166]로 염정에서 반출하여 염전바닥에 적당하게 살포하여 써레로 균등하게 갈아엎는다. 대조 때에 해수를 충분히 스며들게 해서 대조 후 2일간 그대로 방치하고 어느 정도 건조되기를 기다렸다가 쟁기로 파서 일으킨다. 이후 4~5일간은 매일 써레로 3~4회씩 간다. 그 사이에 때때로 예판이나 나레를 끌어서 흙덩이를 부순다. 충분히 건조되었을 때 나레로 살토를 모두 염정 속으로 모으고, 고르게 한 후 해수를 저장소에서 큰 바가지[マツパ]로 퍼서 염정 속에 부어 함수를 채집한다. 나레 · 써레 · 예판의 작업에는 모두 두 마리 정도의 소를 이용한다. 때문에 살토층도 면적에 비해 자못 많아서 염정의 위에 거의 2척의 층을 이룬다. 따라서 함수가 완전히 여과하기를 기다리는 데는 약 4일 내외를 필요로 한다. 염정에 부은 해수는 큰 바가지로 퍼 올려 점질토의 도랑을 통해 염정 속으로 유입되게 한다.

채취된 함수를 함수 저장고로 옮기는 데는 나무통을 이용하여 지게로 운반하거나 물독[水甕]을 머리에 이고 운반하는 것이 일반적인데, 드물게는 염정과 함수 저장고 사이에 점질토의 도랑을 만들어 여기에 퍼내어 유입하게 하는 곳이 경상남도의 일부에 존재한다. 또한 염정의 항아리[垂壺]를 부옥의 함수 저장고의 유입구 근방에 만들어 큰 바가지로 바로 퍼 넣는 경우도 있는데, 어떠한 경우라도 함수 저장고의 유입구는

---

166) 논 · 밭을 골라 반반하게 하는데 쓰는 농기구. 써레와 비슷하나 아래에 발 대신에 널판지를 가로 대어 자갈이나 흙 같은 것을 밀어냄.

부옥 바깥쪽[外方]의 담 옆에 설치하는 것이 일반적이다.

다음에 각 도의 예를 표시하여 염정과 조업의 일반을 나타내었다.

지명	염전 종류	염전 지질	염전 1정보당 늪 · 우물 수	1년 염전 1정보당 채함량(石)	평균 비중(度)	조업 시기
평남	무제염전	점토	5강	420	21.5	4~6월 · 8~9월
평북	동	동	6약	35	17.0	4~7월 · 9~10월
함남	입빈식 유제염전	사토	10약	680	20.0	4~10월
함남	제빈식 염전	동	18약	400	20.0	동
함북	입빈식 유제염전	모래 및 점토모래 혼합	11강	330	14.0	4~6월 · 10월
함북	입빈식 염전	모래	40강	620	불명	4~7월 · 9~10월
전북	입빈식 무제염전	점토모래	19약	475	15.0 20.0	동
경기	동	동	8약	1,575	20.0	3~5월 · 8~10월
전남	입빈식 유제염전	동	30	2,055	20.0	3~6월 · 9~11월
전남	입빈식 유제염전 입빈식 무제염전	동	8	1,100	19.0	1~5월 · 8~11월
경남	입빈식 유제염전	점토모래 혼합	25	250	18.0	1~12월

이상에서 기록한 외에도 경상북도 · 강원도 · 황해도 · 충청도에 많은 제염지가 있지만 이들 지방은 아직 조사가 완결되지 않았기 때문에 의지할 만한 것이 없고 구체적으로 표시할 수 없음을 유감으로 생각한다.

부옥(釜屋)

부옥(釜屋)은 모두 조잡[粗末]한 목조 소옥으로 지붕[屋根]은 볏짚이나 띠풀로 잇는다. 볏짚이나 띠풀을 엮어 만든 장벽을 두르거나 드물게 돌구덩이를 쌓아 벽으로 만드는 경우도 있다. 용마루[棟]에는 중앙이나 양 끝에 창문을 만들어 수증기가 흩어지기 편리하다. 또한 용마루를 전혀 만들지 않은 가마는 위쪽을 전부 개방하고 겨우 지붕의 아래쪽만을 원추뿔 모양으로 엮어 내리는 것도 있다. 이러한 종류의 부옥은 경상도의 일부에서 볼 수 있는 것인데, 비가 내릴 때는 빗물이 가마 속에 떨어지는 불편함이 있다. 부옥의 크기는 지역에 따라 대소 제각각이지만 오로지 가마의 크기에 따른 것이다.

부뚜막[竈]의 구조

부뚜막[竈]의 구조는 매우 간단하다. 작은 돌 조각으로 쌓거나 단순히 돌[石塊]을 쌓아 만든다. 그 크기는 가마의 크기에 따르고, 높이는 2~3척을 보통으로 한다. 그 앞면에 불을 때는 구멍을 부뚜막의 크기에 따라 적당한 크기로 하고, 뒤쪽이나 좌우에 불을 빼는 구멍을 만든다. 이러한 뒤쪽의 불을 빼는 구멍은 또한 재를 꺼내는 구멍으로도 쓰는 것이 일반적이다.

가마[釜]

가마[釜]는 조선에서 토부(土釜)라고 부르는 것과 쇠가마[鐵釜]가 있다. 토부에는 2종류가 있는데, 하나는 대형의 굴껍질을 배열하고 그 양면에 굴껍질재나 굴껍질을 부순 가루에 함수나 간수[苦汁]를 섞어서 이긴 것을 칠하는 것이다. 이러한 종류의 토부는 가장 널리 행해지고 있다. 다른 하나는 위의 조개껍질 대신에 부정형의 조약돌[石礫]을 이용하여 같은 방식으로 칠해 굳힌 것으로 일부 지역에서 행해진다. 경상남도 울산과 같은 경우가 대표적이다.

쇠가마도 또한 2종류로 대별할 수 있다. 하나는 얇은 철판을 방형이나 장방형으로 만든 것으로 사용된 철판은 대부분 얇은데 가장 얇은 것은 1푼(分) 이하이지만 2푼 내외를 넘지 않는다. 인천 · 목포 · 부산과 같은 개항장 부근에서 볼 수 있는 것으로 쇠가마 중 가장 널리 행해진다. 오직 함경북도의 러시아령[露領]에 근접한 지방에서는 다소 두꺼운데 3~4푼에 달한다. 또한 최근 부산 부근에서 일본제의 쇠가마를 이용하는 자가 있지만 오히려 소수에 불과하다. 다른 하나는 원형의 냄비모양[鍋形] 쇠가마로 직경 2~3척 내외로 한다. 일부 지역에서만 이용되는데 전라남도의 제주도와 같은 경우가 그 예이다.

가마의 크고 작음과, 넓고 좁음은 지방에 따라 차이가 있지만 토부와 철가마를 막론

하고 방형(方形)인 것은 5척평방인데 큰 것은 1장 2~3척이 되는 것도 있다. 모두 가마가 뒤틀려서 요철이 생기는 것을 막기 위해 20~30가닥 내지 40~50가닥의 철사줄로 묶은 다음 밧줄로 위의 가로대에 매달아 둔다. 철사줄을 묶지 않는 곳은 함경북도의 쇠가마와 매우 작은 방형과 원형의 쇠가마이다. 이러한 소형 쇠가마는 1개의 부뚜막에 2개의 가마를 나란히 두는 것을 통례로 한다.

연료

연료는 대부분 솔가리[松葉]를 이용한다. 지방에 따라서는 소나무(松材) · 장작 · 갈대[蘆] · 섶나무가지[粗朶] 및 잡초를 이용하고, 석탄은 경상남도의 일부 부산 부근에서 최근 드물게 사용할 뿐이다.

전오(煎熬)

전오(煎熬)는 주야를 계속해서 불을 때는 곳이 있고, 또는 주간에만 작업을 하는 곳도 있어서 동일하지 않다. 또 하루 밤낮에 몇 번이나 가마를 올리기도 하고 끓여서 함수가 줄어들면 함수를 더 붓기도 한다. 하루 밤낮에 1회 가마를 올리는 경우도 있다. 토부는 모두 계속해서 끓이는데 끓이기 전에는 반드시 가마를 다시 만든다. 이는 일본 내지의 석부(石釜)[167]와 동일하다.

가열된 소금은 먼저 삼태기나 소쿠리 같은 것으로 퍼 올려 가마를 매다는 철사를 거는 횡목 위에 잠시 두고 간수를 흘러내리게 한다. 그 후 부옥 내의 거출장(居出場)[168]에 두는 것이 가장 보통이지만 혹은 부뚜막의 곁, 소위 소선장(搔先場)을 설치한 곳도 있어서 여기에 가열된 소금을 두고 간수의 대부분을 빠지게 한 후 거출장으로 옮기는 곳도 있다. 그 후에 포장해서 반출하거나 소쿠리 채로 거출장에 두고 그대로 이를 매매하는 기이한 경우가 있다. 울산염전이 바로 이것이다.

부옥(釜屋) · 가마 · 부뚜막 등의 구조는 모두 매우 조잡하며, 거출장의 경우도 자못

167) 소금을 굽는 가마 중에서 바닥에 돌을 깔고 빈틈은 회반죽으로 메꾼 것을 말한다. 그 밖에도 貝釜(土釜), あじろ釜 등이 있다.
168) 일본어로는 이다시바(いだしば)라고 한다.

거칠게 만들었는데 단지 흙을 다지고 약간 경사를 지게 해서 간수가 흘러내리기에 편리하게 한 것에 불과하다. 또한 굴뚝[烟突]과 같은 것은 전혀 설치하지 않는다. 부옥 안은 매우 불결하고 연기와 먼지 · 쓰레기[塵芥]로 차 있다.

염질(鹽質)

소금의 질은 부옥 안이 불결하고 작업이 정결하지 않기 때문에 불순물[挾雜物]이 많다. 대부분은 회색이나 흑색을 띠며 보기에도 아주 나쁘다. 그렇지만 원래 모두 진염가열법[眞鹽焚法][169]으로 하기 때문에 소금의 질은 실제로 외관보다도 뛰어나다. 일반적으로 결정이 작고, 촉감이 부드러우며 가벼운 것이 많다. 그 분석성적은 일본전매법의 3~4등염에 상당하는 것이 많고 드물게는 2등염에 들어가는 경우도 있다.

(2) 해수직자법(海水直煮法)

해수직자법은 염전 이외의 장치를 이용하지 않고 단지 부옥만으로 염도가 낮은 해수를 바다에서 퍼 올려 그대로 가마에 넣고 다량의 연료와 많은 시간을 들여 끓여서 제염하는 것으로 거의 태고(太古)의 유물이라고 볼 수 있다. 그런데 조선에서는 함경북도 이원군(가마 수 12)과 명천군(44) · 성진부(20)에서 이것을 볼 수 있다. 이들 지방은 교통이 불편하여 소금의 공급이 충분하지 않다. 또한 부근 해변에 염전을 축조하기에 적당한 땅도 없기 때문에 오직 부근과 현지의 수요를 충당하기 위해 손익에 구애받지 않고 제염하는 것이다. 그 생산비의 경우 100근에 4원이라는 많은 액수를 필요로 하는데, 도저히 일개의 산업으로 지금 존속시킬 만한 가치는 없다. 때문에 여기에서는 상세한 것은 생략하고 단지 이와 같은 제염법이 함경도에서 행해지고 있다는 것만 보이는 데 그치고자 한다.

(3) 재제염(再製鹽)

재제염은 4~5년 전에 인천을 중심으로 그 부근의 제염지에서 활발하게 행해졌다.

---

169) 불을 때서 만든 상질의 소금을 진염이라고 한다.

그런데 이를 위한 원료염(原料鹽)인 중국염의 사용이 확산되어 그 소비구역이 넓어짐에 따라서 조선염[韓鹽]의 가치에 영향을 미쳤다. 중국염과 조선염의 가격 차이는 맬감과 인부의 임금[焚夫賃]을 보전할 수 없기에 이르러 지금은 거의 그 모습을 찾아볼 수 없다(조선염의 가격이 1석에 2원 50전 이상인 경우에는 상당한 이익을 거둘 수 있다고 한다). 그런데 지난 광무 10년(명치 39년) 이래 부산에서, 또 작년 이래 함경도에서 이 재제염(再製鹽)이 활발하게 행해졌는데 장래에 또한 더더욱 융성하게 될 경향이 있다. 요컨대 부산과 함경도에서는 조선염과 원료염의 가격차가 심하기 때문에 충분히 이익이 있기 때문이다. 부산에 대만염판매합자회사는 대만염도 재제원료로 공급해서 제조에 종사하지만, 오늘날에는 수익이 다른 중국염을 사용하는 재제가(再製家)에게 미치지 못한다고 한다. 아래에 부산에서의 중국염 재제염의 수지계산을 나타내고자 한다.

수입	
일금 25원 50전	소금 1,700근 100근 1원 50전 매상수입
지출	
일금 19원 54전	
내역	
금 11원 5전	중국염 1,700근 대금 부산에서 100근 65전
금 1원 50전	불 때는 인부[焚夫] 2인
금 1원 70전	포장비 1,700근 100근 10전
금 70전	심부름 인부와 잡비
금 4원 59전	석탄 1,530근 1만근당 30원
남은 돈 5원 96전	

즉 이상의 계산에 의하면 소금 100근당 35전의 이익이 생긴다. 그래서 이 안에서 영업비, 자본이자를 공제해도 또한 상당한 이익을 거둘 수 있었을 것이다. 함경도 방면은 아직 조사가 이루어지지 않았기 때문에 그 수지계산을 표시할 수 없지만 동 지방은

소금 값이 비싸고 연료가 비교적 저렴하기 때문에 상당한 이익이 있을 것으로 쉽게 추정할 수 있다.

4. 염업경영

(1) 생산비

조선의 제염법인 전오식제염법은 함수채수에서 많은 노력을 들이고 고가인 연료를 소비하여 전오제염을 하기 때문에 생산비가 많이 드는 데는 실로 놀랄 만하다. 시험적으로 임시재원조사국(臨時財源調査局)의 조사에 근거하여 이것을 표시하면 다음과 같다.

소금생산비 일람표(단, 소금 100근)

단위: 리(厘)

道名	郡名	염전, 採鹹기구, 煎熬기구, 소각 및 수선비	연료비	採鹹 및 煎熬 임금	세금	포장비	자본이자	잡비	생산비 총액	판매가격
평안남도	용강군	40	933	81	3	91	68	20	1,236	1,212
	함종군	59	655	170	9	48	114	-	1,085	1,048
평안북도	정주군	79	532	1,774	8	55	355	-	2,821	1,772
	용천군	372	1,277	1,638	46	152	470	-	3,955	1,719
함경남도	문천군	55	890	850	28	77	147	40	2,087	2,334
	이원군	104	1,382	1,416	34	-	338	85	3,359	3,712
함경북도	경흥부	157	1,117	1,070	60	-	592	-	2,996	2,759
	명천군	80	1,495	1,902	60	-	244	-	3,781	3,732
	명천군	海水直煮 207	2,857	643	60	-	213	-	3,980	4,000
경상남도	사천군	138	1,068	221	195	28	274	-	1,924	1,825
	곤양군	372	1,327	194	60	22	220	-	2,195	2,185
전라남도	지도군	42	535	275	10	84	29	22	1,087	1,296

	영광군	62	915	140	7	46	114	164	1,299	1,282
전라북도	옥구군	43	598	492	-	28	108	4	1,273	1,294
	부안군	94	588	678	21	35	153	11	1,580	1,647
경기도	인천군	23	923	333	3	-	119	-	1,301	1,335
	안산군	53	397	296	4	-	139	-	1,479	1,467
	통진군	48	864	429	10	34	148	-	1,533	1,546

위의 표를 통해 보면 생산비가 최저라고 하더라도 또한 100근 1원 이상에 미친다. 함경도와 같은 곳은 3원에서 4원의 큰 금액에 달한다. 판매가격은 거의 생산비와 서로 필적하여 손익 모두 큰 차이가 없음을 알 수 있다. 다음으로 주의해야 할 것은 자본이자가 큰 점이다. 이는 일반 금리가 높기 때문인 것은 물론이지만 염업자의 경제적 상태가 얼마나 불행한 상황에 있는가를 짐작하기 어렵지 않다. 지금 만약 일개 독립 사업으로서 염업을 경영하고자 한다면 어떤 사람이라고 하더라도 유지할 수 없는 지경에 이를 것이 분명하다. 그러므로 요즘 염업자가 해마다 그 일을 계속하려는 자는 자기와 그 가족을 중심으로 그 일에 종사한다. 또한 농업의 여가를 이용하는 경우도 많기 때문에 그 품삯[勞銀]의 대부분은 자기의 호주머니 속으로 돌아간다. 이로 인해 경제에 다소 여유가 생겨 만족스럽지 않더라도 이것을 유지할 수 있는 상태가 된다. 실제 염업자는 염업에 의해 생계를 영위하는 것이 아니라 단지 노력에 의해 먹고 사는 것이라고 할 만하다.

(2) 수지계산

지금 또한 제염업의 수지계산을 알아보기 위해 임시재원조사국의 조사에 따라 각 도에서의 한 부옥당 수지계산을 아래에 표시한다.

제염업 수지 계산표〈1〉

지명	평안남도		평안북도		경기도		
	용강군	함종군	정주군	용천군	인천군	안산군	통진군
염전 면적별	19,500	47,300	10,000	610	9,909	2,316	8,422

제염액	99,000	34,650	29,761	6,412	97,920	38,880	40,500
수입 금액	1,198,880	375,600	527,472	110,222	1,307,232	570,370	626,130
100근당 생산비	1,236	1,084	2,822	3,955	1,301	1,479	1,533
염전 消却 및 수선비	1,200	1,200	2,700	1,200	1,000	1,000	3,000
부옥(釜屋) 소각 및 수선비	31,333	13,500	23,842	21,330	15,333	13,428	12,000
채함용기구 기계 소각 및 수선비	5,225	5,252	1,479	700	5,500	5,500	12,860
자오용(煮熬用) 소각 및 수선비	900	900	760	500	550	550	700
연료비	924,000	226,800	158,400	81,840	806,400	384,000	350,000
채함 임금	52,250	42,600	528,000	105,000	31,136	70,400	80,000
전오 임금	28,000	16,200	-	-	115,200	44,800	93,750
세금	3,000	3,000	2,280	3,000	3,200	1,680	4,000
포장비	90,000	16,800	16,280	9,760	-	-	13,900
고정 자본 이자	25,982	24,382	34,322	16,560	46,819	22,810	27,912
운수 자본 이자	41,716	15,321	71,517	13,631	69,305	31,178	31,975
잡비	20,000	10,000	-	-	-	-	-
지출금 합계	1,323,606	375,928	839,576	253,521	1,274,443	575,346	621,097
차감한 잔액	23,726	328	312,104	143,299	이익 32,789	손실 4,976	5,032

〈2〉

지명	경상남도		전라남도		전라북도	
	사천군	곤양군	지도군	영광군	옥구군	부안군
염전 면적별	14,423	33,919	12,121	1,813	45,815	13,325
제염액	26,976	46,464	44,880	58,968	107,100	42,500
수입 금액	492,312	1,016,400	581,644	755,469	1,386,000	700,000
100근당 생산비	1,924	21,915	1,087	1,299	1,273	1,580
염전 소각 및 수선비	3,930	10,700	1,280	-	10,000	6,000
부옥 소각 및 수선비	30,700	154,000	15,120	32,560	30,000	29,000
채함용기구 기계 소각 및 수선비	2,167	5,600	1,982	1,982	4,000	3,100

자오용 소각 및 수선비	433	2,400	526	575	2,000	1,800
연료비	288,000	6,171,100	240,000	540,000	640,000	250,000
채함 임금	36,500	70,000	43,200	40,320	316,400	158,000
전오 임금	212,250	20,000	80,000	40,800	200,000	130,000
세금	52,750	28,000	4,800	4,500	-	9,000
포장비	7,500	10,000	37,680	27,300	120,000	15,000
고정 자본 이자	47,025	50,970	30,900	27,820	45,000	31,600
운송비 본 이자	26,948	51,322	22,923	39,432	70,723	33,360
잡비	-	-	10,000	10,000	5,000	5,000
지출금 합계	519,203	1,020,092	488,111	766,289	1,363,123	671,860
차감한 잔액	손실 26,891	손실 3,692	93,532	손실 10,320	손실 22,877	28,140

〈3〉

지명	함경남도		함경북도		
	문천군	이원군	경흥부	명천군	명천군 해수직자
염전 면적별	1,500	6,200	3,005	4,319	-
제염액	75,558	34,426	3,198	13,253	5,600
수입 금액	1,763,522	879,944	88,233	494,734	224,000
100근당 생산비	2,087	3,359	2,998	1,300	3,980
염전 소각 및 수선비	420	300	1,200	6,500	-
부옥 소각 및 수선비	21,500	16,100	2,300	1,600	11,000
채함용기구 기계 소각 및 수선비	15,722	6,552	1,000	1,200	-
자오용 소각 및 수선비	3,750	1,560	500	198,100	600
연료비	672,000	324,000	35,750	152,000	160,000
채함 임금	642,000	332,000	34,100	-	-
전오 임금	-	-	-	7,951	36,000
세금	21,100	7,800	1,918	-	3,360
포장비	58,080	-	-	16,911	-
고정 자본 이자	57,712	51,886	16,441	15,356	5,060

운송 자본 이자	54,207	27,220	2,498	15,356	6,920
잡비	30,000	20,000	-	-	-
지출금 합계	1,517,211	787,419	95,807	500,918	222,940
차감한 잔액	186,312	82,525	손실 7,574	손실 6,184	1,060

(3) 수요공급상태

전국의 소금소비고 3억 5천만근에 대해, 국내 생산고는 2억 5천만근, 외국 수입염이 1억근으로 산정하는 것이 사실에 가까운 것이라고 생각한다. 그리고 조선에서 식염으로 가장 기호에 적당한 것은 전오염(煎熬鹽)인 조선염[韓鹽]만 한 것이 없다. 그런데 앞에서 서술한 것과 같이 중국·대만 및 일본 등 외국은 조선염의 가격이 높은 상황을 틈타, 가격이 싼 소금을 수입하여 더욱 그 수요를 늘이고 있다. 조선과 같이 도로정비가 되지 않아서 육상운수가 편하지 않은 국가에서는 모든 물자의 공급이 수운에 기인하는 것은 자연스러운 추세이다. 하물며 크고 작은 배로 왕래할 만한 큰 하천이 비교적 많은 국가에서는 말할 나위도 없다. 따라서 내지에 대한 소금 공급도 역시 평소에 주로 하천에 의지하는 것을 볼 수 있다. 이는 단지 외국염의 수입의 경로가 그러할 뿐만 아니라, 내국염 집산의 경로도 역시 그러하다. 그러므로 주로 하천 입구 근처에는 염전이 많다. 최근 철도가 개통됨으로써 철도 연도 및 그 부근의 공급은 또한 이에 의지하게 되었다. 현재 일본 내지 및 대만염이 수입되는 항은 부산·원산·청진으로서 모두 그 부근의 지방에 공급된다. 그 중 가장 왕성한 곳은 부산이며 일본 내지염은 이곳에서 낙동강 및 경부철도를 거쳐서 주로 경상남북도의 각지에 공급되고, 대만염도 역시 조선 남부의 경부철도 연선의 각지에서 소비된다. 중국염이 수입되는 곳은 종래 진남포를 제일로 하고, 인천이 다음이고, 용암포·신의주 등의 여러 항도 역시 많은 물량을 수입한다. 기타 중국염이 황해도 및 평안남북도의 연안에서 밀수입되는 것이 실로 막대해서 5천만근 내외라고 생각되며, 중국염은 압록강(鴨綠江)·대령강(大寧江)·청천강(淸川江)·대동강(大同江)·재령강(載寧江)·임진강(臨津江)·예성강(禮成江) 유역 지방 및 평안남북도·황해도·경기도 연안 지방에 공급된다. 또 근년에 이르러서 군산 및 금강(錦江)·萬頃江(全州

江)의 유역을 침범하고, 또한 경부철도 연선의 김천 · 대구 아울러 부산 · 원산 또 성진 부근에 침입하기에 이르렀다. 그러므로 현재로서는 전혀 외국염의 침략을 받지 않은 지방, 즉 순수한 내국염만 공급되는 지역은 한강 유역 및 전라남도 · 강원도이며, 타지방은 외국염과 내국염의 경쟁지로 볼 수 있다.

아래는 최근의 외국염 수입고의 통계를 표로 보인 것이다.

단위: 원(圓)

연도별 \ 국별	일본 소금	대만 소금	중국 소금	계
광무9년(명치38년)	8,084,048	876,000	17,121,240	26,081,288[170]
광무10년(명치39년)	13,906,069	9,131,560	17,077,056	40,114,685
융희원년(명치40년)	18,390,303	9,720,060	32,915,846	61,026,209[171]

비고 : 본 표는 단지 세관을 통과하여 수입한 수량을 나타낸 것이다. 그 밖의 청국에서 밀수입된 소금 5천만근을 더한다면 총수입은 앞에서 말한 1억근 내외에 달하게 된다.

위에서 기록한 것과 같이 중국염의 수입액은 수입전액의 7할 이상으로 전국 소비액의 실로 4분의 1이다. 그러므로 중국염은 조선의 소금업 경제상 자못 주의해야 할 만한 것이다. 다음으로 인천에서 최근의 가격 및 운임제비용, 아울러 그 주요한 집산군의 명칭 및 항구의 명칭을 기록한 것이다.

인천 중국 소금 가격표

〈인천 일본인 상업회의 소위 융희2년(명치41년)〉

단위: 원(圓)

	1월	2월	3월	4월	5월	6월	7월	8월	9월	10월	11월	12월
중국소금 100근	-	600	576	555	455	420	490	491	487	510	-	-

170) 원문에는 26,081,228라고 되어 있음.
171) 원문에는 61,026,204라고 되어 있음.

중국 소금 운임 및 제비용 표

〈단 소금 100근당〉

단위: 리(厘)

종목 / 발송처	운임	포장비	도매상 구전	거룻배삯	밧줄 및 묶는 품삯	기타	계
해주	한선(韓船) 300	가루소금	33	-	-	-	333
부산	일본범선 70	가루소금	20	-	-	-	90
원산	기선 300	100	33	40	60	-	533
성진	기선 353	100	33	40	60	-	583
태전	기차완행취급화물 264	100	33	-	60	40	497

중국 소금 주요 집산지명표

도명	지명
평안북도	자성 · 위원 · 초산 · 창성 · 삭주 · 의주 · 용암포 · 철산 · 선천 · 곽산 · 정주 · 하일리포 · 박천 · 태천 · 영변
평안남도	안주 · 개천 · 평양 · 강서 · 진남포 · 중화 · 병산 · 영유 · 함종
황해도	황주 · 장련 · 은율 · 풍천 · 장연 · 옹진 · 강령 · 해주 · 연안 · 백천 · 금천 · 평산
경기도	개성 · 장단 · 강화 · 인천
충청남도	한산 · 서천 · 감포
전라북도	군산 · 강경 · 논산 · 전주
경상남도	부산(再製用)
경상북도	대구 · 김천
함경남도	원산(再製用) · 함흥(再製用)
함경북도	성진(再製用)

(4) 소금업자의 경제상태

종래 조선에서 소금제조를 여러 종류의 생업 중 최하급의 것으로 생각되는 관습이 있었기 때문에 직접 그 산업에 종사하는 자는 지위가 열등한 사람뿐으로, 염전지주 외에는 상당한 자산 · 지위를 가진 자는 없다. 그러므로 직접 일에 종사하는 사람은 대부분 소작인이며 지주 스스로 경영하는 것은 극히 규모가 작은 염전이다. 뿐만 아니라 소작인 중 약간 지위가 있는 자는 스스로 일을 하지 않고 노동자를 부려서 염전을 경영하고, 자신은 단순히 지휘 · 감독을 하는 데 불과하다. 그러므로 조선의 염업을 경영상의 조직으로 분류하면 다음의 3종으로 나눌 수 있다.

제1. 염전은 지주의 소유이며, 소작인은 스스로 노동에 종사하지 않고 노동자를 부려서 염업을 경영하는 경우
제2. 염전은 지주의 소유이며, 소작인 스스로도 노동에 종사하여 염업을 경영하는 경우
제3. 염전의 지주 스스로 노동에 종사하여 염업을 경영하는 경우

그러므로 소금업 종사자는 자산이 없어서 자본이 부족하고, 또 사회적인 계급이 낮기 때문에 지식의 정도도 역시 타에 비해 자못 낮을 따름이다.

이처럼 소금업자는 자본이 부족하고 지식이 없으며, 게다가 염업을 전업으로 하는 자가 매우 적고, 대다수는 농업과 겸업한다. 따라서 그 규모는 자못 작다. 예를 들어 부옥(釜屋)과 같은 것은 상당히 조악하게 만들어서 한 채의 신축비는 대부분 60~70원 혹은 그 이하이며 100원을 넘는 것은 드물고, 모두 3~4 내지 5~6인의 염업가가 공동경영하는 것이다. 혼자서 경영하는 자는 없다. 가령 종래 부옥은 염업 종사자가 운영하고 지주는 이것을 돌보지 않는 것이 관습이었기 때문이라고는 하지만, 그 규모가 얼마나 작은지를 충분히 알 수 있다. 그러므로 조선의 염업은 자못 졸렬하여 매우 부진한 상황에 있다.

염업자의 경영상태도 또한 따라서 해마다 부진의 불행한 처지로 몰락하고 있다. 이것의 원인은 여러 가지가 있을 테지만, 요컨대 다음의 여러 항목은 가장 두드러진 이유일 것이다.

① 자본이 부족한 것

자본의 부족은 사업의 종류를 막론하고 조선의 일반적인 상황이지만, 소금업자에게

있어서 특히 심하다. 소금업자가 소금생산 전에 미리 소금의 인도를 약속하고 소금생산에 필요한 물자를 소금상인으로부터 공급받는 것을 통례로 하는 것은 그 명백한 증거이다. 소금업자는 그 부채에 대해 월 5푼의 이자를 지불하고, 게다가 소금의 흥정거래에 있어서도 채권자인 소금상인의 커다란 압박에 눌려, 모처럼의 이익도 충분히 획득하지 못하고, 오로지 타인의 지갑을 불리는 데 불과하다. 그렇지만 이 방법 외에는 자본을 확보할 길이 없기 때문에 울면서도 불이익을 참아야 하는 상황에 있는 것은 거의 일반적이다.

② 제염방법의 개량 · 진보를 꾀하지 않는 것

소금업자의 지식이 낮고 또 조선인이 일반적으로 옛날 관습을 고치는 것을 좋아하지 않으므로, 제염법의 개량 · 진보와 같은 것은 생각조차 한 일이 없는 상태로서, 오로지 옛날 관습을 고수하고 스스로 만족하는 풍습이 있다.

③ 연료가격이 등귀한 것

원래 민둥산이 많은 조선은 더구나 남벌[亂伐]을 하고 조금도 조림[植林]할 방도를 생각하지 않음으로써, 해마다 더욱 연료가 모자라게 되었다. 따라서 가격이 등귀하였고 앞으로도 더욱 등귀할 것이다.

④ 생산비의 증가에 비해 소금가격이 오르지 않는 것

물가등귀라는 세계의 일반적인 추세는 조선에서도 역시 예외가 아니다. 게다가 외국무역 및 여러 가지 이유로 국민 일반의 생활비도 점차 높아지고 있다. 이 추세는 소금업의 임금에도 영향을 미쳐서 연료의 등귀와 더불어 생산비는 더욱 증가할 뿐이고, 소금가격은 오히려 하락하는 경향이 있다. 그러므로 소금업자는 큰 곤란을 겪게 되었다. 이러한 소금가격 하락의 중요한 원인은 실은 외국염 수입, 그 가운데 중국염의 수입에 있다. 중국염은 천일염으로 그 외관은 회색을 띠고 알갱이도 커서, 언뜻 보기에는 소비자에게 혐오감을 주지만, 그 화학적 성분에 있어서 순염분의 양이 많을 뿐만 아니라, 가격이 대단히 저렴해서 조선 소금이 1백근에 1원 30전인 데 대해, 실로 50전이라는 저가

이다〈인천에서〉. 때문에 중국염 사용에 익숙해지고, 아울러 소비자의 기호를 야기하여 현재 평안남북도 · 황해도와 같은 곳은 거의 7~8할이 중국 소금을 사용하기에 이르렀다. 그러므로 이들 지방에서 폐기(廢棄)하는 염전의 수가 해마다 많이 늘어나서 소금업자는 실로 불쌍한 상황에 있다.

이처럼 조선의 소금업은 내우외환에 직면해 있는 상태이다. 그러므로 소금업이 발전하지 않는 것 또한 당연하다. 지금 당장 그 구제책을 생각하지 않는다면 마침내 완전히 없어지는 데 이르게 될 것은 불을 보듯이 명확하다.

5. 염업상 정부의 시설

정부는 소금업의 개량 · 진보를 꾀하기 위해 염업시험장을 설치하였다. 대저 이 염업시험장의 기원은 앞의 정부재정고문본부에서 소금업 개량의 지도를 하기 위해 계획한[172] 바로서, 조선 동쪽 해안은 토질이 종래의 염전식 전오제염업에 적당하므로 이의 개량을 도모하고 모범을 보이기 위해 하나의 시험염전을, 또 그 서쪽의 해안은 토질이 종래 조선에 없던 천일제염업에 적당하므로 이것이 성공한다면, 청국 소금에 대항하여 소금업이 유지될 것이므로 하나의 시험염전을 설치하기로 의견을 모았다. 후자로는 인천 부근의 주안포(朱安浦)에, 전자로는 부산 부근의 수영만에 토지를 선정하고, 지난 융희 원년(명치40년) 봄에 그 공사에 착수해 그 해에 완성하였다. 이듬해인 융희 2년(명치41년)에 이르러 농상공부 소관으로 옮겨서 비로소 염업시험장이라고 칭하였다. 이 기관은 농상공부 내에 두고 양 시험염전은 출장소라고 칭하였다. 작년은 창업한 해이므로 일 년 내내 작업을 하지 못하였으므로 올해의 대략적인 상황을 보이는 데 그친다.

172) 본문 計書, 아마 計劃으로 표현하는 것이 옳을 듯함.

(1) 주안출장소 사업성적 (융희 2년분)

주안출장소는 경기도 인천부 주안면 십정리(十井里)에 있다. 인천항에서 동북으로 25리 떨어져 있다. 천일제염의 시험을 목적으로 하고 그 설비는 다음과 같다.

① 천일제염전

· 총면적 : 6,000평(2町步)

· 내역

제1증발지(蒸發池) 1,800평

제2증발지 588평

증발지 부속 함수류(鹹水溜) 36평

결정지(結晶池) 320평

결정지 부속 함수류(鹹水溜) 64평

두둑[畦畔] 및 도랑[溝渠] 등 192평 반

저수지(貯水池) 1,350평

제방(堤防) 1,650평

② 제염고

앞의 염전으로부터 얻은 제염고는 다음과 같다. 1~3월 및 12월에서 수량을 기재하지 않은 것은 전혀 채염하지 못하기 때문이다. 따라서 제염기는 4월부터 11월 상순까지로 한다.

월차	제염고	월차	제염고
1월	-	7월	15.634
2월	-	8월	11.417
3월	-	9월	14.883
4월	25.352	10월	12.941
5월	25.850	11월	1.093

6월	25.143	12월	-
합계		132.313	

③ 품질

채취된 천일제염의 품질은 중국염보다 우수하며 대만염에 필적하고, 상등염과 같은 경우는 이것을 분쇄하면 전오염에 비해 조금도 손색이 없다. 그리고 화학적 성분에 있어서는 순식염분(純食鹽分)이 많아서 90%를 넘는다.

(2) 용호출장소 사업성적

용호출장소는 경상남도 동래부 석남면 용호리에 있다. 부산항에서 동남쪽으로 25리 떨어져 있다. 염전은 입빈식유제염전(入濱式有堤鹽田)으로 이 지방 전통적인 채함방법, 일본 내지식 채함방법 및 양자를 절충한 방법의 비교시험, 즉 채함방법의 개량과 전오방법을 시험하고, 아울러 소금업자에게 이것을 보여주는 것을 목적으로 한다. 그 설비는 대략 다음과 같다.

① 전오식염전(煎熬式鹽田)

· 총면적 : 2정(町) 3단[173][反] 7무(畝) 13보(步)

· 내역

일본식염전 9단 3무 29보

한국식염전 5단 8무 8보

절충식염전 8단 5무 6보

② 부옥(釜屋)

가마(釜)는 고전식(高田式)이며 길이 12척, 폭 8척, 깊이 4촌 5푼의 주철제 1개를 벽돌로 축조한 루스터[174]가 달린 아궁이의 위에 장치한다. 예열용 가마솥 2개를 그

173) 反은 段의 약자로 쓰이므로 '단'으로 읽었다.

열에 준비하며, 기타의 장치는 통상 일본 내지의 부옥과 같다.

③ 함수 채취량[鹹水採收高]〈융희2년(명치41년)분〉

염전별	일본식	절충식	한국식	계
함수채취량	3,019석	1,979석	1,444석	6,442석
함수채수 평균비중(보메[175]도수)	16도5	19도4	20도4	28도7
함수채수평균 1정보당	3,213석	2,323석	2,478석	-
채함일수	67일	70일	130일	-

단, 융희 2년은 7~8월의 강우량이 예년보다 자못 많아 채함하는 데 큰 장애가 있었다. 평년이라면 90일 안팎은 지속할 수 있다. 또 일본식과 절충식은 교대로 바꾸어가며 채함하였다.

④ 전오(煎熬) 실적 : 하루밤낮의 평균 실적

· 전오 함수량 33석 6두

· 함수 평균비중 18도 7분

· 채염근수 1,915근

· 소비석탄량 1,706근

· 소금 1백근당 소비석탄 89근

· 석탄의 품종 대임탄(大任炭)[176] 절입(切込)[177]

---

174) rooster. 火格子라고도 하며, 보일러 따위의 아궁이 안에 고체 연료를 올리는 석쇠 모양의 도구를 말한다.

175) 액체의 비중을 나타내는 단위.

176) 福岡縣 田川郡 大任村에 위치한 藏內鑛業 大峰炭鑛第二坑에서 생산된 석탄을 말한다. 이곳은 1899년에 채탄을 시작하여 월 37,000톤의 유연탄을 생산하였다.

177) 석탄은 형상이나 크기에 따라 切込炭 · 塊炭 · 中塊炭 · 小塊炭 · 粉炭 · 微粉炭으로 분류된다.

⑤ 완성염[製成鹽]의 품질

순백의 소립자로서 보통 전오염과 다르지 않다. 일본 내지의 4등염에 필적한다.

용호출장소는 날씨가 온난하여 채함은 1년 내내 할 수 있다. 여기에서는 올해의 실적을 게재할 뿐 종래의 제염법과의 비교연구와 같은 것은 시험일이 또한 오래지 않았기 때문에 다른 날을 기대할 수밖에 없다. 그렇지만 시험의 결과 석탄을 연료로 사용하는 것은 종래 연료에 비해 자못 이익이 크고, 1개년으로 충분히 가마솥 및 대바구니[178]의 개량비 등을 갚을 수 있고, 또한 남는 것이 있었다. 이제 다음으로 1부옥의 제염고를 1개년 50만근으로 예상하고 구연료(솔가리 또는 땔감)와 신연료(석탄)와의 연료비의 각지의 비교표를 첨부한다.

신구 연료비 비교표

단위: 리(厘)

지명	소금 100근당 연료비			1가마당(소금 50만근) 연료비			적요
	구연료(솔가리, 땔감)	신연료(석탄)	차감한 잔액 이익	구연료(솔가리, 땔감)	신연료(석탄)	차감한 잔액 이익	
함경남도 영흥만	890	526	264	4,450,000	2,630,000	1,820,000	석탄1만근을 58원 50전으로 산출
함경북도 경흥부·굴포	1,117	765	252	5,585,000	3,825,000	1,760,000	석탄1만근을 85원으로 산출
경상남도 김해군	1,344	486	858	6,720,000	2,430,000	4,290,000	석탄1만근을 54원으로 산출
경상남도 동래군	883	405	478	4,415,000	2,025,000	2,390,000	석탄1만근을 45원으로 산출

178) 본문 寵, 아마 籠인 듯함.

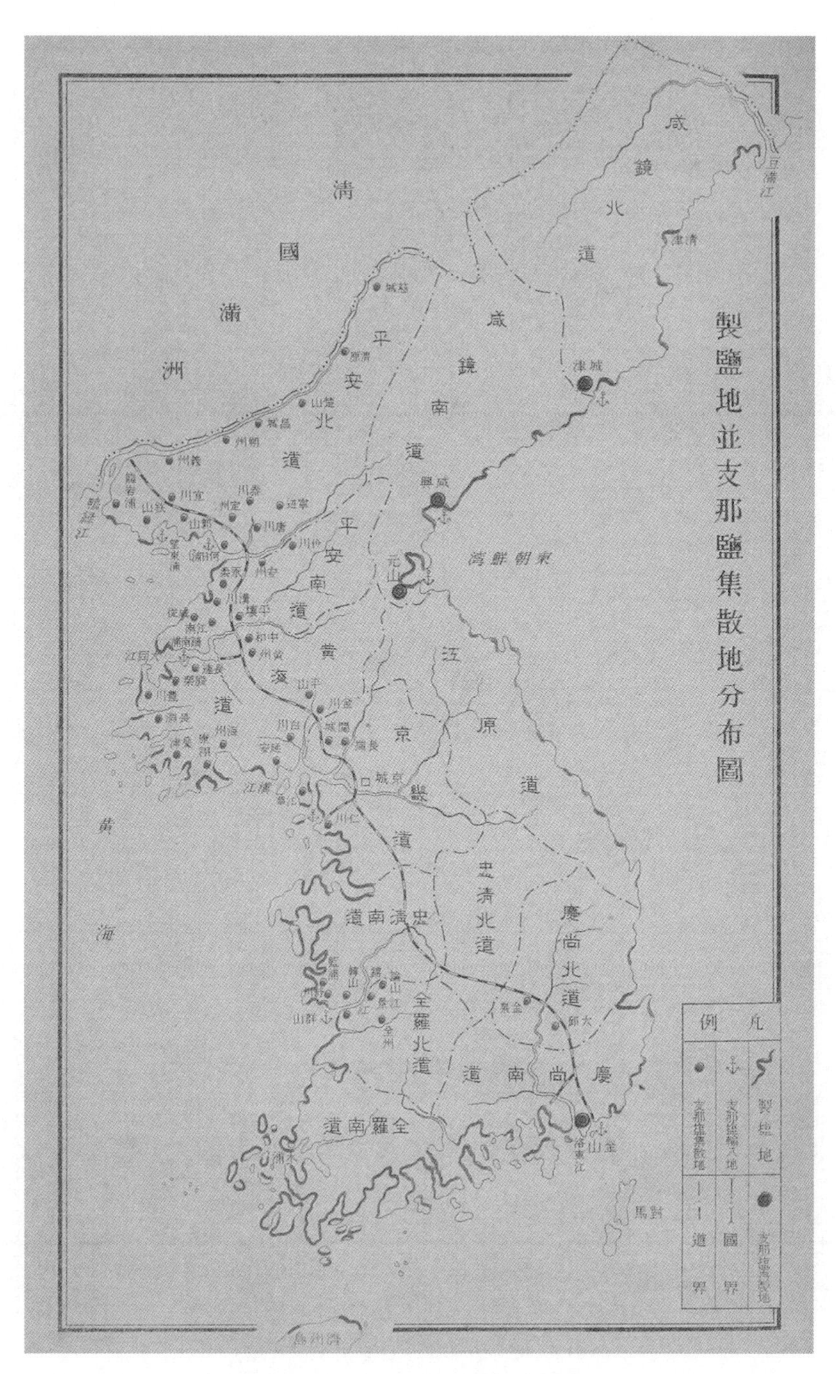

제염지 및 중국 소금 집산지 분포도

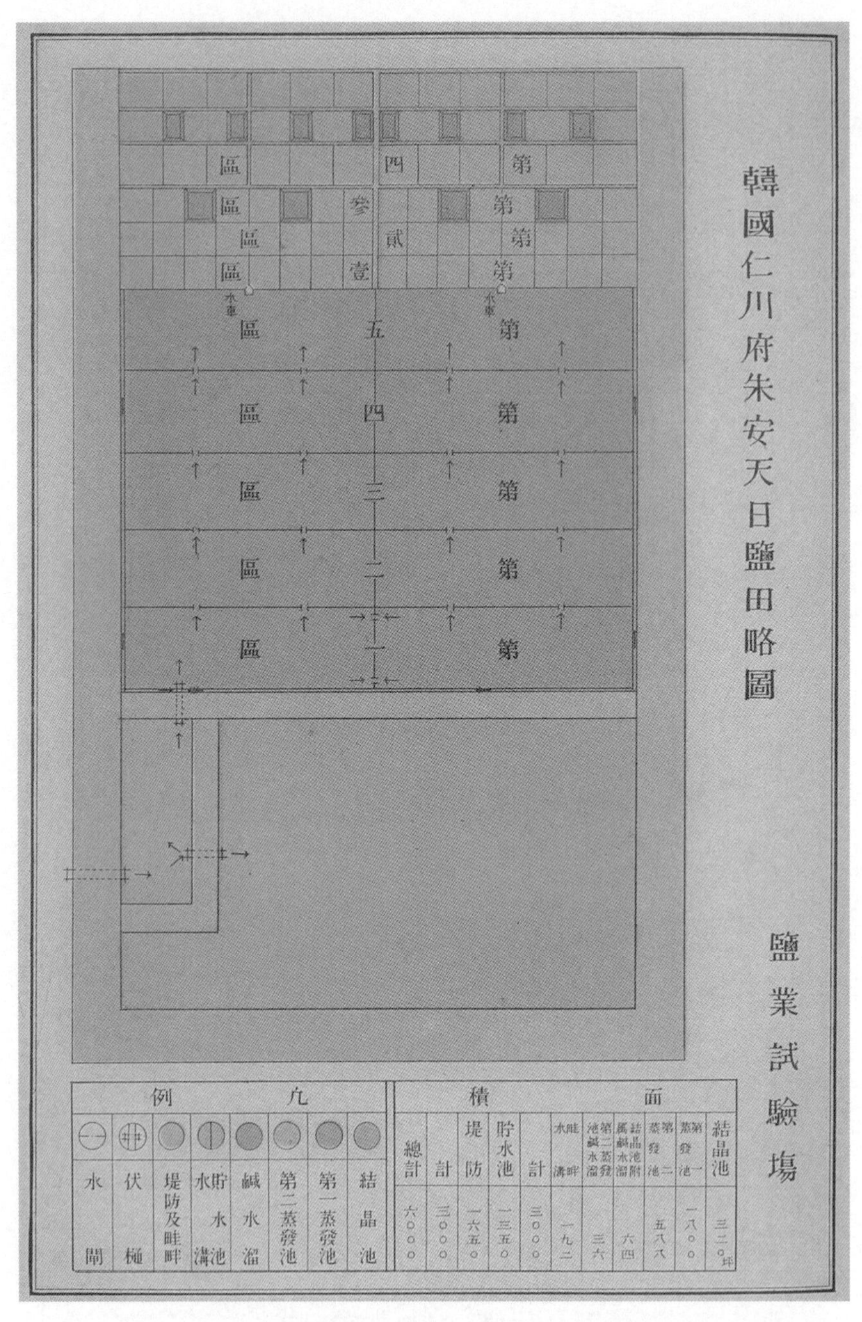

한국 인천부 주안천일염전 약도

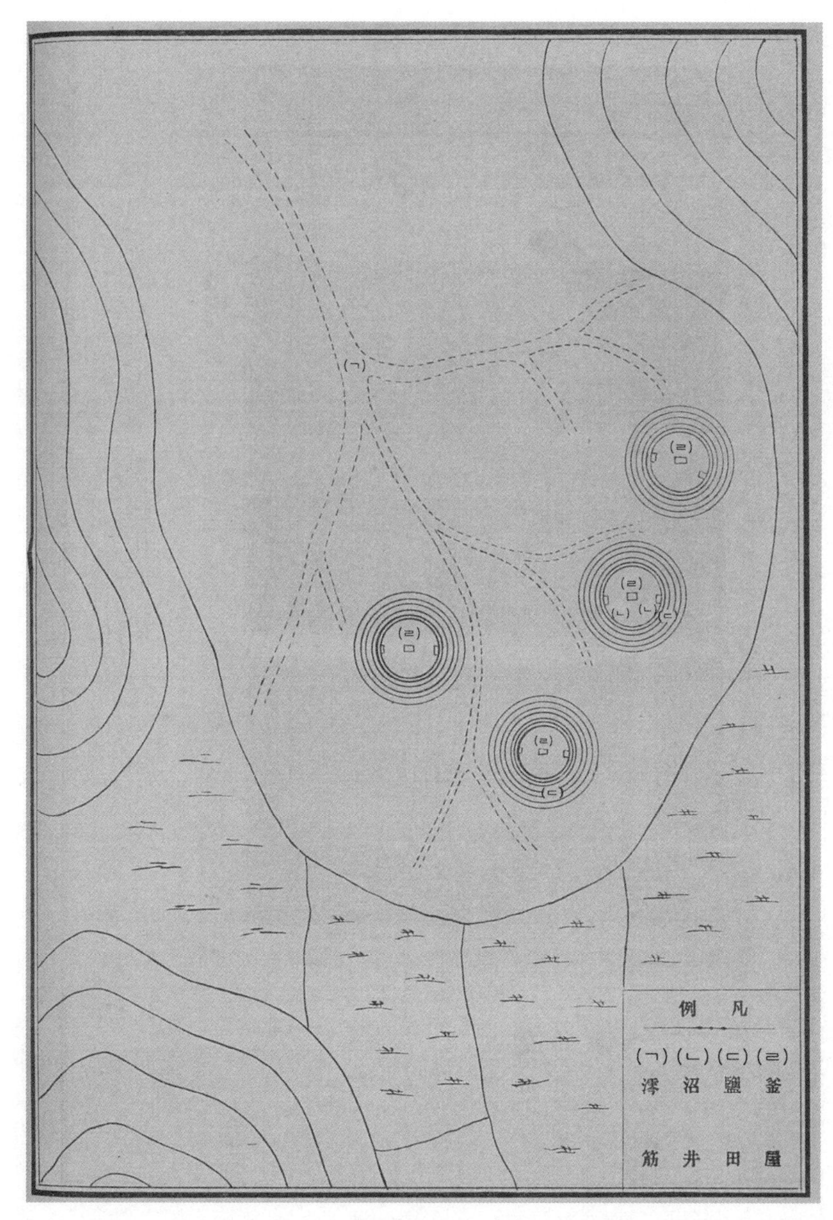

무제염전 약도

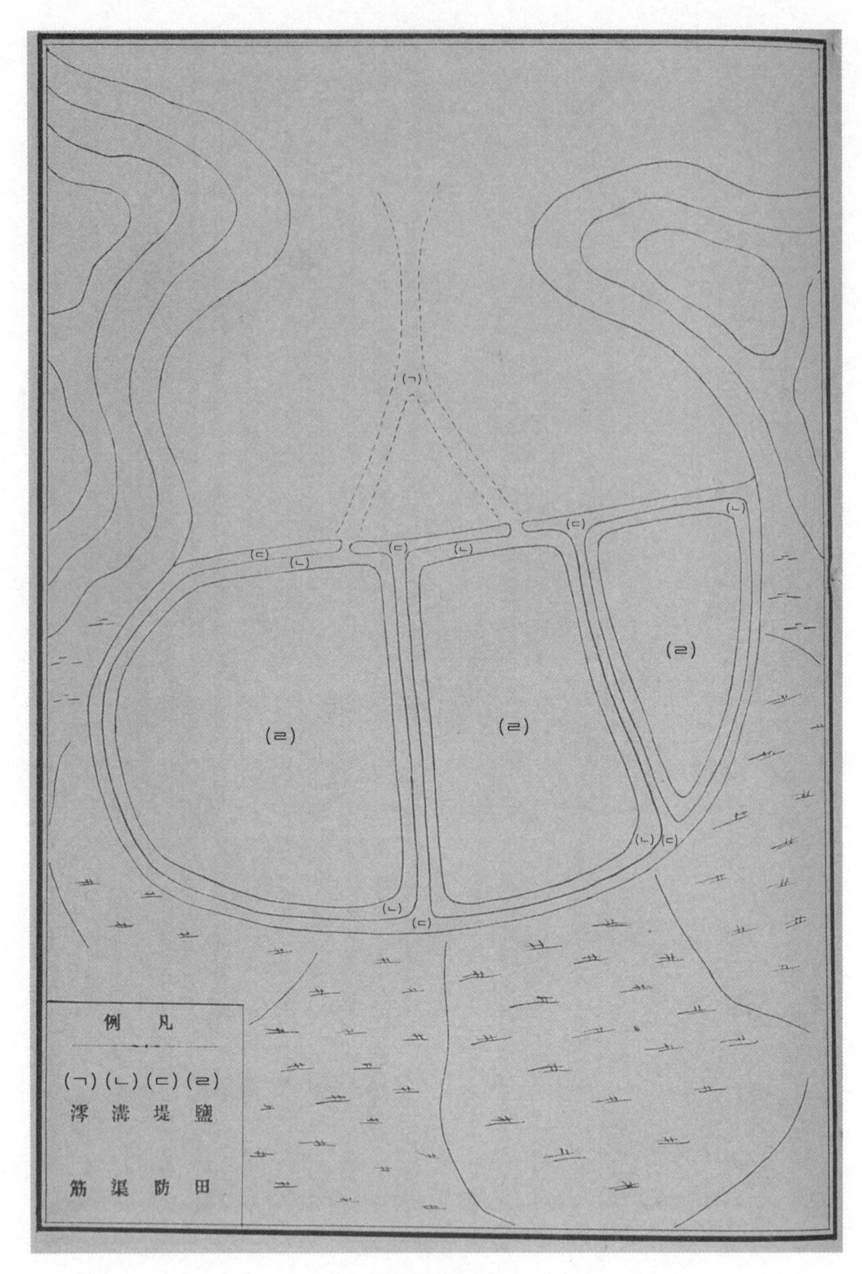

유제염전 약도

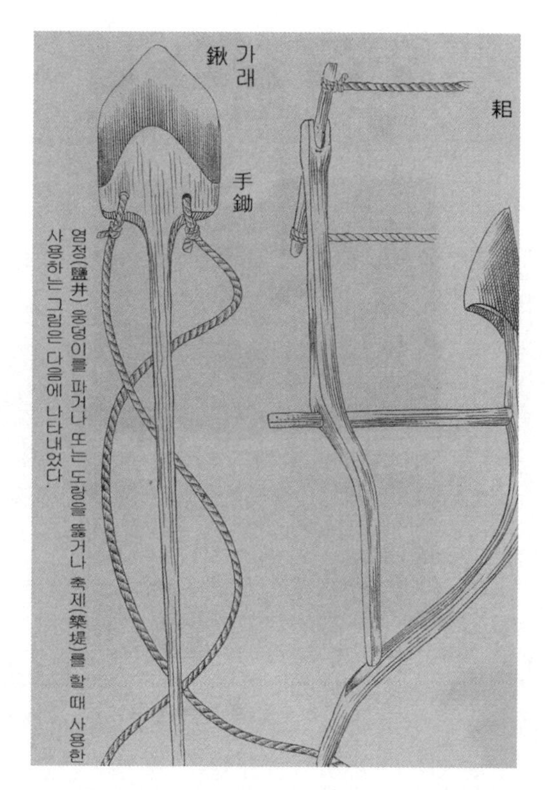
가래
鍬
手鋤
耜
염정(鹽井) 웅덩이를 파거나 또는 도랑을 뚫거나 축제(築堤)를 할 때 사용한
사용하는 그림은 다음에 나타내었다.

그림 제1-1

그림 제1-2

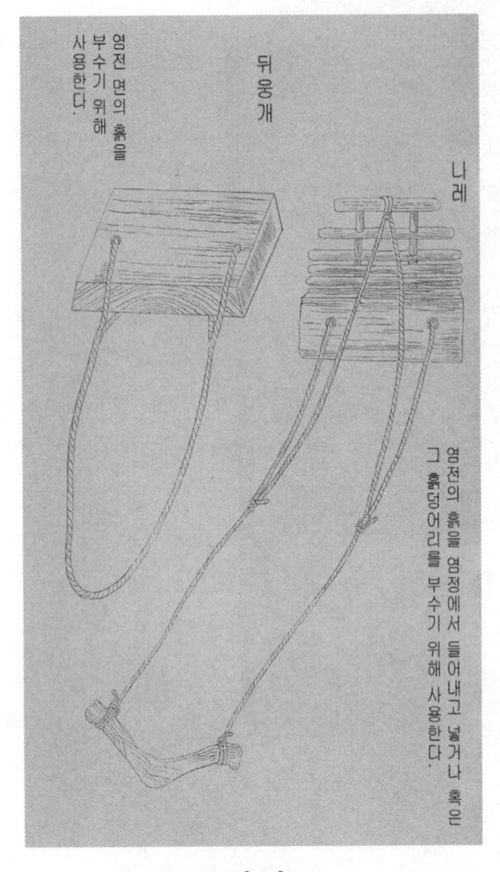
뒤웅개
염전 면의 흙을
부수기 위해
사용한다.
나레
염전의 흙을 염정에서 들어내고 넣거나 혹은
그 흙덩어리를 부수기 위해 사용한다.

그림 제2

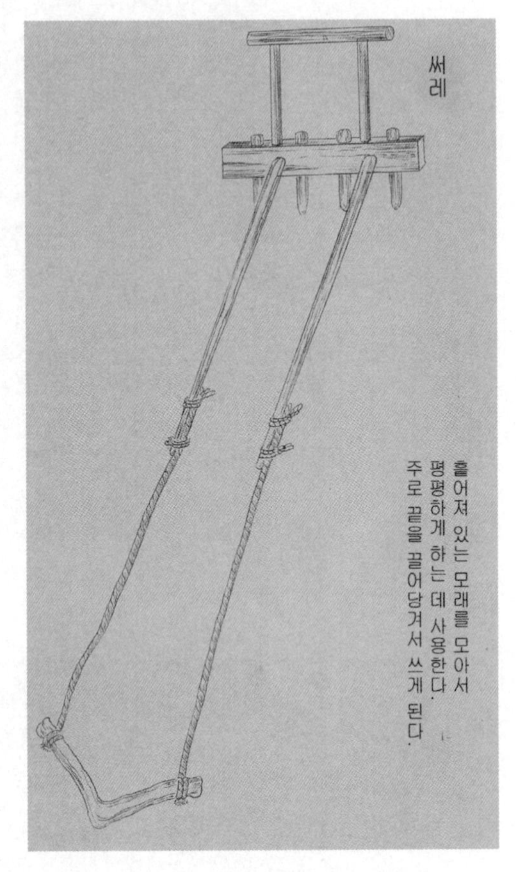
써레
흩어져 있는 모래를 모아서
평평하게 하는 데 사용한다.
주로 끝을 끌어당겨서 쓰게 된다.

그림 제3

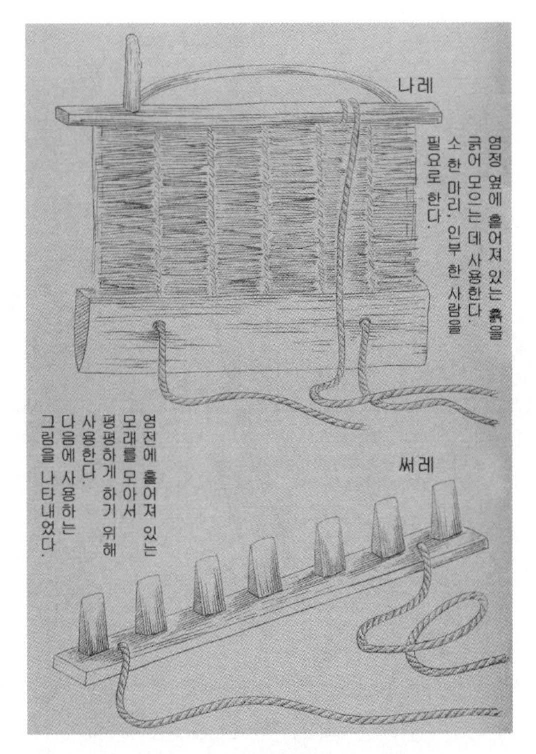
나레
염정 옆에 흩어져 있는 흙을
긁어 모으는 데 사용한다.
소 한 마리, 인부 한 사람을
필요로 한다.
써레
염전에 흩어져 있는
모래를 모아서
평평하게 하기 위해
사용한다.
다음에 사용하는
그림을 나타내었다.

그림 제4-1

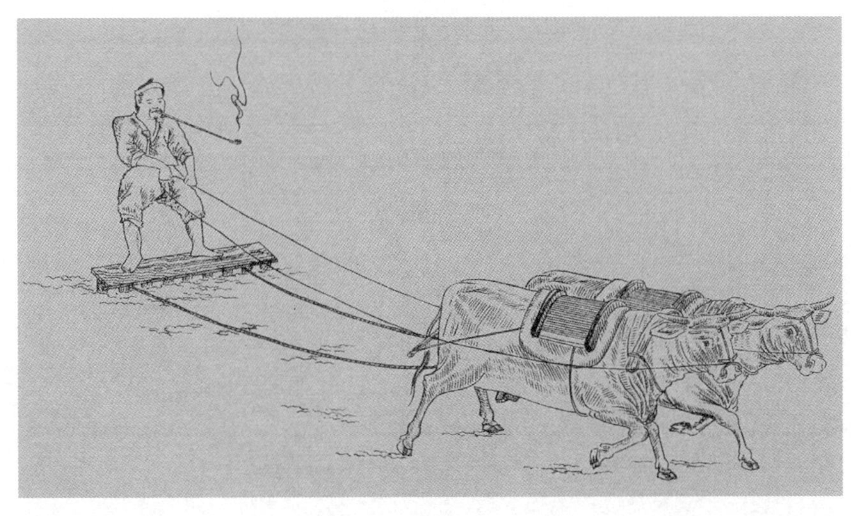

그림 제4-2

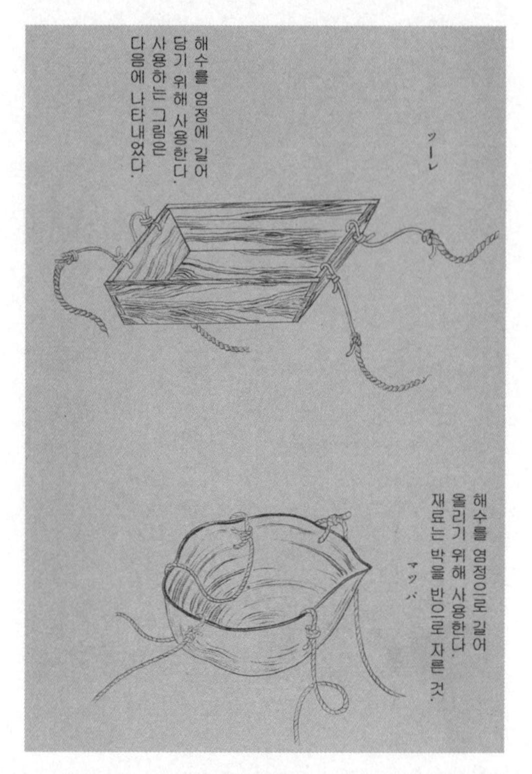
ツーレ
해수를 염정에 길어
당기 위해 사용한다.
사용하는 그림은
다음에 나타내었다.
マツバ
해수를 염정으로 길어
올리기 위해 사용한다.
재료는 박을 반으로 자른 것.

그림 제5-1

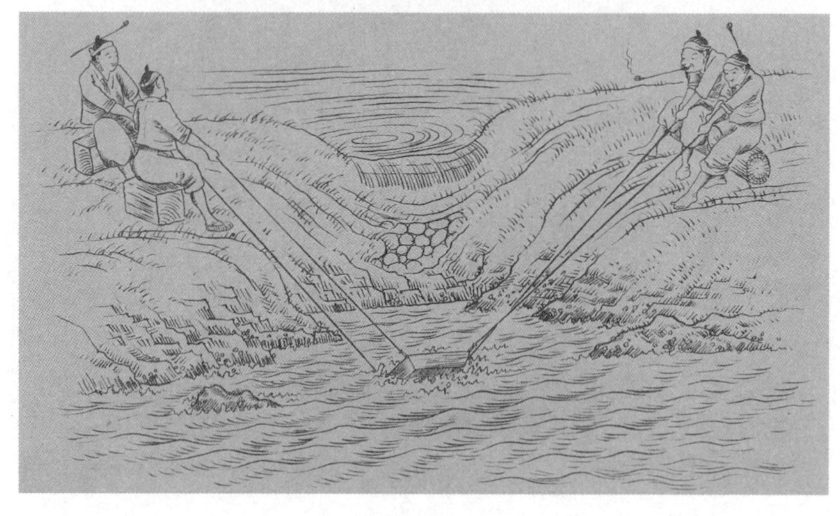

그림 제5-2

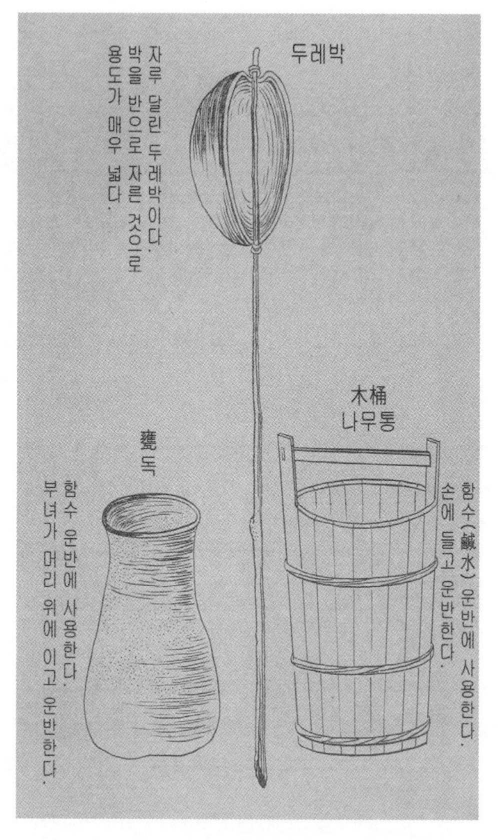
두레박
자루 달린 두레박이다.
박을 반으로 자른 것으로
용도가 매우 넓다.
木桶
나무통
함수(鹹水) 운반에 사용한다.
손에 들고 운반한다.
甕 독
함수 운반에 사용한다.
부녀가 머리 위에 이고 운반한다.

그림 제6

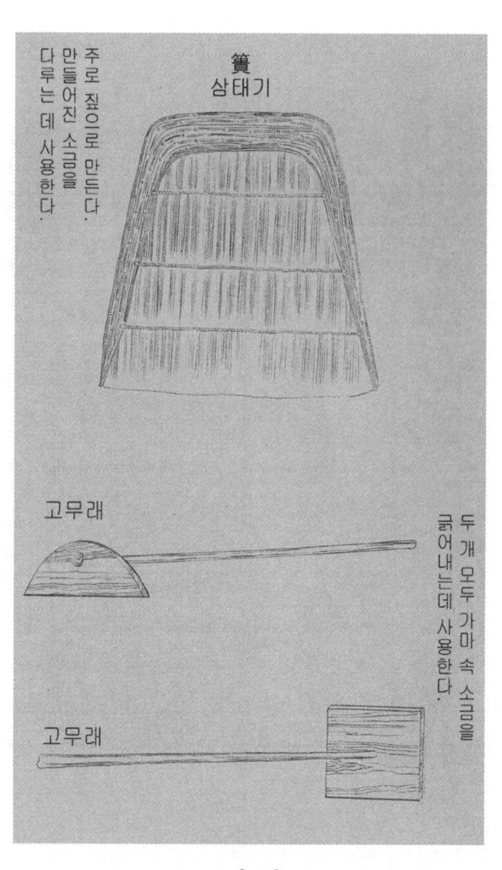
簣
삼태기
주로 짚으로 만든다.
만들어진 소금을
다루는 데 사용한다.
고무래
고무래
두 개 모두 가마 속 소금을
긁어내는데 사용한다.

그림 제7

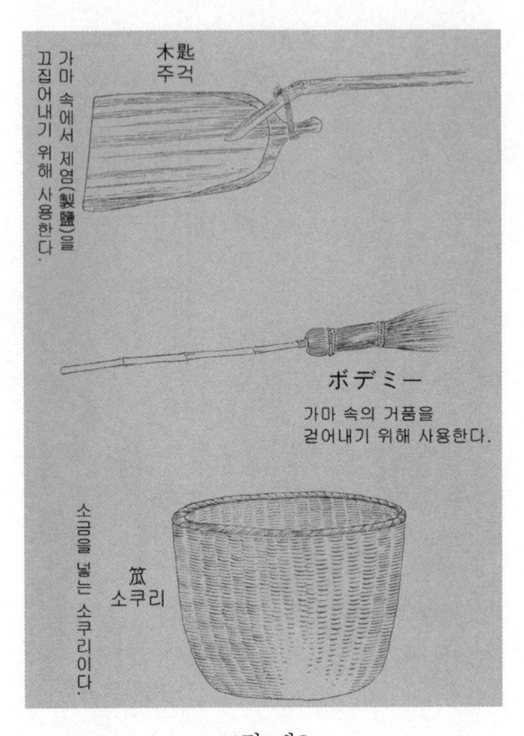

木匙
주걱
가마 속에서 제염(製鹽)을 끄집어내기 위해 사용한다.
ボデミー
가마 속의 거품을
걷어내기 위해 사용한다.
笊
소쿠리
소금을 넣는 소쿠리이다.

그림 제8

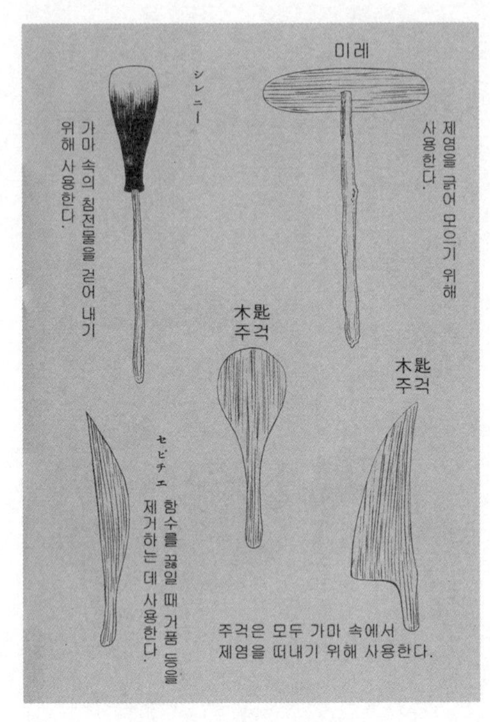

미레
제염을 긁어 모이기 위해 사용한다.
シレニー
가마 속의 침전물을 걷어 내기 위해 사용한다.
木匙
주걱
木匙
주걱
セビチエ
함수를 끓일 때 거품 등을 제거하는 데 사용한다.
주걱은 모두 가마 속에서
제염을 떠내기 위해 사용한다.

그림 제9

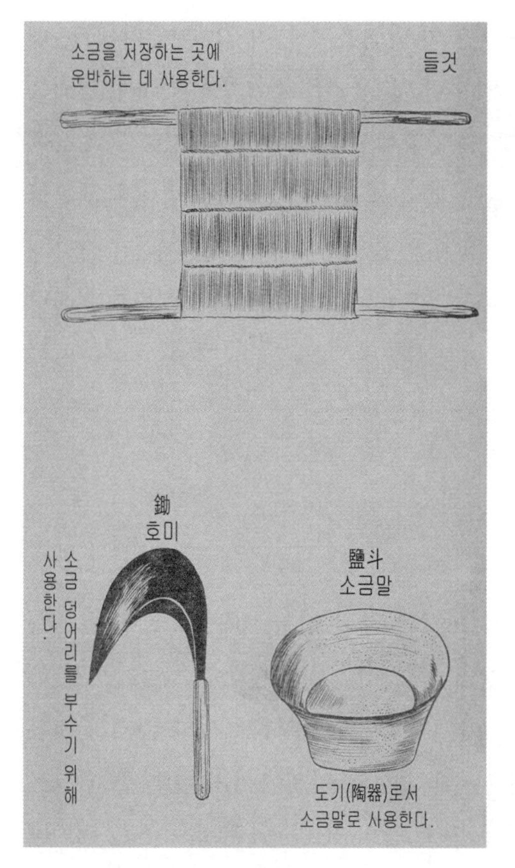
소금을 저장하는 곳에
운반하는 데 사용한다.
들것
鋤
호미
소금 덩어리를 부수기 위해
사용한다.
鹽斗
소금말
도기(陶器)로서
소금말로 사용한다.

그림 제10

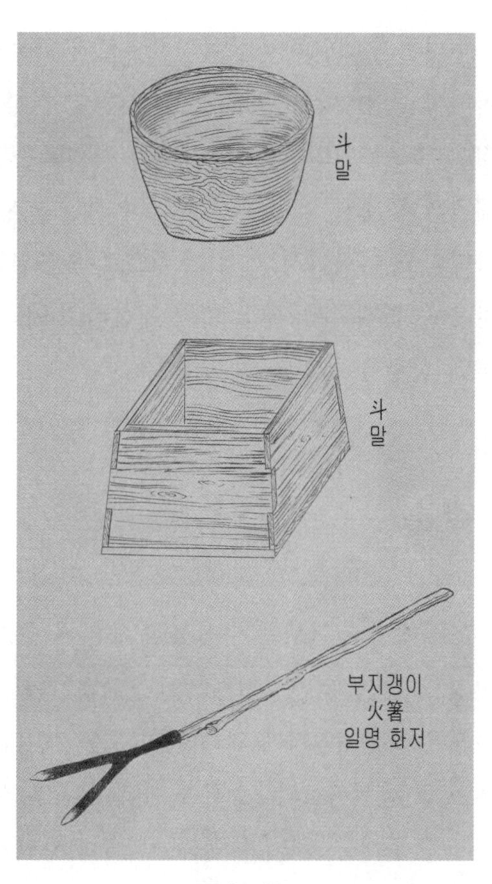
斗
말
斗
말
부지갱이
火箸
일명 화저

그림 제11

제6장 수산물 수출입

개요

수산물의 해외무역을 살펴봄으로써 조선수산업의 단면을 충분히 알 수 있다. 그런데 여기서 주의해야 할 것은 조선 연해의 어업은 일본인 및 중국인 출어자에 의해 운영되는 것이 대부분이며, 중국어업자의 어획물은 대개 어장에서 곧바로 자국으로 운송되어 해관의 통계에 오르는 것은 극히 적다는 사실이다. 그리고 일본어업자의 어획물이라 하더라도 어장에서 직접 본국으로 운송되는 것이 없을 것인가? 생각건대, 의심하지 않을 수 없다. 그렇지만 이는 계산하기 어려우므로 오직 해관통계에 의거해서 그 대략적인 상황을 살핀다.

수출

조선에서 생산되는 수산물로 해외에 수출되는 것은 말린 전복 · 해삼 · 말린 굴 · 상어지느러미 · 고래고기[鯨肉] · 고래기름[鯨肥] · 해조류, 기타 활 · 건 · 염어로서 대부분은 일본어업자에 의해 어획되는 것이다. 조선 어업자의 어획물로서 수출되는 것은 해조 및 생선비료의 2종류에 불과하다. 과거 5년간의 무역 연표에서 밝힌 각종 수산물의 수출통계를 보면, 서력(西曆) 1903년(광무 7년, 명치 36년)의 총액이 622,000여 원에 달하였지만, 그다음 해인 동 1904년(광무 8년, 명치 37년)에 이르러 현저히 감소하였다. 근래 해마다 다소의 증가를 보이지만 아직 50만원에 미치지 못한다. 즉 1904년에 현저히 감소된 것은 러일전쟁의 영향으로 당시 어획량이 많지 않음은 분명한 사실이지만, 또한 내국(조선)의 소비증가는 아마 이것의 주요 원인일 것이다. 이후의 수출고는 해마다 다소 증가하지만 또한 1903년의 수출고에 미치지 못함은 러일전쟁 당시에 이어서 전후 일본인의 도래자가 현저히 증가하면서, 내국 소비의 급격한 증가에 기인한 것이며, 생산 즉 어획이 감소한 것이 원인이 아니다.[179] 수출품은 모두 일본 및 청국에 관계된 것이지만, 직접 청국으로 수송하는 것은 적고 대부분은 일본으로 수출한다. 각 해의 통계를 비교 · 대조한 것은 다음과 같다.

수출통계표

연차	1902년 광무6년 명치35년		1903년 광무7년 명치36년		1904년 광무8년 명치37년		1905년 광무9년 명치38년		1906년 광무10년 명치39년	
종목	수량	단가	수량	단가	수량	단가	수량	단가	수량	단가
전복	153	5,676	151	5,151	84	2,064	184	5,415	186	6,086
해삼	2,345	63,937	3,861	109,139	1,622	42,038	2,641	78,967	3,081	95,951
건조굴	2,229	26,229	3,592	49,198	707	8,698	1,634	24,554	2,960	49,809
상어 지느러미	288	9,149	425	13,710	310	10,531	262	8,575	267	12,178
활건염어	36,822	82,458	49,977	131,981	45,854	140,703	62,689	190,895	56,611	212,353
내장	55	1,897	51	1,604	44	1,901	3,442	787	930	5,257
해조	19,475	91,639	23,519	96,390	12,022	40,441	11,402	46,119	19,182	82,410
고래고기 고래지방	-	46,416	-	214,987	-	125,704	-	52,959	-	18,286
계	-	327,401[180]	-	622,160	-	372,080[181]	-	408,271	-	482,330[182]

179) 조선에 거주하는 일본인들이 급격하게 늘어나면서 이들 일본인들의 어류 소비가 늘어나서 수출량이 줄었다는 뜻이다.

180) 원문에는 327,383이라고 되어 있음.

181) 원문에는 374,080이라고 되어 있음.

182) 원문에는 483,050이라고 되어 있음.

수입

수입품으로 중요한 것은 식염 및 건염어인데, 식염을 제외하면 그 대부분은 재류 일본인의 소비에 공급된다. 그리고 그 수입은 해마다 증가를 보인다. 서력 1902년(광무6년, 명치35년)에 그 가격은 겨우 89,400여 원에 불과하였으나, 동 1904년(광무8년, 명치37년)에 이르면 257,000여 원(고래고기 · 고래기름 제외)이 된다. 1906년(광무10년, 명치39년)에 이르러서는 390,000여 원으로 급격히 증가한다. 이는 아마 일본인 도래자의 증가에 기인한 것인 듯하다. 다음으로 각 연도의 수입통계를 보이고자 한다.

수입품

연차	서력 1902년 광무6년 명치35년		1903년 광무7년 명치36년		1904년 광무8년 명치37년		1905년 광무9년 명치38년		1906년 광무10년 명치39년	
종목	수량 (擔)	단가 (원)	수량 (담)	단가 (원)	수량 (담)	단가 (웜)	수량 (담)	단가 (원)	수량 (담)	단가 (원)
생건염어	1,389	11,080	3,614	21,307	11,079	114,136	10,297	82,570	9,686	83,063
소금	131,188	78,353	307,232	151,998	265,572	142,913	240,927	153,570	422,010	307,019
소계	-	89,433	-	173,305	-	257,049	-	236,140	-	390,082
고래고기 고래지방	-	-	-	-	-	8,603	-	32,700	-	103,737
계	-	-	-	173,305	-	265,652 183)	-	268,840	-	493,819

주의 : 앞의 두 표에 대해 주의를 요하는 것은 수출에서 고래고기 · 고래기름이 광무 7년(명치 36년)에 214,987원에서 해마다 감소하여 동 10년(명치 39년)에는 겨우 18,286원이라는 소액이 된 것이다. 이에 반하여 수입에서 같은 품목이 광무 8년(명치 37년)에 8,603원이던 것이 동 9년에

183) 원문에는 267,652라고 되어 있음.

32,700원이 되었고, 동 10년에 103,736원으로 급격한 증가를 보이고 있다. 러일전쟁 당시보다 포경액수가 감소된 것은 사실이다(그 이유는 러시아 포경선이 철수한 것, 포경시기를 제한한 것, 일본 연해에서 활발하게 포경하기에 이른 것 등이다). 그렇지만 고래고기와 고래기름이 외국에서 수입된 것은 전혀 없다. 더욱이 그 수입통계에서 계상(計上)된 것은, 해관이 업무상 포경업자로 하여금 그 포경의 수입신고를 하도록 한 결과로서 실제 조선 연해에서 포획되는 것이다. 해관의 업무능력에 관해서는 말하고 싶지 않지만, 해관통계에서 계상한 고래고기·고래기름의 금액은 너무 적어서, 이 숫자를 보고 조선 포경의 대세를 판단한다면 커다란 과오를 초래할 것이다. 그러므로 여기에서 한 마디 하고자 한다. 무릇 조선 연해에서의 포획은 특허자가 행하는 바로서 그 밖의 사람은 이에 종사할 수 없다. 그리고 특허자는 그 수입에 대해 세금을 면제받는 대신, 조선 연해로 몰려오는[184] 고래에 대해서는 몸길이에 관계없이 한 마리당 20원의 세금을 해관에 납부하도록 정해져 있다. 그러므로 해관은 이 20원을 가격의 5푼에 상당하는 것으로 간주한다(이들 물품의 세관 세율은 가격의 5푼인 것이다). 이를 근거로 그 원가를 산출한다(즉 20원이 가격의 5푼이라고 하면 한 마리의 원래 가격은 4백원이라고 보는 것이다). 그러므로 그 추산한 원가는 아주 낮고, 따라서 그 금액이 지나치게 적게 된 것이다. 또 한 마디를 하자면, 광무 10년의 수입은 103,737원이고, 수출은 18,286원이다. 그리고 수입항은 부산으로서, 수출항은 원산 18,000원, 부산 386원이다. 외국에서 수입이 전혀 없는 것은 전술한 것과 같다. 따라서 이것은 수입에 계상된 것으로써 가령 포경가격과 견주어 수출액을 공제하면, 85,400여 원의 가치가 있는 것은 조선 내에서 소비되는 것이다. 그런데 85,400여 원은 원가의 산출은 전술한 것과 같은 것으로 실제 가격과는 또한 멀고, 거액에 달할 것이다. 그러므로 조선에서 고래고기의 소비는 수량을 확인할 수 없지만 극히 소량

184) 본문 齋, 아마도 薺인 것 같다.

이고, 고래기름은 그 소비가 거의 전혀 없다고 말할 수 있다. 그렇다면 이 거액의 가치가 있는 고래고기·고래기름은 어떻게 처리된 것일까? 생각건대, 그 대부분은 수출된 것으로서 이는 해관통계의 잘못이라고 볼 수밖에 없을 것이다.

아래에 각항(各港)에 대한 과거 3년간 수입통계를 표시한다.

각항 3년간 내국품 수출 비교표

지명	품명	연차	광무8년(명치37년)			광무9년(명치38년)			광무10년(명치39년)		
		구별	외국품	내국품	계	외국품	내국품	계	외국품	내국품	계
성진	생건염어	수량(擔)	-	-	-	16	45	59	39	-	37
		가액(圓)	-	-	-	150	534	684	337	-	337
	절인청어	동	-	-	-	-	-	-	-	78	78
		동	-	-	-	-	-	-	-	350	350
	소금	동	309	-	309	4,004	-	4,004	7,769	279	8,048
		동	317	-	317	4,085	-	4,085	8,624	307	8,931
	해조	동	-	-	-	-	-	-	8	-	8
		동	-	-	-	-	-	-	176		176
	소계		317		317[185]	4,235	534	4,769	9,137	657	9,794
원산	생건염어	동	146	691	837	360	348	708	744	-	744
		동	2,124	8,769	10,893	4,791	4,647	9,438	5,982	-	5,982
	소금	동	34,843		34,843	29,350	172	29,522	41,269	-	41,269
		동	35,280	-	35,280	31,810	228	32,038	45,106	-	45,106
	해조	동	52	-	52	151	-	151	318	-	318
		동	663	-	663	2,123	-	2,123	3,299	-	3,299
	소계		38,067	8,769	46,836	38,724	4,875	43,599	54,387	-	54,387
부산	해삼	동	-	427	427	-	511	511	-	-	-
		동	-	11,371	11,371	-	11,587	11,587	-	-	-
	건전복	동	-	8	8	-	-	-	-	-	-
		동	-	221	221	-	-	-	-	-	-

	생건염어	동	638	-	638	1,610	-	1,610	4,063	-	4,063
		동	5,716	-	5,716	12,120	-	12,120	28,964	-	28,964
	생건염어와 비료	동	-	17,986	17,986	-	37,543	37,543	-	9,767	9,767
		동	-	137,721	137,721	-	300,604	300,604	-	102,011	102,011
	망둥이 지느러미	동	-	5	5	-	-	-	-	6	6
		동	-	152	152	-	-	-	-	195	195
	고래고기 고래지방	동	1,340	11	1,351	6,440	-	6,440	20,692	-	20,692
		동	8,603	55	8,658	32,700	-	32,700	103,737	-	103,737
	소금	동	74,136	-	74,136	57,147	-	57,147	170,293	219	170,512
		동	51,572	-	51,572	56,789	-	56,789	127,035	557	127,592
	해조	동	603	534	1,137	1,461	1,069	2,530	930	-	930[186]
		동	2,643	3,209	5,852	8,223	9,183	17,406	6,652	26,521	33,173[187]
	소계		68,534	152,729	221,263	109,832	321,374	431,206	266,388	129,284	395,672
마산	생선염어	동	-	-	-	-	23	23[188]	-	303	303
		동	-	-	-	-	167	167	-	3,361	3,361
	건염어와 비료	동	-	-	-	-	-	-	-	257	257
		동	-	-	-	-	-	-	-	1,858	1,858
	소금	동	75	-	75	518	-	518	9,625	222	9,847
		동	80	-	80	577	-	577	16,762	251	17,013
	해조	동	1	-	1	-	-	-	-	-	-
		동	18	18	-	-	-	-	-	-	-
	소계		98	-	98	577	167	744	16,762	5,470	22,232
목포	생건염어	동	12	13,074	13,086	102	5,449	5,551	57	14,118	14,175
		동	206	81,815	82,021	1,288	46,834	48,122	808	127,079	127,887
	소금	동	61	-	61	5	-	5	626	-	626
		동	122	-	122	6	-	6	870	-	870
	해조	동	33	12	45	33	-	33	43	189	232
		동	184	69	253	21	-	21[189]	272	1,379	1,651
	소계		512	81,884	82,396	1,315[190]	46,834	48,149[191]	1,950	128,458	130,408
군산	생건염어	동	258	12,765	13,023	69	5,126	5,195	348	8,091	8,439
		동	3,357	78,379	81,736[192]	1,220	48,865	50,085	2,773	68,629	71,402[193]
	소금	동	258	-	258	883	-	883	11,740	-	11,740
		동	81	-	81	335	-	335	11,313	-	11,313

	해조	동	105	314	419	45	168	213	61	65	126
		동	585	1,584	2,169	330	1,114	1,444	415	350	765
	소계		4,023	79,863	83,886	1,885	49,979	51,864	14,501	68,979	83,480
인천	해삼	동	-	-	-	-	315	315	-	219	219
		동	-	-	-	-	10,400	10,400	-	7,789	7,789
	전복	동	-	-	-	-	-	-	-	5	5
		동	-	-	-	-	-	-	-	287	287
	건대합	동	-	-	-	-	-	-	-	45	45
		동	-	-	-	-	-	-	-	326	326
	생건염어	동	5,811	53,053	58,864	3,181	16,237	19,418	1,344	8,855	10,199
		동	54,185	313,086	367,271	28,919	144,611	173,530 [194]	17,609	80,723	98,332
	소금	동	46,449	-	46,449	38,914	100	39,014	43,370	-	43,370
		동	20,120	-	20,120	12,593	200	12,793	13,063	-	13,063
	해조	동	2,884	4,248	7,132	3,943	4,639	8,582	4,241	4,509	8,750
		동	9,433	25,883	35,316	14,780	42,756	57,536	86,202	39,521	125,723
	소계		83,738	338,969	422,707	56,292	197,967	254,259	116,874	128,646	245,520
진남포	생건염어	동	4,095	3,761	7,856	5,849	5,671	11,520	3,529	3,308	6,837 [195]
		동	42,002	20,282	62,284	33,607	53,678	87,285 [196]	34,452	25,615	60,067
	소금	동	92,208	1,080	93,288	106,772	-	106,772	115,858	170	116,028
		동	37,342	439	37,781	47,215	-	47,215	68,149	136	68,285
	해조	동	554	314	868	1,359	5,347	6,706	11,077	7,229	18,306 [197]
		동	6,283	1,584	7,867	16,242	49,872	66,114	9,725	56,142	65,867
	소계		85,627	22,305	107,932	97,064	103,548	200,612	112,326	81,893	194,219
신의주	생건염어	동	-	-	-	-	-	-	15,866	-	15,866
		동	-	-	-	-	-	-	10,413	-	10,413
	해조	동	-	-	-	-	-	-	34	20	54
		동	-	-	-	-	-	-	2050	142	2,192
	소계		-	-	-	-	-	-	-	-	-
			-	-	-	-	-	-	12,463	142	12,605
용암포	생건염어	동	-	-	-	-	-	-	3	-	3
		동	-	-	-	-	-	-	29	-	29
	소금	동	-	-	-	-	-	-	90	-	90
		동	-	-	-	-	-	-	1,540	-	1,540
	해조	동	-	-	-	-	-	-	150	-	150
		동	-	-	-	-	-	-	22	-	22

	소계		-	-	-	-	-	-	-	-	-
			-	-	-	-	-	-	1,591	-	1,591
합계			-	-	-	-	-	-	-	-	-
			280,918	-	-	310,120	-	-	592,325	-	-

185) 원문에는 311이라고 되어 있음.
186) 원문에는 9,621이라고 되어 있음.
187) 원문에는 24,058이라고 되어 있음.
188) 원문에는 22라고 되어 있음.
189) 원문에는 217이라고 되어 있음.
190) 원문에는 1,511이라고 되어 있음.
191) 원문에는 48,345라고 되어 있음.
192) 원문에는 81,636이라고 되어 있음.
193) 원문에는 61,382이라고 되어 있음.
194) 원문에는 173,534라고 되어 있음.
195) 원문에는 6,847이라고 되어 있음.
196) 원문에는 87,283이라고 되어 있음.
197) 원문에는 8,316이라고 되어 있음.

각항 3년간 내외국품 수입 비교표

지명	품명	연차	광무8년(명치37년)			광무9년(명치38년)			광무10년(명치39년)		
		구별	외국품	내국품	계	외국품	내국품	계	외국품	내국품	계
성진	생건 염어	수량(擔)	-	-	-	14	45	59	39	-	39
		가액(圓)	-	-	-	150	534	684	337	-	337
	절인 청어	동	-	-	-	-	-	-	-	78	78
		동	-	-	-	-	-	-	-	350	350
	소금	동	309	-	309	4,004	-	4,004	7,769	279	8,048
		동	317	-	317	4,085	-	4,085	8,624	307	8,931
	해조	동	-	-	-	-	-	-	8	-	8
		동	-	-	-	-	-	-	176	-	176
	소계		317	-	317[198]	4,235	534	4,769	9,137	657	9,794
원산	생건 염어	동	146	691	837	360	348	708	744	-	744
		동	2,124	8,769	10,893	4,791	4,647	9,438	5,982	-	5,982
	소금	동	34,843	-	34,843	29,350	172	29,522	41,269	-	41,269
		동	35,280	-	35,280	31,810	228	32,038	45,106	-	45,106
	해조	동	52	-	52	151	-	151	318	-	318
		동	663	-	663	2,123	-	2,123	3,299	-	3,299
	소계		38,067	8,769	46,836	38,724	4,875	43,599	54,387	-	54,387
부산	해삼	동	-	472	472	-	511	511	-	-	-
		동	-	11,371	11,371	-	11,587	11,587	-	-	-
	건 전복	동	-	8	8	-	-	-	-	-	-
		동	-	221	221	-	-	-	-	-	-
	생건 염어	동	638	-	638	1,610	-	1,610	4,063	-	4,063
		동	5,716	-	5,716	12,120	-	12,120	28,964	-	28,964
	생건 염어와 비료	동	-	17,986	17,986	-	37,543	37,543	-	9,767	9,767
		동	-	137,721	137,721	-	300,604	300,604	-	102,011	102,011
	상어 지느러미	동	-	5	5	-	-	-	-	6	6
		동	-	152	152	-	-	-	-	195	195

	고래고기	동	1,340	11	1,351	6,440	-	6,440	20,692	-	20,692
	고래지방	동	8603	55	8,658	32,700	-	32,700	103,737	-	103,737
	소금	동	74,136	-	74,136	57,147	-	57,147	170,293	219	170,512
		동	51,572	-	51,572	56,789	-	56,789	127,035	557	127,592
	해조	동	603	534	1,137	1,461	1,069	2,530	930	-	930[199]
		동	2,643	3,209	5,852	8,223	9,183	17,406	6,652	26,521	33,173[200]
	소계		68,534	152,729	221,263	109,832	321,374	431,206	266,388	129,284	395,672
마산	생선염어	동	-	-	-	-	23	23[201]	-	303	303
		동	-	-	-	-	167	167	-	3,361	3,361
	건염어와비료	동	-	-	-	-	-	-	-	257	257
		동	-	-	-	-	-	-	-	1,858	1,858
	소금	동	75	-	75	518	-	518	9,625	222	9,847
		동	80	-	80	577	-	577	16,762	251	17,013
	해조	동	1	-	1	-	-	-	-	-	-
		동	18	-	18	-	-	-	-	-	-
	소계		98	-	98	577	167	744	16,762	5,470	22,232
목포	생건염어	동	12	13,074	13,086	102	5,449	5,551	57	14,118	14,175
		동	206	81,815	82,021	1,288	46,834	48,122	808	127,079	127,887
	소금	동	61	-	61	5	-	5	626	-	626
		동	122	-	122	6	-	6	870	-	870
	해조	동	33	12	45	33	-	33	43	189	232
		동	184	69	253	21	-	21[202]	272	1,379	1,651
	소계		512	81,884	82,396	1,315[203]	46,834	48,149[204]	1,950	128,458	130,408
군산	생건염어	동	258	12,765	13,023	69	5,126	5,195	348	8,091	8,439
		동	3,357	78,379	81,736[205]	1,220	48,865	50,085	2,773	68,629	71,402[206]
	소금	동	258	-	258	883	-	883	11,740	-	11,740
		동	81	-	81	335	-	335	11,313	-	11,313
	해조	동	105	314	419	45	168	213	61	65	126
		동	585	1,584	2,169	330	1,114	1,444	415	350	765
	소계		4,023	79,863	83,886	1,885	49,979	51,864	14,501	68,979	83,480

인천	해삼	동	-	-	-	-	315	315	-	219	219
		동	-	-	-	-	10,400	10,400	-	7,789	7,789
	전복	동	-	-	-	-	-	-	-	5	5
		동	-	-	-	-	-	-	-	287	287
	건대합	동	-	-	-	-	-	-	-	45	45
		동	-	-	-	-	-	-	-	326	326
	생건염어	동	5,811	53,053	58,864	3,181	16,237	19,418	1,344	8,855	10,199
		동	54,185	313,086	367,271	28,919	144,611	173,530 [207]	17,609	80,723	98,332
	소금	동	46,449	-	46,449	38,914	100	39,014	43,370	-	43,370
		동	20,120	-	20,120	12,593	200	12,793	13,063	-	13,063
	해조	동	2,884	4,248	7,132	3,943	4,639	8,582	4,241	4,509	8,750
		동	9,433	25,883	35,316	14,780	42,756	57,536	86,202	39,521	125,723
	소계		83,738	338,969	422,707	56,292	197,967	254,259	116,874	128,646	245,520
진남포	생건염어	동	4,095	3,761	7,856	5,849	5,671	11,520	3,529	3,308	6,837 [208]
		동	42,002	20,282	62,284	33,607	53,678	87,285 [209]	34,452	25,615	60,067
	소금	동	92,208	1,080	93,288	106,772	-	106,772	115,858	170	116,028
		동	37,342	439	37,781	47,215	-	47,215	68,149	136	68,285
	해조	동	554	314	868	1,359	5,347	6,706	11,077	7,229	18,306 [210]
		동	6,283	1,584	7,867	16,242	49,872	66,114	9,725	56,142	65,867
	소계		85,627	22,305	107,932	97,064	103,548	200,612	112,326	81,893	194,219
신의주	생건염어	동	-	-	-	-	-	-	15,866	-	15,866
		동	-	-	-	-	-	-	10,413	-	10,413
	해조	동	-	-	-	-	-	-	34	20	54
		동	-	-	-	-	-	-	2,050	142	2,192
	소계		-	-	-	-	-	-	12,463	142	12,605
용암포	생건염어	동	-	-	-	-	-	-	3	-	3
		동	-	-	-	-	-	-	29	-	29
	소금	동	-	-	-	-	-	-	90	-	90
		동	-	-	-	-	-	-	1,540	-	1,540
	해조	동	-	-	-	-	-	-	150	-	150
		동	-	-	-	-	-	-	22	-	22
	소계		-	-	-	-	-	-	-	-	-
			-	-	-	-	-	-	1,591	-	1,591

합계		-	-	-	-	-		-	-	-
		280,918	-	-	310,120	-	-	592,325	-	-

비고 : 본 표의 수입액은 수입 총액에서 재수출을 제외한 총수입액이다.

198) 원문에는 311이라고 되어 있음.
199) 원문에는 9,621이라고 되어 있음.
200) 원문에는 24,058이라고 되어 있음.
201) 원문에는 22라고 되어 있음.
202) 원문에는 217이라고 되어 있음.
203) 원문에는 1,511이라고 되어 있음.
204) 원문에는 48,345라고 되어 있음.
205) 원문에는 81,636이라고 되어 있음.
206) 원문에는 61,382라고 되어 있음.
207) 원문에는 173,534라고 되어 있음.
208) 원문에는 6,847이라고 되어 있음.
209) 원문에는 87,283이라고 되어 있음.
210) 원문에는 8,316이라고 되어 있음.

제7장 어구 및 어선

개요

종래 조선인이 사용하던 어구는 그 종류가 적지 않지만, 그 가운데 주요한 것은 어장(魚帳)과 어전(魚箭)에 속하는 여러 종류와 주목(駐木) · 설망(設網) · 중선(中船) · 궁선(弓船) · 망선(網船) · 지예망(地曳網) · 자망(刺網) 등이다. 그리고 이들 어구의 구조는 대략 조악함을 면하지 못하였다. 또 그 대부분은 소극적 어구에 속하는 것이지만, 지세 및 조류를 충분히 이용하는 점에서 발달된 면을 볼 수 있다. 즉 강원도에서 지예망, 경상도에서 어장, 전라이서북 각 도에서 어전 · 주목 · 설망 · 중선 · 궁선과 같은 것이 이것이다. 기타 강원도 이북과 충청도 이서북에서 망선이라고 칭하는 충조망(沖繰網)과 같은 것은 적극적 어구로 볼 수 있다. 또 수조망 · 연승과 같은 것은 일본통어자가 사용하는 어구를 모방한 것으로 최근 점차 그 수가 증가하고 있다. 일본인이 사용하는 어구의 주요한 것은 잠수기(潛水器) · 연승(延繩) · 지예망(地曳網) · 수조망(手繰網) · 타뢰망(打瀨網) · 유망(流網) · 호망(壺網) 및 입량(魞簗) 같은 종류이다. 어선은 일반적인 것 이외에, 특이한 종류로는 함경도 북부에서 평저(平底)에 3각형인 것, 전라도 특히 제주도 지방의 목제 떼배[筏船], 평안도 북부의 고선(刳船)[211]과 같은 것이 있다. 장점으로 볼 만한 것은 평저로서 (수심이) 낮은 곳의 통선에 적합한 점이다. 돛은 여러 개를 펴서 조종하고 빨리 달리기에 모두 편리한 면이 있다. 그렇지만 구조가 대체로 취약하며 이것들을 만들 때 대패질을 하지 않고, 또 쇠못을 사용하지 않은 단점이 있다. 근래 조선인으로서 일본어선을 구입하여 연승어업에 종사하는 자가 해마다 증가하고 있다. 아래에 각종 어구의 그 구조 · 사용법을 그림으로 설명한다.

---

211) 통나무의 속을 파내고 만든 배를 말한다.

● 도해

어장(魚帳)

어장이란 경상도 지방에서 줄살[乼矢], 막대살[杖矢]이라고 부르는 것 및 함경 · 강원 · 경상도에서 덤장[擧網]이라고 부르는 것을 총칭한다. 예로부터 동 · 북 · 남 연해에서 많이 사용한 어구로서 규모가 큰 것에 속하며, 모두 일정한 수면에 부설하여 고기떼가 길그물[垣網]에 막혀 들그물[敷網] 위에 들어오기를 기다려 어획하는 것이다.

(1) 줄살[乼矢] (도해 1)

경상도 연해에서 주로 대구 또는 청어를 목적으로 부설하며 특히 거제도 · 가덕도 부근에서 가장 많이 행한다. 그 구조 등은 아래와 같다.

▲ 구조

불꼬리[魚捕部]와 길그물[垣網]이 있다. 고기를 가두는 그물은 방언으로 '쯔부'라고 하는 망사(網絲)로 짠 것으로 그물눈은 5촌[212]부터 가장 작은 것은 5푼 정도에 이른다. 길그물은 짚으로 만든 것으로 그물눈은 1척에서 7~8촌에 이른다. 이 쯔부는 칡껍질과 같은 것으로 강하고 질기며 물에 견딜 수 있고, 가격은 삼실보다 저렴하다. 경상도 전라도의 산속에서 자생하는 것이라고 한다.

부표 : 굴참나무 껍질(강원도에서 많이 생산된다) 여러 매를 겹쳐서 종횡으로 묶은 대 · 중 · 소 3종류가 있다. 작은 것은 길이 1척 폭과 두께는 모두 5촌 정도이고,

---

212) 그물눈의 크기를 헤아리는 방식은 두 가지가 있다. 그물눈의 크기를 직접 1寸, 2寸 등으로 밝히는 경우와 5寸 안에 그물 실이 서로 만나는 結節이 몇 곳인가로 따져서 몇 節로 나타내는 경우가 있다. 그래서 3寸目=9cm, 4寸目=12cm, 5寸目=15cm가 되고, 5節=7.5cm, 6節= 2寸目=6cm, 7節 = 5cm, 8節 = 4.3cm, 9節 = 3.8cm, 10節 = 3.3cm, 11節 = 1寸目 = 3cm, 12節 = 27.cm가 된다. 일일이 미터법으로 환산하지 않고, 당시의 촌법대로 두었다.

중간 것은 길이 2척, 폭 1척, 두께 8촌 정도이며, 큰 것은 길이 4척, 폭 2척, 두께 1척 5촌 정도이다. 한 곳에 큰 것은 6~7개, 중간 것은 8~9개, 작은 것은 깃그물[袖網]의 길이에 따라서 60~80개 내지 100개를 쓴다.

그물 : 방언으로 「참나무」[213] 칡덩굴을 꼬아서 만든 것인데, 대소 두 종류가 있다. 큰 것은 직경 2촌 안팎이고 한 어장마다 총길이 700~800길을 필요로 하며, 작은 것은 1촌 2~3푼으로 한 어장에 총길이 2,700[214]~3,000길을 필요로 한다.

가마니 : 새끼줄로 만든 자루그물[槖網] 안에 돌을 채운 것으로 대 · 중 · 소 3종류가 있다. 큰 것은 무게 3,000근, 중간 것은 2,000근, 작은 것은 500근이다. 큰 것은 큰 부표에, 중간 것은 중간 부표에, 작은 것은 작은 부표에 쓴다. 그리고 고기를 잡는 그물에는 유정(留碇)이라고 하는 중간 가마니를 쓰고, 길그물 및 깃그물에는 모두 작은 가마니를 쓴다.

길그물[垣網] : 길이는 지형에 따라 일정하지 않으나 100길 내외인 것이 보통이다. 세로폭은 수심에 따른다. 10길마다 부표 및 가마니를 단다. 그물은 50길까지는 5촌의 그물눈을 가진 쯔부망을 쓰고, 그 나머지 부분에서는 육지에 가까워질수록 1척 그물눈을 쓴다.

깃그물[袖網] : 한쪽은 반드시 육지에 접하고 다른 한쪽은 바다로 펼친다. 육지에 접하는 부분은 지형에 따라서 길이 50~100길이며, 다른 한쪽은 수심에 따라서 200길부터 300길에 이른다. 모두 4길마다 부표와 가마니를 단다. 바다 쪽으로 펼친 쪽은 100길까지만 달고, 그 이상 끝까지는 한 개의 큰 부표와 가마니를 달 뿐이다. 그물은 모두 쯔부그물과 짚그물 양쪽을 쓴다. 육지에 접하는 부분은 2/3까지 그물눈 5촌의 쯔부그물을, 거기서 육지에 이르는 구간은 그물눈 7~8촌에서 1척에 이르는 짚그물을 쓴다. 바다로 열린 부분은 100길까지 5촌의 그물눈을 가진 쯔부그물을 쓰고, 거기서 끝까지는 7~8촌에서 1척의 그물눈을 가진 짚그물을 쓴다.

불꼬리[魚捕] : 장방형을 이루며 입구에서 속까지 60~70길이다. 입구의 폭은 20길,

---

213) 칡덩굴 앞에 방언으로 참나무라고 되어 있으나, 의미가 분명하지 않다.
214) 원문은 尋이다. 5척(尺) 즉 150cm를 뜻한다.

속의 폭은 10길이다. 입구에는 다시 양쪽에서 목그물[喉網]을 세우고, 길그물의 한 끝은 삼각형을 이룬다. 그 가운데 있는 고기의 출입구는 직경 각각 3척으로 한다. 그리고 양쪽에 3개의 큰 부표와 가마니. 4개씩 중부표와 가마니를 달고, 한쪽의 부표에서 양쪽으로 그물을 펼치고 가마니를 가라앉혀 원형을 유지하도록 하며 바람과 파도에 대비한다. 대구를 목적으로 하는 경우는 그물눈 3촌부터 점차 작아져서 불꼬리 부분에 이르러 5푼이 된다.

▲ 건설비

(거제도 부근) 설치비 1,000원, 임시건물비 20원, 어선 2척 200원, 그물세 500원 합계 1,730원

(가덕도 부근) 설치비 큰 것 4,000원, 작은 것 2,000원, 임시건물비 큰 것은 40원, 작은 것은 30원. 어선 2척 대소 모두 각각 200원. 그물세[網代稅][215] 큰 것 800원, 작은 것 240원. 합계 큰 것은 5,020원, 작은 것은 2,470원이다.

(2) 막대살[杖矢] (도해 2)

줄살과 마찬가지로 경상도 연해에서 주로 청어 또는 대구를 목적으로 설치한다. 구조는 줄살과 대동소이하다. 줄살은 가마니 또는 닻으로 어망을 지탱하지만, 막대살은 지주로 어망을 지지하는 차이가 있을 뿐이다. 의도는 거의 동일하다.

(3) 덤장[擧網] (도해 3-1 · 3-2)

함경도 연해에서 작은 대구를 목적으로, 강원도 연해에서는 오로지 청어를 목적으로, 경상도 연해에서는 오로지 숭어를 목적으로 사용한다. 줄살 또는 막대살에 비하여 어망의 설치방법이 조금 차이가 나지만 의도는 거의 동일하다. 강원도 및 경상도 연해에서 설치하는 것에 대하여 설명하고자 한다.

---

215) 網代는 '아지로'라고 하여, 어살을 뜻하는 일본어이다. 망대세는 이를 설치하기 위해서 지불하는 세금을 말한다.

가. 강원도 연해

▲ 구조

길그물은 칡껍질을 잘게 찢어서 한 가닥 꼬기[片子撚]를 하여 세목(細目) 7~8길, 길이 90길을 60길로 묶어, 조류를 가로질러 연안에서 바다를 향하여 펼친다. 뜸[浮子]은 칡나무 껍질 길이 6촌, 폭 3촌 5푼, 두께 4촌으로 하며, 뜸을 1길마다 2개를 단다. 뜸줄[浮子綱]은 칡껍질을 세 가닥으로 꼬아 직경 1촌, 전체 길이 60길로 한다. 발돌[沈子]은 중량 2.5~3kg 되는 타원형 자연석을 쓰는데, 발돌줄[沈子綱] 3길마다 1개씩 단다. 발돌줄은 칡껍질로 세 가닥 꼬기를 하며, 직경 1촌 2푼 총길이 60길로 한다.

뜰망[敷網] : 그 설치한 모양은 부정형이며, 긴 변 각각 30길, 단변 들그물 8길, 그 대변은 13길이고, 깊이는 8길로 한다. 그물은 칡껍질을 두 가닥 꼬기를 한 직경 5리(厘)[216]의 실로 짜며 그물코는 주위 및 바닥부는 1촌 2푼, 불꼬리 부분은 8푼으로 한다. 뜸은 길그물과 동일하지만, 길그물에 비하여 촘촘하게 매단다. 불꼬리는 1척 간격으로 큰 뜸을 한 개 매단다.

그물을 설치할 때는 주위를 팽팽하게 펴고 또 일정한 위치를 유지하기 위하여 네 모서리에 칡껍질로 만든 직경 1촌 2푼 길이 60길의 견고한 밧줄을 갖추고 또한 그 네 모서리에는 사방 5척의 굴참나무 껍질로 된 부표를 달아 부력을 강화한다. 망구를 새로 만드는데 드는 비용은 1통(統)에 400원이라고 한다.

▲ 사용법

어깨너비 1장, 재화력(載貨力) 6~70석의 어선 1척에 어부 6인이 타고, 덤장 주변에 이르러 고기떼가 멀리서 오는 것은 지켜본다. 고기떼가 들망 가운데 진입하면 곧 어선

216) 寸의 1/100이다.

을 들망 입구에 가로로 신속하게 대어 그물입구를 막는다. 이어서 불꼬리의 대변에 해당하는 한쪽에서 점차 그물을 당겨, 고기떼를 불꼬리로 몰아서 뜰그물[攩網]로 퍼올린다. 이렇게 하루에 적게는 2~3회 많게는 5~6회 작업을 한다. 조류가 급하거나 파도가 높은 날은 어망이 움직여 길그물의 한쪽 끝이 제대로 들망 입구에서 연결되지 않아서 어획량이 적어진다. 날씨가 험악할 조짐이 있을 때는 파손을 걱정하여 설치한 그물을 철거하고 다시 날씨가 풀리기를 기다린다. 〈도해 3-2는 경상도 연해의 그물이다.〉

나. 경상도 연해

▲ 구조

길그물[垣網] : 길그물은 칡껍질 혹은 짚으로 두 가닥 꼬기를 하여 직경 1푼 이상, 그물눈은 들망에 접하는 부분에서는 4촌, 이보다 앞쪽으로 가면서 점차 커진다. 끝부분에 이르면 7~8촌에 이른다. 설치한 장소의 수심에 따라서 그물의 폭이 일정하지 않지만 대체로 길이는 3~40길이다. 그물을 펴는 방향은 육지와 나란하다가 점차 바다 쪽으로 경사지는 것이 보통이다. 뜸은 굴참나무 껍질 여러 개를 대나무 또는 나무못으로 이어 붙인 것으로 길이 5촌, 폭 3촌, 두께 3촌 정도이다. 이를 뜸줄[浮子綱] 1길 사이에 2개씩 붙인다. 뜸줄은 칡덩굴을 세 가닥 꼬기를 해서 직경 1촌 내외로 하고 총길이 3~40길로 한다. 발돌[沈子]은 중량 2.5~3kg의 타원형 자연석을 쓴다. 발돌줄[沈子綱] 3~4길 사이에 1개씩 붙인다. 발돌줄은 뜸줄과 같다.

들망[敷網] : 설치한 형상은 사다리꼴을 이루며, 불꼬리[魚捕部]에는 1길 반, 양측은 10길, 그물 입구는 약 4길이다. 그물은 칡껍질 또는 삼으로 만들며 직경 5리 정도이다. 최근에는 무명실을 대용하는 경우도 있다. 그물눈은 큰 것은 바닥 부분에서 1촌 5푼, 불꼬리에서 1촌 내지 8푼으로 한다. 뜸은 길그물에 쓰는 것과 같으며, 뜸줄은 직경 7~8푼으로 칡껍질을 쓴다.

설치[敷設] : 들망 입구에는 직경 5푼의 줄 두 가닥을 다는데, 그물과 연결되는 부분에는 중량 1.8~2.2kg의 자연석을 매단다. 또한 들망부의 네 모서리에는 견고한 칡덩굴로 만든 닻줄[碇綱]을 연결하고 사방으로 펼친 다음 그 끝에 가마니를 가라앉혀 일정한 위치를 유지하도록 한다.

▲ 사용법

어선 4척에 어부 2~3인이 타고 1척은 불꼬리 부분에, 2척은 좌우 양 옆에 위치하여, 뜸줄을 뱃전에 끌어올려 수면 위 1척 이상의 높이를 유지하여, 고기가 그물 바깥으로 뛰는 것을 막는다. 다른 한 척은 들망 입구의 왼쪽에 정박하여 벼리[手綱]를 잡고 고기떼가 오는 것을 기다린다. 육지 기슭에는 망루를 세우고 숙련된 어부가 이곳에 올라가 항상 고기의 움직임을 지켜보다가 고기떼가 들어가는 것을 확인하면 이를 그물 입구의 배에 알려, 들망에 들어가면 벼리를 끌어올려 점차 불꼬리로 몰아서 어획한다.

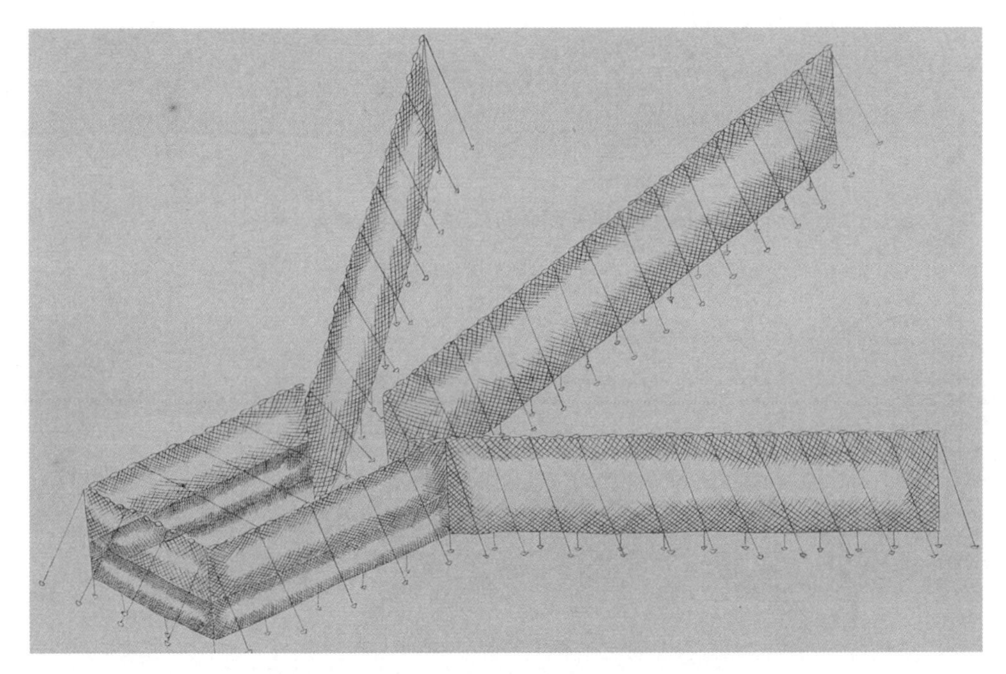

도해 1 줄살

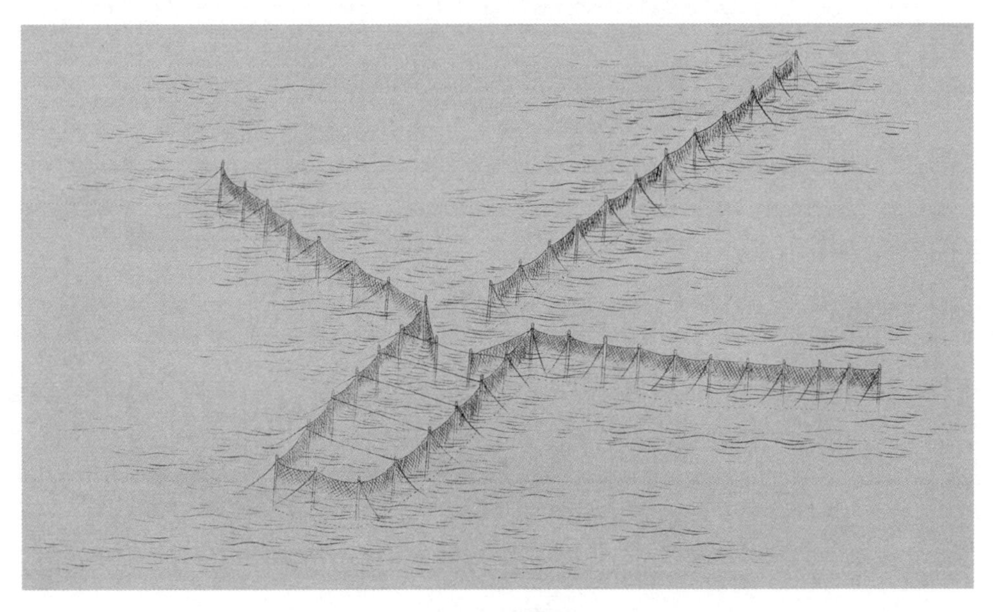

도해 2 막대살

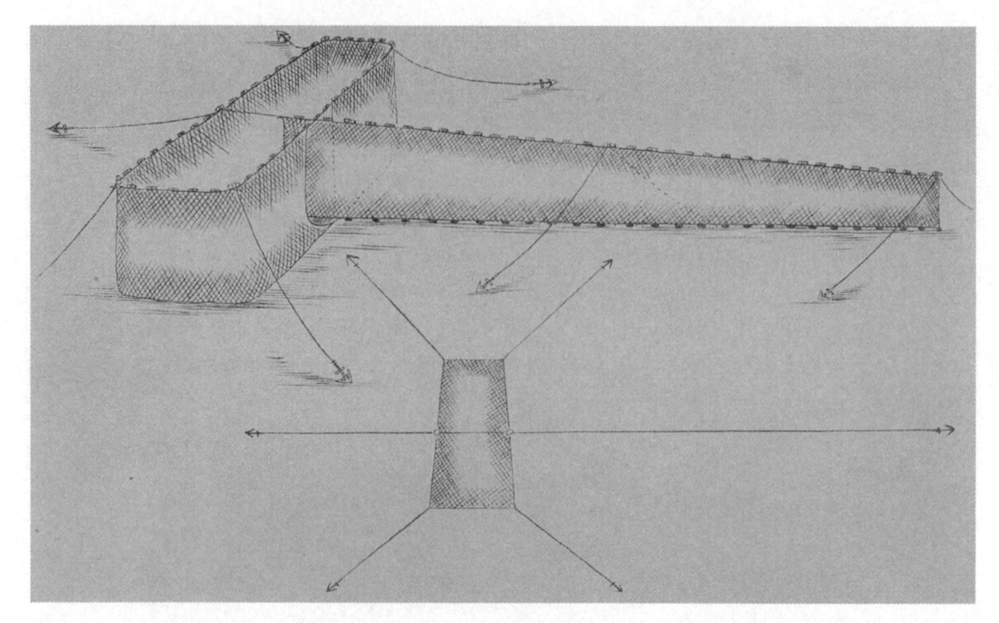

도해 3-1 덤장(강원도)

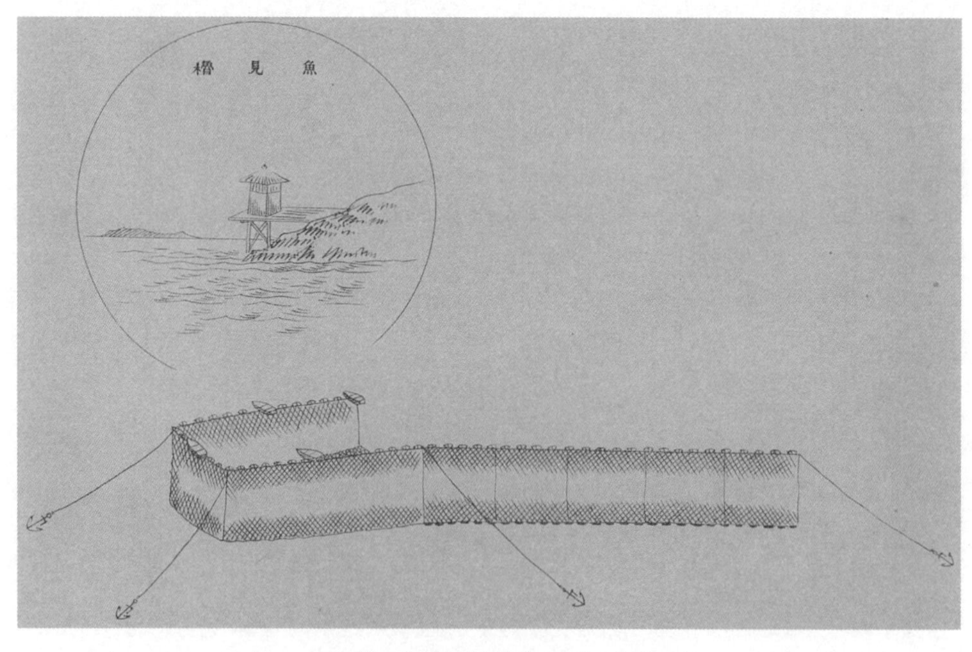

도해 3-2 덤장(경상도)과 망루

어살[魚箭]

나무 · 대나무 · 갈대 또는 돌 · 흙 등을 사용하여 장애물을 만들고 대체로 한 귀퉁이에 함정장치를 만든 것이다. 방렴(防簾) · 건방렴(乾防簾) · 살[箭] · 석방렴(石防簾) · 토방렴(土防簾)과 같은 것이 모두 여기에 속한다. 어장(魚帳)과 더불어 예로부터 조선에서 가장 널리 행해진 어구라고 한다. 각 종류별 구조 등은 다음과 같다.

(1) 방렴(防簾) (도해 4)

함경 · 강원 · 경상도 연해에서 청어 또는 대구를 주목적으로 일정한 수면에 건설하는 어구로 연안의 수목 · 거석 혹은 말뚝으로부터 한 가닥의 칡그물을 직선으로 바다 속에 치고 갈대 또는 대나무로 만든 발을 세워서 물고기를 유도하는 담을 만든다. 담이 끝나는 지점에 방형의 어류(魚溜)[217]를 만들고, 다시 그 양끝에서 해안을 향하여 동일한 발을 써서 점점 넓어지는 깃길[袖垣]을 만든다. 중앙의 도원(道垣)[218]에 막혀서 이를 따라 바다로 나가려고 하는 물고기가 깃길을 만나 마침내 어류부에 들어가도록 하여 포획한다.

▲ 구조

발은 갈대 줄기 3~4개 또는 대나무를 잘게 쪼개어 3~4곳을 묶은 것을 쓴다. 높이는 수심에 따라서 만조시에 도원이나 깃길은 윗부분이 겨우 몇 촌 정도 수면 바깥으로 드러나고, 어류부는 1~2척 정도가 드러나도록 한다. 발의 간격은 청어의 경우는 어류부에서 5푼 정도, 깃길은 1촌 내외, 도원은 1촌부터 점차 육지에 가까워질수록 간격을 성글게 하여 5촌 내외에 이르도록 한다. 발에는 약 5칸 정도의 간격으로 소나무로 된 기둥을 하나씩 세우고, 그 밑둥에는 새끼줄로 만든 가마니에 몇백 근 되는 돌을 채운 것을 4~5개를 매달아 토대로 삼는다. 윗부분은 수면 위에서 줄을 사방으로 묶고 줄 끝에

217) 고기가 갇혀 모여 있는 부분을 말한다. 일본어로는 '우오다마리'이다.
218) 물고기의 이동을 차단하기 위해서 직선으로 길게 뻗도록 설치한 그물을 말한다.

가마니를 묶어 닻으로 삼는다. 이렇게 해서 발로 된 담이 넘어지는 것을 막는다. 어류의 사방에 있는 지주도 마찬가지 방법으로 세운다. 중앙에 위치한 도원의 길이는 위치에 따라서 차이가 있는데 짧은 것은 30칸부터 50칸, 긴 것은 100~150칸에 이른다. 양 깃길의 길이는 각각 5~10칸 정도로 한다. 이 깃길은 지형에 따라서 한쪽을 만들지 않는 경우도 있다. 어류 입구에는 양쪽 깃길과 각도가 같은 비스듬한 지원(止垣)이 있으며, 이 양쪽 지원은 약 2척 간격을 두는데, 이것이 고기가 들어가는 입구이다.

어류부의 고기를 잡을 때에는 긴 손잡이가 달린 직경 3척 정도의 원형의 큰 뜰그물[攩網] 또는 장망(長網)219)이라고 하는 장방형의 그물을 어류부에 넣어서 떠올린다.

건설비(경상도의 경우)는 지주(支柱) 14원 · 새끼줄 6원 · 줄 2원 · 발 짜는 인부 6원(1일 5~6일간 연인원 30인에게 한 사람당 20전씩 지급한다) · 건설인부 5원(1일 5인 연인원 25인에게 한 사람당 20전) · 어선 1척 20원(일본형 古船) · 장망(長網) 5원 합계 72원이 든다.

(2) 건방렴(乾防簾) (도해 5)

조선 남부 연해에서 학꽁치 · 전어 · 새우 및 잡어를 목적으로 건설하는 어구로서 양쪽 깃길과 어류 두 부분으로 이루어진다. 중앙의 도원(道垣)이 없으며, 대부분은 만내 또는 간석지에 건설한다. 썰물과 더불어 앞바다로 돌아가려고 하는 물고기가 양쪽 깃길을 따라 앞으로 가다가 결국 어류에 들어가기를 기다려 어획하는 것이다.

▲ 구조

양 날개(깃길)는 갈대발 또는 대나무발을 쓰며, 건설방법은 방렴과 다른 게 없다. 혹은 이러한 발을 쓰지 않고 가지가 붙어 있는 대나무를 촘촘히 세우는 경우도 있다. 길이 30칸 내지 50~60칸에 이른다. 앞바다로부터 육지를 향하여 깔때기[漏斗] 모양으로

---

219) 원래 長網은 주목망, 안강망 및 낭장망 등과 같이 강제 함정어구로서, 어구를 고정시키거나 또는 이동시켜 조류의 힘에 의하여 대상물을 강제로 자루에 몰아 넣는 방식의 그물을 총칭하는 말이다. 그런데 여기서는 어류부에 모여있는 고기를 떠올리는 장방형의 그물로 되어 있어서, 설치하는 그물이 아니라 손그물의 일종의 생각된다.

설치하며, 양 깃의 말단부가 서로 접근하는 곳에 어류(魚溜)를 만든다. 어류는 촘촘하게 세운 대나무 또는 갈대발로 원형으로 둘러싸는데 직경 4~5척으로 한다. 따로 바다 바닥과 접하는 부분 서너 곳에는 직경 1척 내외의 구멍을 파고 바깥쪽에서 구멍의 직경과 같은 통발을 삽입한다.

(3) 살[箭] (도해 6-1 · 6-2 · 6-3 · 6-4)

서해 및 서남해 연안 일대에서 조선인이 다수 설치하는 고정 어구로서 조기 · 새우 · 갈치 · 오징어 · 달강어 · 방어 · 가자미 · 광어 · 서대 · 가오리 기타 조류의 간만으로 연안으로 찾아오는 모든 어류를 포획하는 것을 목적으로 한다. 설치방법은 방사형 또는 활 모양으로 지주를 세우고 이것을 대나무 갈대 또는 싸리나무 등으로 만든 발로 둘러치고, 가운데 한 곳 도는 중앙 및 좌우 양 날개부분에 각각 1곳의 어류부를 둔다. 물고기가 조류를 타고 안에 들어오게 되면 마침내 좁혀진 어류부에 빠져서 도망갈 길을 잃고 포획되는 것이다. 큰 것은 양 날개의 길이 400칸에 이르는 것도 있다. 높이는 보통 3칸 정도이며, 만조 때는 지주 꼭대기도 물에 잠긴다. 혹은 좌우 양 날개부분에만 지주를 쓰지 않고 가지가 달린 대나무 또는 나무로 둘러치는 경우도 있다. 또는 어류부에 자루그물[嚢網]을 설치하는 경우도 있다. 전라도지방에서 행해지는 살의 구조는 발 하나의 크기가 높이 4칸 폭 6칸 정도이며, 좌우에는 둥근 대를, 나머지는 쪼갠 대로 가지런히 짠다. 어류부에 사용하는 것은 7~8푼 정도의 간격으로 만든다. 튼튼한 새끼줄로 4곳을 묶은 것에 양 끝에 사용한 것과 동일한 둥근 대 5~6개를 발의 중앙에서 세로로 반은 껍질 부분이 붙여서, 반은 육질 부분에 붙여서 찔러 넣고, 다시 새끼줄로 같은 곳을 묶는다.[220] 어류부에서 점차 멀어지면서 발을 만드는 방법을 같지만 성글어진다. 양 날개에 이르면 4~5촌이 된다.

이를 세우는 데는 먼저 4칸 반 정도의 둥근 소나무를 조류와 마주보게 하고 만조시에는 지주 머리가 물에 잠기는 정도의 장소에 5~6척 간격으로 좌우 약 200개의 지주를 세우고 여기에 안쪽부터 발을 세워 기둥과 묶는다. 어류부는 촘촘한 발을 원형으로 세

220) 발을 고정시키기 위해서 안팎으로 2~3개의 대나무를 세우는 것이다.

워 감싼다. 이때 하부의 4~5척은 땅속에 묻히게 한다.

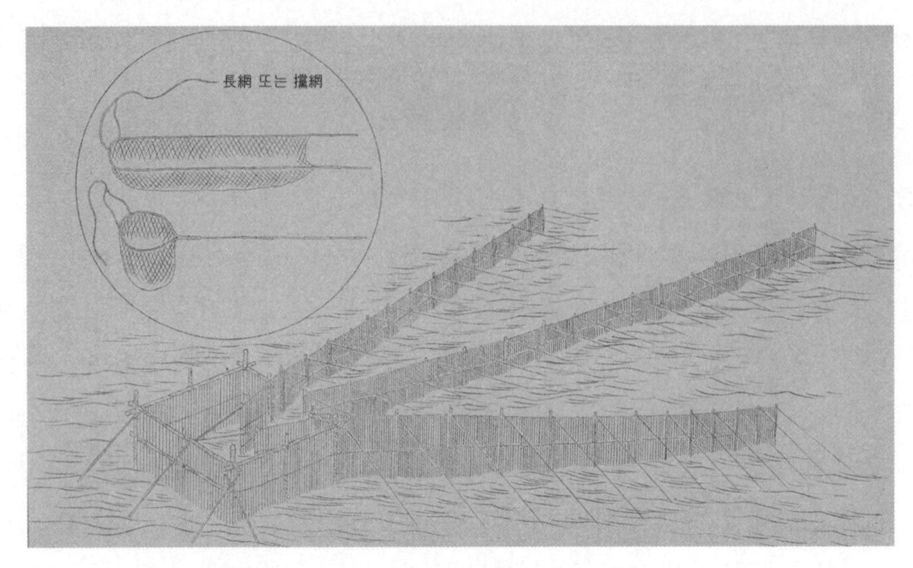

도해 4 방렴

도해 5 건방렴 부설도

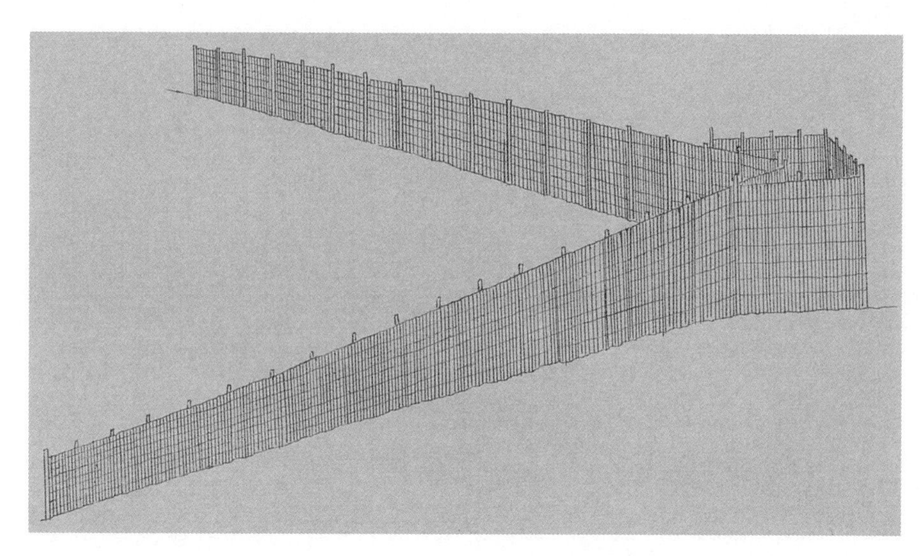

도해 6-1 살

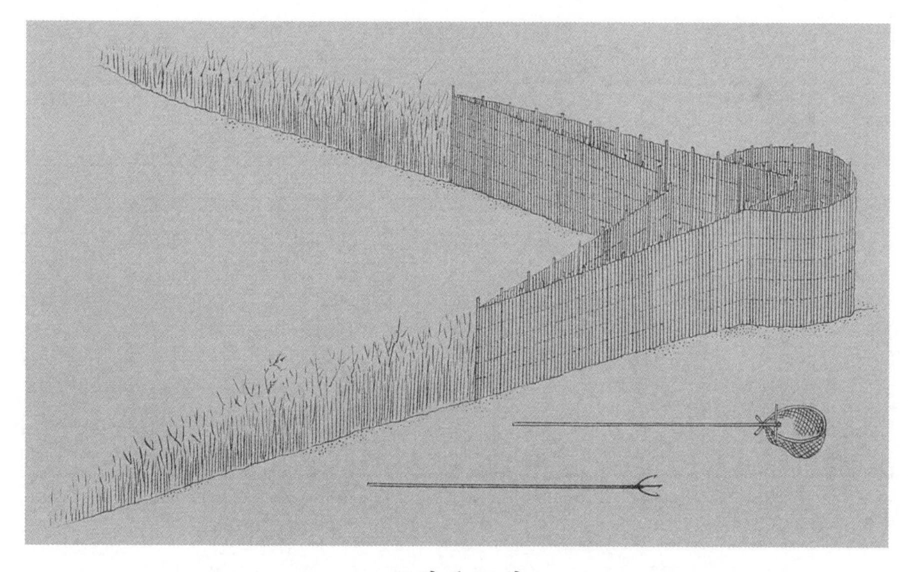

도해 6-2 살

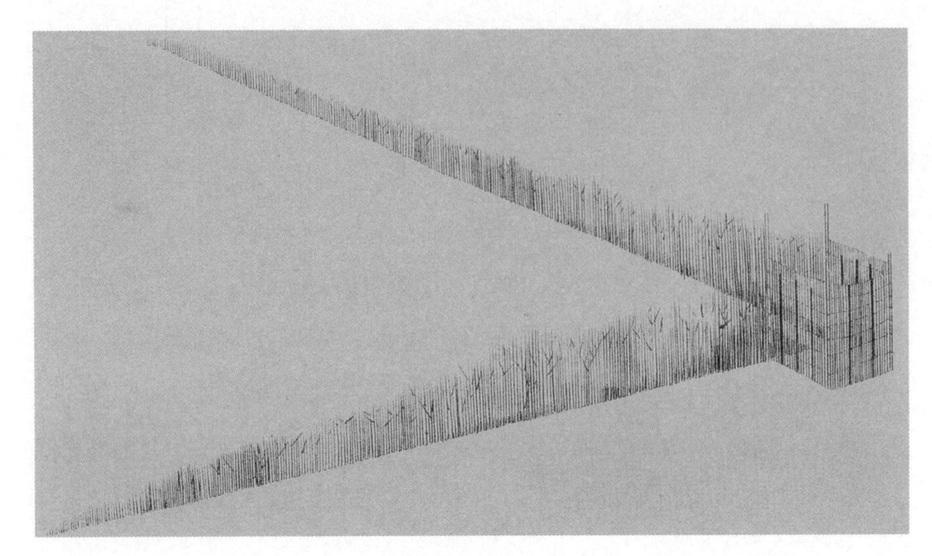

도해 6-3 살

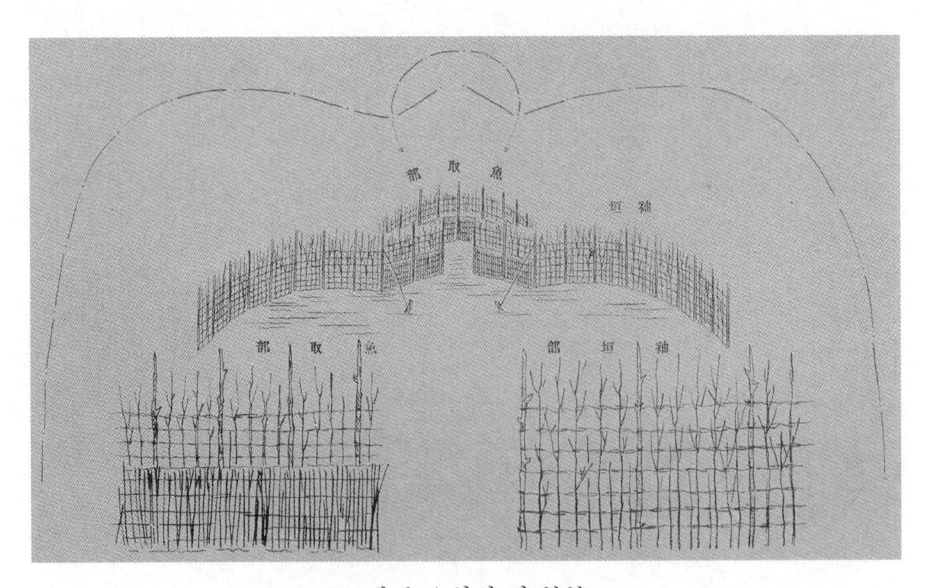

도해 6-4 살의 각 부분

(4) 석방렴(石防簾) (도해 7)

경상도 전라도 연해에서 정어리 · 작은 고등어 · 새우 · 전어 및 작은 잡어를 목적으로 설치한다. 그 중 한 종류는 만입된 간석지에 지반의 경사가 다소 급한 해면을 골라, 만조시의 수위에 해당하는 곳에 점차 육지를 향하여 만곡하도록 돌담을 쌓아 바닷가에 이르도록 한다. 폭은 2척 정도이고 길이는 지형에 따라 일정하지 않지만 짧은 것은 30~40칸, 긴 것은 100칸 이상에 달하는 것도 있다. 그 높이는 준조(準潮) 때 수면 아래 1~2척 아래에 있도록 한다. 만곡한 바닥 부분의 하변에는 직경 1척 내외의 도랑을 파고 바깥쪽에서 통발을 삽입해 둔다. 간조 때 이것을 끌어올려 통발 안에 빠진 고기를 잡는다. 지방에 따라서는 통발을 넣지 않고 둑 안의 바닷물이 반 이상 빠졌을 때 뜰망으로 둑 안을 훑는다.

도해 7 석방렴

또 다른 종류는 주로 제주도에서 행하는 방식으로, 두 가지로 나뉜다. 하나는 만내의 지형을 이용하고 다른 하나는 연안의 경사면을 이용하여 축조한다. 주로 정어리를 포획하는 것을 목적으로 하며, 만조를 타고 들어와서 간조 때 둑 안에 남아있는 물고기를 뜰망으로 건져 올린다. 그 구조는 직경 1척 내외의 돌덩어리는 폭 3척 정도 높이 4~5척 정도로 쌓아서 둘러싼 것이다. 둑 안의 넓이는 일정하지 않으나 대개 30평 내외에서 60~70평까지다.

설망(設網)

서부 일대의 연해 간석면에서 종래 다수 사용된 어구로 만조를 타고 들어오는 어류를 간조 때 바다로 돌아가려고 하는 것을 그물로 막거나 혹은 그물코에 박히도록 하거나 혹은 그물자락에 머물도록 하거나, 그 일부에 설치한 통발 등에 빠지도록 하여 포획하는 방식이다. 구조와 건설 방법은 여러 가지가 있는데, 간조 방향에 대하여 말뚝을 방사형으로 늘어세우고 그 구획 안에 일정한 거리를 띄우고 수십 파(把)의 자망(刺網)[221]을 병풍 형태로 건설하는 것이 있으며, 또는 이렇게 말뚝으로 구획을 설정하지 않고 그냥 병풍 형태로 자망을 건설하는 경우도 있다. 혹은 만입하는 장소에 일직선으로 건설하는 경우도 있다. 이 밖에 어살의 불꼬리 바깥둘레에 이중으로 건설하여 살을 빠져나와서 도망가는 물고기를 잡기 위해 세우는 경우도 있다. 앞의 세 가지 방법은 북부 평안도에서 행해지며 뒤의 방법은 경기도 연해에서 행해진다.

설망의 예 1 (도해 8-1)

인천 부근에서 웅어[鱭][222] · 숭어[鯔] · 농어[鱸] · 준치[鰣] · 갈치 · 오징어 · 새우 · 게 및 기타 잡어를 목적으로 건설한다. 그 구조는 삼실로 두 가닥 꼬기를

---

221) 물고기를 잡는 그물의 한 가지. 바닷물 속에 쳐놓으면, 물고기가 그물코에 걸리거나 또는 그물에 말려서 잡히도록 하는 것으로 그물 모양은 띠같이 길게 생겼다.

222) 원래 갈치 鱭라는 훈을 갖고 있으나 일본에서는 Coilia nasus 즉 웅어를 鱭라는 한자로 표기한다. 뒤에 갈치를 뜻하는 太刀魚가 있으므로 웅어가 옳은 것으로 생각된다.

한 그물눈 5푼, 그물폭 6척 정도의 상하에 새끼줄을 두 가닥을 꿰어 연승(緣繩)[223]으로 삼고 2할 5푼을 줄여서 묶는다[224]. 이것으로 조류를 차단하도록 하는데 조금 활모양으로 건설한다. 그 길이는 50~100길에 이른다. 고정하는 데는 2~2.5간마다 졸참나무로 만든 통나무를 세우고 여기에 그물 윗자락을 감아서 고정시키고, 아랫자락 1척 정도를 안쪽으로 접어넣어 그 부분이 마치 주머니모양이 되도록 한다. 그리고 10~15간마다 비스듬하게 깃그물을 단다. 조수가 줄어들어 어구가 점점 노출될 때에 이르면 어부는 걸어서 이곳에 모여 그물에 걸린 고기를 잡는다.

설망의 예 2 (도해 8-2)

이 어구도 또한 인천 부근의 근해 도서 등에서 행하는 것인데, 대소 2가지가 있다. 큰 것은 숭어 · 민어 · 농어 · 가오리 등을 목적으로 하고, 작은 것은 새우를 주로 하며 그 밖의 잡어를 목적으로 한다. 그물은 5단으로 나누어지는데, 윗자락 즉 제1단은 새끼를 2가닥으로 꼬아 직경 1푼의 줄로 조목(條目)[225]을 만드는데, 그 폭은 9촌이다. 제2단은 삼실로 9푼 크기의 그물코를 5열로 만드는데 그 폭은 4촌 5푼이다. 제3단은 삼실 한 가닥 꼬기로 만든 가는 실로 8푼 크기 그물코를 만드는데 그 폭은 3척 2촌이다. 제4단은 굵은 삼실로 9푼 크기의 그물코를 만드는데 그 폭은 2척 1촌이다. 제5단 곧 아랫자락은 윗자락과 마찬가지로 새끼줄로 조목을 만드는데 그 폭이 4촌이다. 윗자락은 직경 5푼 내지 2촌의 새끼줄 2가닥으로 엮어매고, 아랫자락은 직경 5푼의 새끼줄 한 가닥으로 부착한다. 보통 그물의 폭은 2길 반이고 길이는 25길 정도인데, 만조 때 수심 10길 정도의 암초 사이에 설치한다. 이를 설치할 때는 졸참나무와 같은 것을 말구경(末口徑)[226] 2촌 5푼 정도의 말뚝을 9척 간격으로 나란히 세우고, 직경 2촌의 칡밧줄로 양쪽

---

223) 몸그물을 아래 위에서 지탱하는 역할을 하는 밧줄이다.

224) 몸그물의 길이를 아래위의 밧줄보다 더 길게 함으로써 그물이 다소 접히도록 하는 것이다. 이를 縮結이라고 한다.

225) 네모난 그물코가 아니라, 세로로만 구획된 그물 형태를 말한다. 이에 대해서 마름모꼴의 그물코는 菱目, 네모꼴은 角目이라고 한다.

226) 통나무의 가장 가는 부분 즉 윗부분의 직경을 말한다.

에 얽어맨다. 먼저 각 말뚝의 아랫부분에서 3척 정도 위에 직경 1촌 1푼의 칡밧줄로 그물의 아랫자락을 꿰어가면서 각 말뚝에 묶어두고, 다음에는 위쪽으로 올라가서 그 윗자락을 말뚝의 윗부분에 묶어서, 그물의 아랫자락 부분이 주머니 같은 형태를 유지하도록 한다. 이렇게 장치한 어구가 간조 때 노출되면 어부는 그곳에 가서 아랫자락의 만곡부에 걸리거나 그물면에 머물러 있는 물고기를 잡는다.

설망의 예 3

평안북도 연해에서 많이 행해지는 것으로, 구조는 칡밧줄 혹은 무명실로 5촌 사이에 9~10개의 매듭[節]이 있는 것을 24괘(掛)[227]로 짜서 16길 반으로 만든 다음, 이를 폭 3척 길이 15길로 조정하여 1파(把)로 한다. 아래위 자락에 각각 2줄의 새끼줄 세 가닥 꼬기로 만든 그물줄을 연결한다. 이런 그물 50파 내지 7~80파를 연결한 다음, 육지에 대하여 다소 만곡한 형태로 벽처럼 세우고 그 양 끝을 굽혀서 함정장치를 만든다. 그물을 지지하는 데는 직경 2촌 안팎 길이 6~7척의 잡목을 2~3간 간격으로 줄지어 세우고, 여기에 그물의 윗자락을 감아서 매단다. 아랫자락은 바다 밑의 뻘로 덮어둔다.

조수가 물러나면서 해저가 노출되려고 할 때에 이르러 어부는 각자 손그물 및 그릇을 가지고 양 끝의 고기가 모여 있는 곳이나 그물자락 주변에서 나누어 서서 갇힌 물고기를 잡는다. 혹은 그물코에 꼽힌 물고기를 빼낸다.

---

227) 일본에서는 그물의 폭은 일반적으로 괘폭(掛幅)으로 나타낸다. 괘폭이란 그물코가 가로로 몇 개 있는가를 의미한다. 대표적으로 100掛가 일반적인 그물의 크기라고 한다. 그런데 그물의 폭은 괘폭과 아울러 그물눈의 크기와 밀접하게 관련된다. 같은 괘폭이라도 그물눈이 크면 실제로는 훨씬 폭이 넓은 그물이다.
그래서 괘폭은 보통 12節 100掛, 2寸目 50掛처럼 그물눈의 크기와 함께 나타낸다. 본문에서는 9~10節 24掛로 되어 있다. 2寸目이라고 한 것은 그물코의 크기를 직접 말한 것이고, 12節이라고 할 때 節은 5촌(15cm) 안에 結節 즉 그물실이 얽힌 곳이 몇 개인가를 나타내는 것이다. 따라서 節로 나타내는 경우는 그 수가 많을수록 그물코가 촘촘해진다. 옆의 그림은 11節을 나타낸 것이다.

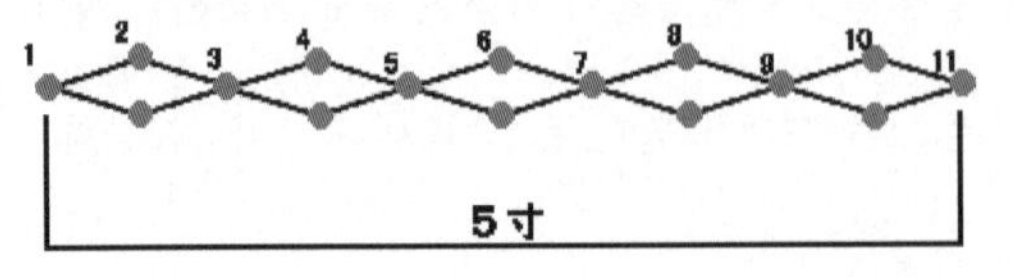

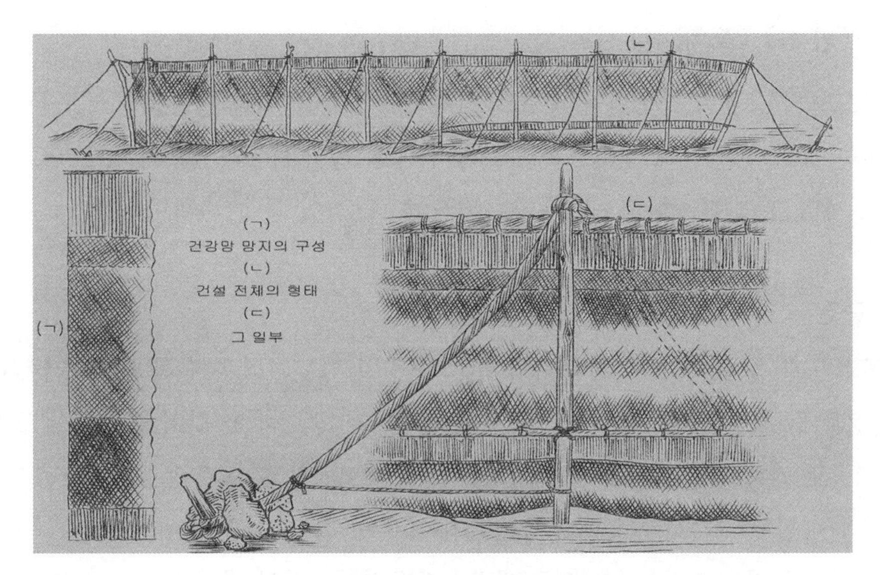

도해 8-1 설망

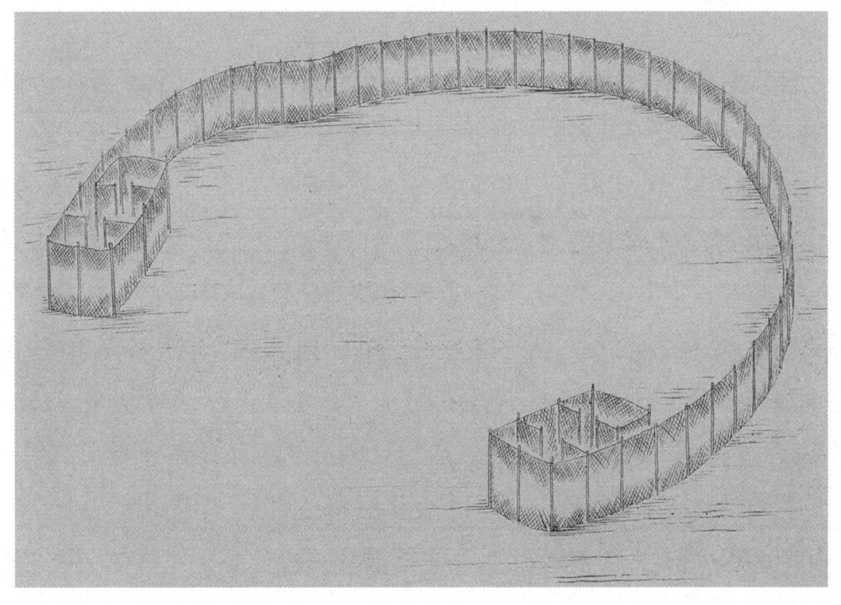

도해 8-2 건강망(建干網)

주목(駐木) (도해 9)

자루모양의 그물을 말뚝이나 닻으로 지지하고 조류를 이용하여 몰려오는 물고기를 어획하는 방식이다. 종래 전라도 충청도 연안에서 많이 사용하였으며, 주로 조기를 목적으로 하였고, 민어 · 삼치 · 가자미 · 붕장어 · 달강어 등을 혼획한다.

▲ 구조

그물실은 칡을 잘게 찢어 아래가닥은 약하게 하고 윗가닥은 강하게 하여 굵기 1푼 2리와 2푼 두 종류로 만든다. 불꼬리[魚捕部]는 5촌 사이에 14절이 있고 그물코가 30 괘인 그물로 짠 길이 9길 되는 것 9단[反][228]을 세로결로 쓴다. 그물몸통은 2촌 크기의 그물코에서 점차 커져서 1척 크기 그물코에 이르며, 길이 32길 둘레 11반 30길 세로결로 한다. 그물 입구는 1척 2촌 그물코 폭 15길 길이 9길인 것을 아래위로 2단[反]을 쓴다. 그물 입구의 아래 위에 테두리가 되는 그물은 칡껍질 직경 2촌 3푼 길이 각각 15길로 한다.

부표는 직경 5~6촌의 오동나무 10개를 묶어서 그물 입구의 좌우에 각각 1개씩 매단다. 그물의 말단 즉 그물꼬리 8길 되는 곳에 둥근 고리처럼 만들어 직경 2촌 길이 30길의 벼리[手綱]를 붙인다. 이 벼리는 그물에 들어간 물고기를 잡을 때 먼저 그물을 끌어올려서 자루를 조여 불꼬리에 있는 물고기가 그물 입구 방향으로 되돌아가지 않도록 한다.

지주는 둘레 2척 길이 10~11길의 송재(松材) 3개를 20간 간격으로 조류를 가로지르는 형태로 나란히 세운다. 여기에 지주마다 자루 직경 2촌, 길이 30길의 5~6가닥의 유강(留綱)으로 고정시킨다. 따로 지주 사이에 위를 연결하는 줄이 있다. 그물 입구의 상하 테두리는 지주를 매단다. 줄은 칡으로 만든 각각 3촌 굵기로 된 것을 쓰며, 길이는 위쪽은 5길, 아래쪽은 10길이다. 당기는 밧줄은 칡으로 된 직경 2촌, 길이 75길이다. 전방의 30길은 두 가닥으로 갈라져 지주를 연결하는 밧줄로 연결된다. 후방에는 닻을

228) 천 등의 단위로 폭 약 35cm, 길이 약 10m 정도이다. 옷감 한 단이라고 했을 때의 '단'과 유사한 의미며, 직물의 종류에 따라서 길이가 다르다. 현재는 그물일 때 100그물코 길이 100길을 1단으로 한다.

달아 고정하고, 여기에 자루꼬리를 단다. 이 당기는 밧줄은 그물을 펼치고 또 끌어올릴 때 필요하다. 그물을 아래로 펼칠 때는 잡아 후방으로 당기고, 끌어올릴 때는 전방으로 잡아당기면서 배를 나아가게 한다. 그래서 노를 쓰지 않고도 아무리 날씨가 거친 때도 이 밧줄에 의지하여 자유롭게 조업할 수 있다. 어구 1통을 새로 만드는 데 드는 비용은 600원이다.

▲ **사용법**

먼저 지주를 줄지어 세우고 이들을 유강으로 고정하고 다시 지주 간을 연결한 다음, 조류와 나란히 당기는 밧줄[控綱]을 매단다. 다음으로 그물 입구의 네 모서리에 준비해 둔 연결용 밧줄을 써서 지주의 상하부에 매단다. 당기는 밧줄을 잡아당기면서 점차 그물을 펼친 다음 그 끝부분을 당기는 밧줄에 묶는다. 이렇게 설치한 때는 조류에 의해서 저절로 입을 벌리게 되어 통 모양이 된다. 그래서 조류의 방향에 따라서 그물 입구를 회전하여 간조와 만조 때 모두 사용할 수 있다. 어선은 60~70석 내지 100석을 실을 수 있는 배로 승선하는 어부는 14~16명이다.

주목의 예 (도해 9)

주목의 일종으로 평안북도 청천강 압록강 어구에서 청국인이 새우를 목적으로 활발하게 사용하는 어구이다. 그 구조와 사용법은 다음과 같다.

▲ **구조**

삼실을 한 가닥으로 꼬아 만든 1푼 그물코의 직망(織網)[229]으로 길이 5길 반, 그물 입구 둘레 6길의 주머니 모양으로 만들고, 주머니 바닥은 자유롭게 여닫을 수 있도록 한다. 주머니 입구는 3가닥 꼬기로 직경 3푼의 삼베밧줄 2줄로 테두리를 만들고, 그 네 모서리에 밧줄로 만든 고리를 붙인다. 모두 돼지피를 발라 마치 철사그물과 같은

229) 그물실이 교차하는 곳에 매듭[結節]을 만들지 않고 교차시키기만 한 그물을 말한다. 그물코가 아주 작을 때 사용하며, 그물실들이 얽히기 쉽고 수리하기도 어렵다.

외관과 감촉이다.

▲ **사용법**

구경이 8~9촌, 길이 6~7간의 굴참나무 등의 둥근 말뚝을 2간 띄워서 물의 흐름을 가로지르도록 일렬로 세워둔다(그 수는 30개 내지 50~60개에 이른다). 어선에 2~3명이 타고 말뚝 사이에 자루그물을 한 장씩 매단다. 물의 흐름을 향하여 그물 입구를 열어 새우가 흐르는 물을 따라 그물 속으로 들어오는 것을 기다려 때때로 자루의 아랫부분을 끌어올려 배 안에 거두어들인다. 어선 1척에 10장을 사용하는 것이 통례라고 한다. 2~3척의 분량을 일렬로 설치하며, 어선은 편리한 말뚝에 묶어둔다.

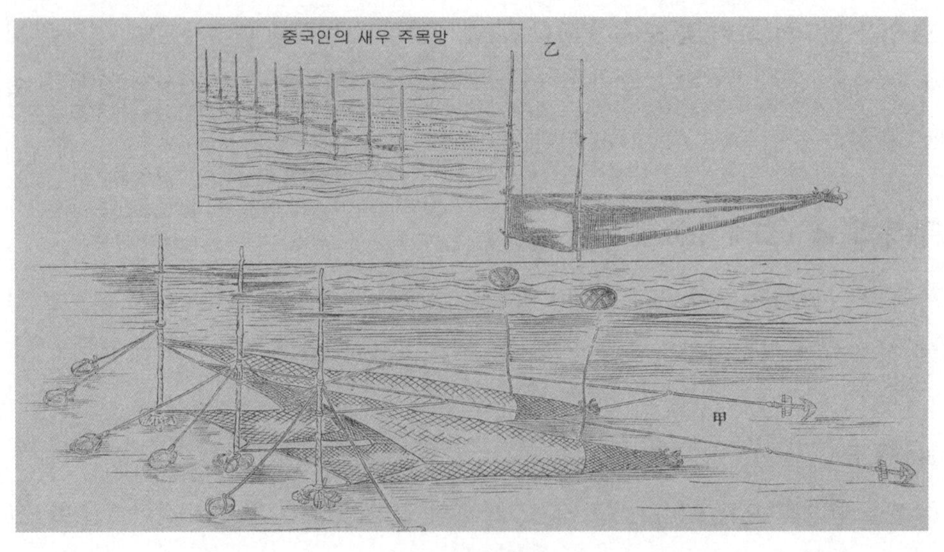

도해 9 주목망

중선(中船) (도해 10)

자루 모양의 그물 2장을 어선의 양 뱃전에 달고 주목(駐木)과 마찬가지로 조류를 타고 들어오는 어류를 거두어들이는 방식이다. 종래 서남해 연안에서 많이 사용한 어구이다. 이 어구에는 두 가지 종류가 있는데 그 목적은 하나는 조기를 주로 하고 하나는 새우를 주로 한다.

● 조기를 주목적으로 하는 것

▲ 구조

이 그물은 그물감[網地]의 구조가 주목과 거의 비슷하기 때문에 주목과 차이가 있는 부분만 설명하도록 한다. 불꼬리의 둘레 5길 길이 8길, 그물의 전체 길이 35길이며, 그물 입구의 하부에는 양 뱃전에 걸친 원구(元口)[230] 둘레 2척 5촌, 말구 3촌 8푼 되는 두 개를 원구에서 이어 붙여 전체 길이 14길의 목재를 쓴다. 상부에는 원구 둘레 2척 3촌, 말구 3촌 5푼의 목재 두 개를 각각 원구에서 이어 붙여 전체 길이 13길이 되는 목재를 쓴다. 이 그물 2장을 새로 만드는 비용은 800원 정도를 필요로 한다.

● 새우를 주목적으로 하는 것

▲ 구조

칡을 한 가닥으로 꼬아 1푼의 그물코를 가진 직망(織網)으로 규모는 대 · 중 · 소 3단이 있다. 큰 것은 8필(匹, 1필은 1척 2촌 폭 40간) 길이 20길, 입구의 둘레 17길이다. 중형은 4필 길이 9길 반, 입구의 둘레 9길이다. 소형은 1필 반 길이 3길 반, 입구 둘레 3길로 각각 자루형태로 봉합한 것이다. 자루 바닥은 마음대로 개폐할 수 있도록 만들고, 자루 입구의 테두리는 칡껍질로 만든 밧줄을 기워서 붙인다. 상수리나무 껍질로 물들이거나 드물게 돼지피를 바르는 경우도 있다. 새로 만드는 비용은 큰 것은 52원, 중형은 45원, 소형은 30원이 든다.

---

230) 원통형으로 된 물건의 굵은 부분을 말한다.

▲ 사용법

어장에 이르러 닻을 던져 넣어 배를 계류시킨 다음, 조수의 오르내림이 아직 급격해지기 전에 그물을 펼쳐 내린다. 때때로 자루꼬리를 끌어올려 들어있는 물고기를 배에 거두어들인다. 이렇게 간조 만조 어느 경우에도 물살의 흐름을 이용하면서 조업한다.

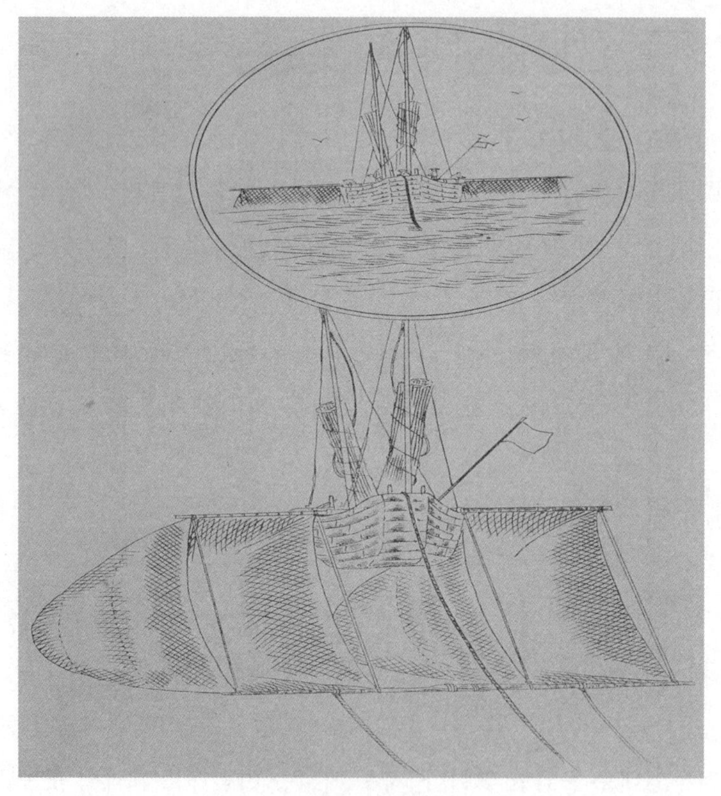

도해 10 중선

정망(碇網) (도해 11)

정망[231]은 천막 형태의 그물을 해저에 병풍처럼 세우고 닻을 고정한 것으로 종래 전라도 충청도 지방에서 주로 조기를 목적으로 사용한 것이다. 민어 · 붕장어 · 달강어 등을 혼획할 수 있다.

▲ 구조

그물감은 목면실을 세 가닥 꼬기로 와과[232] 짜기를 하며, 그물눈은 1척 사이에 17절 또는 26절 총길이 34길로 한다. 뜸줄은 칡껍질로 세 가닥 꼬기로 직경 7푼 길이 25길, 발돌줄은 뜸줄과 마찬가지이며 길이 27길로 한다. 뜸은 굴참나무 껍질로 길이 7~8푼 되는 것을 4~5매를 겹쳐서 1개를 만든다. 이를 2척 7촌 간격으로 뜸줄에 매단다. 발돌은 자연석 12~15kg 되는 것을 발돌줄 4길 반 간격으로 매단다. 그물의 축결(縮結)[233]은 36% 정도로 한다. 고삐는 세 가닥 꼬기로 직경 5푼 길이 25길로 한다. 부표는 오동나무 또는 굴참나무 껍질로 만드는데, 굴참나무 껍질은 길이 1척 되는 것을 직경 1촌 정도의 통모양으로 묶어서 쓴다. 모두 그 가운데 길이 2척 정도의 대나무를 세우고, 이것을 세 가닥 꼬기를 한 직경 5푼 길이 27길의 부표줄에 연결한다. 유정(留碇)은 나무로 만들며 길이 5척, 발톱의 길이 2척 5촌, 가로대의 길이 2척 5촌으로 한다. 밧줄은 칡을 세 가닥 꼬기를 한 것으로 직경 5푼, 길이 8심으로 한다. 망구 1통을 새로 만드는 데는 보통 200원 정도가 든다.

---

231) 닻배라고 한다. 일자 그물인 자망을 고정시키기 위하여 많은 닻을 싣고 다녔으므로 닻배라고 한다.
232) 蛙叉라고도 한다. 개구리가 다리를 벌린 형상이라는 뜻이다.

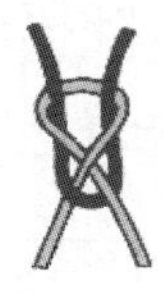

233) 縮結이란 가로로 그물을 당긴 정도를 말한다. 원래 그물은 세로로 당긴 상태로 폭과 길이 재는데, 가로로 당기면 가로폭이 늘어나면서 길이는 줄어들게 된다. 그 정도를 축결이라고 한다.

▲ 사용법

어깨 너비 1장 2척, 길이 9길의 어선에 어부 12~16인이 타고 어장에 도착하면, 6~7인의 어부는 이물에서 2개의 노를 젓고, 한 사람은 고물에서 상앗대로 배의 항로를 조정하여 조류를 가로지르며 배를 몬다. 다른 어부 2인은 발돌 쪽, 2인은 뜸 쪽, 1인은 몸그물을 맡고 또 다른 2인은 유정을 투입하는 임무를 맡는다. 이렇게 어부를 배치하고 점차 그물을 설치하고 마치면, 어선을 그 부근에 계류시키고 다시 조류가 완만해지기를 기다려 그물을 끌어올린다.

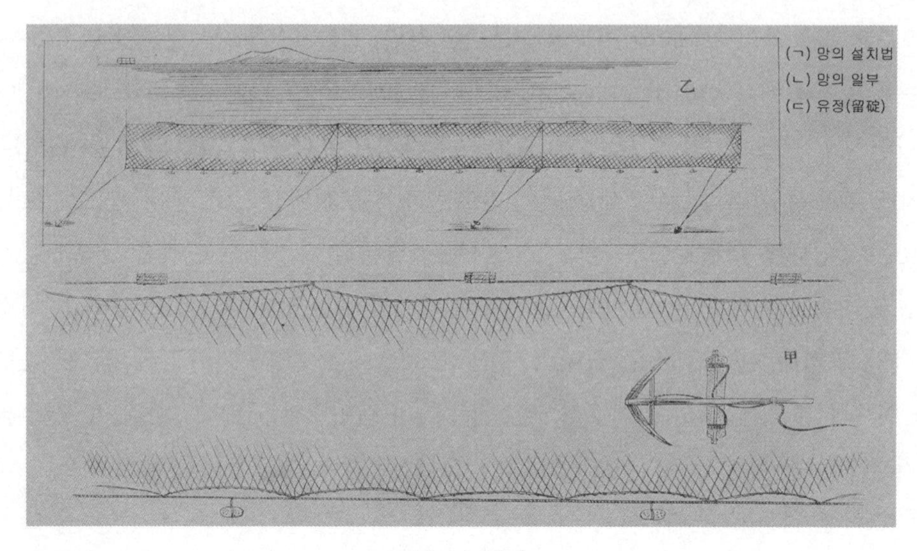

도해 11 정망

궁선(弓船) (도해 12)

궁선은 어선 고물 부분에서 그물을 펼쳐 조류를 타고 오는 새우 또는 백어(白魚)[234]·조기 새끼·장어 및 기타 잡어를 맞이하여 가두는 방식이다. 종래 오로지 조선인이 사용하는 어구였다. 전라도 남해도부터 완도에 이르는 내만에서 주로 새우를 목적으로

234) 뱅어를 뜻하기도 하고 사백어를 뜻하기도 한다. 이 글에서는 분명하지 않다.

사용하였으며, 그중에서 여수 여자 득량만 등에서 가장 활발하였다. 또한 평안도 압록강 지방에서는 뱅어를 목적으로 이 어구를 사용하였다.

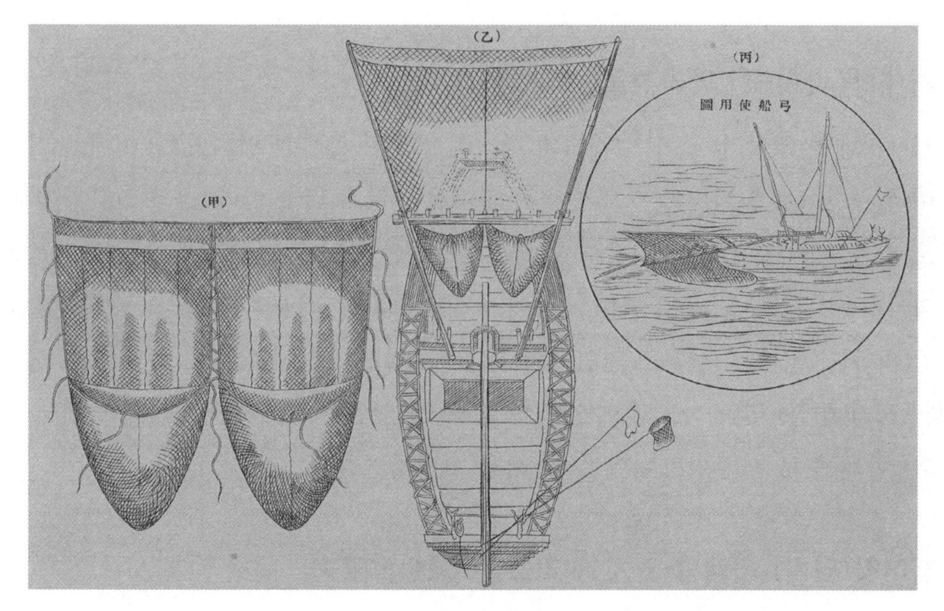

도해 12 궁선

▲ 구조

그물은 삼으로 만든 1촌목 80괘이며, 그물꼬리로 갈수록 점차 촘촘하게 하였으며, 3푼 크기에서 그친다. 길이 4길이며 그물감은 5단[反]으로 봉합하고 여기에 불꼬리를 삼으로 만든 열망(捩網)235)을 봉합한다. 이 그물은 길이 2길 정도의 그물감을 깔때기[漏斗] 모양으로 만든 것인데, 그물 입구에는 5푼목의 조절망(藻切網) 폭 2척, 길이 2길 반 정도를 붙이고, 그 주위에 직경 3푼 정도의 테두리그물을 얽어 붙여서 한쪽 그물을 만든다. 직경 3푼 정도의 황사(黃絲)로 이 그물의 좌우 2장을 도해 12의 甲과 같이 붙인다. 그리고 미리 배 위에 준비해 둔 나무에 직경 4푼 정도의 삼으로 만든 밧줄 좌우

235) 그물실의 교차점에 결절을 만들지 않은 이른바 無結節網의 하나로, 그물의 날줄[縱絲]을 꼬아 그 사이로 씨줄[橫絲]를 끼워넣은 것처럼 짠 그물을 말한다.

6가닥으로 묶고, 그물입구 5길 길이 6길로 하여 궁선망의 전체 형태를 완성한다(도해 12의 乙).

지예망(地曳網, 휘리그물) (도해13)

지예망에는 정어리(멸치)지예망과 대지예망의 두 종류가 있다. 불꼬리에 주머니를 구비하는 것이 보통이지만 드물게 이를 구비하지 않은 것도 있다. 모두 그물감에 새끼줄로 만든 거친 것을 함께 사용하지 않고, 모두 삼실 또는 면사로 만든 몸통그물만을 쓴다. 정어리(멸치)를 주로 하며 고등어 · 청어 · 대구 · 학꽁치 · 방어 · 도미 · 삼치 등을 어획하는 데 쓴다. 강원도 연안에서 가장 많으며, 그 밖에 함경도 · 경상도 · 전라도(제주도가 중심) 및 충청도의 어청도(於靑島) 등 연안이 모래해변으로 된 곳에서 사용한다. 아래는 보통 강원도에서 쓰는 것을 설명하였다.

정어리(멸치) 지예망(멸치 휘리그물, 滅魚揮罹網)

▲ 구조

그물감의 원료는 방적한 것으로 굵기는 불꼬리 8가닥 꼬기, 양 날개 부분 6가닥 꼬기, 뜸과 발돌 쪽은 12가닥 꼬기를 쓴다. 과거에는 직접 만든 그물실이나 그물감을 사용하였으나, 요즘은 일본산 그물감을 구입하여 사용하는 자가 다수를 점한다. 그물눈의 크기는 그물몸통에서 5촌 안에 20절, 뜸과 발돌은 각각 1길 반인 경우 12절이다. 이를 세로결로 사용한다. 축결(縮結)은 양 날개에서 25%, 불꼬리에서 35%로 하여 주머니 모양을 이룬다. 그물의 형상은 장방형을 이루며 뜸 쪽은 180길, 그물폭은 중앙의 불꼬리가 8길이며, 양 끝으로 갈수록 점점 좁아져서 끝부분은 4길로 줄어든다. 그물은 송피(松皮)로 물을 들인다. 뜸은 코르크질의 굴참나무[櫟][236] 껍질 5~6매를 겹쳐서 직경 4촌 8푼 두께 3촌의 원형으로 만든다. 중앙에 구멍을 뚫고 뜸줄에 꿴다. 발돌은 자연석

---

236) 원문은 櫟 즉 상수리나무라고 되어 있으나, 껍질이 코르크나무와 같은 종류는 굴참나무이다.

으로 중량 8~12kg 되는 것을 2~3길마다 1개씩 매단다. 불꼬리에는 촘촘하게 양 끝에는 성글게 다는 것이 뜸과 다르다. 뜸줄, 발돌줄은 모두 칡껍질 세 가닥 꼬기로 직경 1촌 길이 180길로 한다. 예망은 원료는 칡껍질을 쓰고 직경 1촌 내외 좌우 각각 길이 27~80길로 한다. 다만 30길을 1방(房)으로 한다. 망구를 새로 만드는 데는 350원, 어선을 새로 설비하는 데는 60원이 든다고 한다.

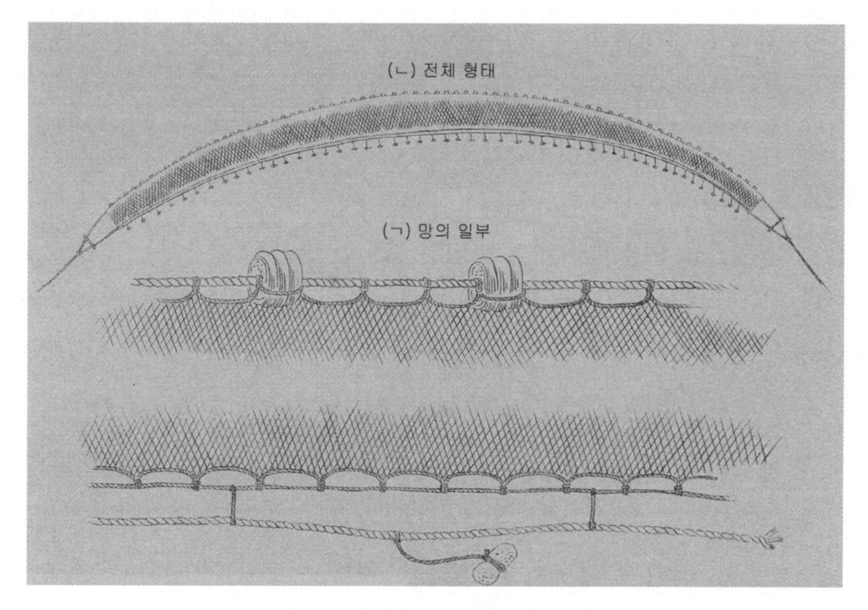

도해 13 지예망(地曳網, 휘리그물)

▲ 사용법

예망의 한 쪽 끝은 육상에 두고 그물을 한 척의 어선〈어깨너비 8~9척〉에 싣고 어부 5~6인이 타고 먼저 예망부터 던져 넣으면서 점차 앞바다를 향하여 저어나가면서 그물을 둘러 물고기떼를 에워싸고 신속하게 배를 원래 출발한 육지로 붙인 다음 육지에 올라가 다른 그물을 끄는 사람들과 힘을 합쳐 좌우로 나뉘어 예망을 잡아당겨 끌어온다. 불꼬리가 육지에 가까워지면 4~5인의 어부는 바다 속에 뛰어들어 그물자락을 바다 속으로 밟으면서 끌어당겨 고기떼가 도망가는 것을 막고 어망으로 잡는다. 그물 속의 고기떼가 많아서 한 번에 그물을 끌어당기기 힘들 때는 따로 소형 예망을 서서 몇 차례로 나누어 어획하는 경우도 있다. 이러한 큰 무리를 잡게 되면 멸치는 서로 눌려서 폐사하여 해저에 가라앉는 경우가 대단히 많아서 그 두께가 몇 촌에 이르기 때문에 해저가 은백색으로 덮이는 경우도 있다. 이 어업에 필요한 어부는 모두 14~5인이라고 한다.

대지예망

이 그물은 강원도 연해의 특별한 어구로서 방어 · 도미 · 삼치 · 고등어 등 다소 큰 물고기를 목적하는 것이다.

▲ 구조

그물감은 삼과 칡을 혼용하는 것과 완전히 일본산 면사를 채용하는 경우로 2가지가 있다. 삼과 칡을 혼용하는 것은 불꼬리에 삼실로 만든 그물을 사용하고, 양 날개에는 칡실을 사용한다. 그물눈의 크기는 불꼬리는 1촌 5푼, 양 날개는 1촌 8푼에서 시작하여 말단부에 이르면 성글고 크게 되어 3촌 5푼에 이른다. 그물폭은 불꼬리의 20길에서 말단의 10길로 체감된다. 뜸줄은 총 길이 900길로 한다. 뜸과 발돌 및 다른 부분은 정어리(멸치)지예망과 같다.

사용법도 또한 정어리(멸치)지예망과 다르지 않다. 어선은 어깨너비 1장, 어부는 25명을 항상 준비한다.

망선(網船) (도해 14)

강원도 북부 이북 함경도 연해 및 전라도 이서북 각도 연해에서 종래 사용한 앞바다용 그물이다. 강원도 이북에서는 도미 · 고등어 · 삼치 · 방어 · 전어 등을, 전라도 이서북에서는 조기 · 민어 · 삼치 · 갈치 · 달강어 · 병어 등을 어획하는 데 쓴다. 모두 규모가 다소 크고 조선인의 어망으로서는 진보한 것이다.

▲ 구조

그물감은 면사(일본산)를 이용하며 불꼬리는 1촌 크기, 양 날개 부분은 1촌 2푼 크기로부터 2촌 크기에 이른다. 뜸줄은 총길 120길, 그물의 폭은 불꼬리 19길, 양 날개 부분은 점차 좁아져서 그 말단부는 12길로 끝난다. 뜸은 상수리나무 껍질 5~6매를 겹쳐 직경 4촌 8푼 두께 3촌의 원형으로 만든다. 중앙에 구멍을 뚫고 뜸줄을 관통시킨다. 뜸줄은 칡껍질로 세 가닥 꼬기를 하여 직경 1촌 길이 120길로 한다. 여기에 불꼬리는 1길 사이에 7개를 만들고 양 끝으로 갈수록 점차 그 수를 줄인다. 1길 사이에 4개의 뜸을 붙인다. 발돌은 8~12kg의 중량을 가진 자연석을 사용하며, 2~3길 사이에 1개를 달되 점차 성글게 하는 것은 뜸과 다름이 없다.

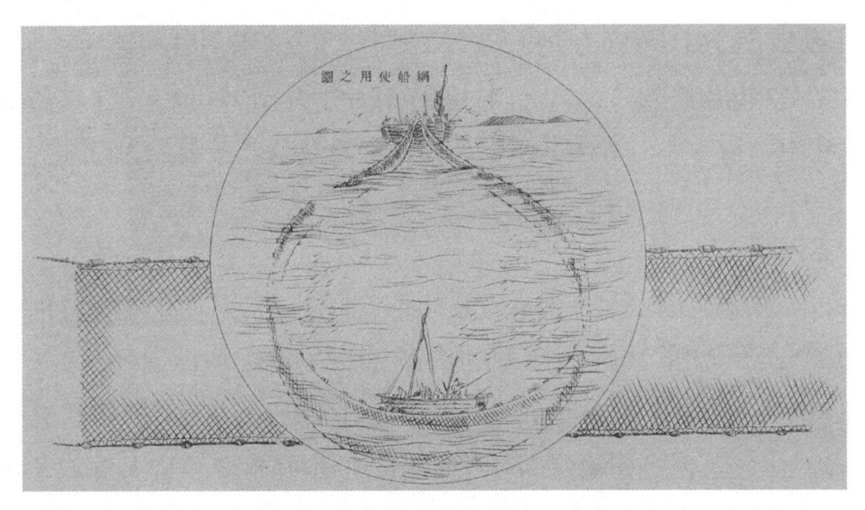

도해 14 망선(網船)

▲ 사용법

어깨 1장 정도의 망선(網船) 1척과 어깨 6척 정도의 수선(手船)[237] 1척을 쓰는데, 망선에는 어부 12인 수선에는 3~4인이 타고 앞바다로 나가 물고기떼를 보면 이를 포위한다. 망선에서 그물의 교차부에서 물고기떼가 빠져나가는 것을 막기 위하여 작대기를

237) 운반선을 말한다.

바다 속에 찔러넣거나 또는 자갈돌을 던져 넣어 물고기떼를 불꼬리로 몰면서 양 날개 부분부터 점차 그물을 잡아당겨 불꼬리에 이른다. 이 사이에 수선은 풍향과 조류 때문에 그물이 밀려서 한쪽으로 몰리는 것을 막기 위하여 줄곧 뜸의 주위를 돌면서 이를 바로 잡는다. 또한 풍어 때에는 고기떼 때문에 뜸 부분이 가라앉지 않도록 뜸줄을 잡고 있는다. 기타 어획물의 적재, 물고기떼의 탐색 등을 행한다. 이 어망은 바다깊이 12길 안팎 되는 장소에서 사용하며, 하루 상 회수는 5~6회에 이른다.

수조망(手繰網, 방그물, 放網) (도해 15)

함경도 연해에서 사용하는 어망으로 명태를 목적으로 한다. 이 그물은 지금부터 15~6년 전 일본 통어자들이 가자미 등을 잡는 수조망을 모방하여 이를 명태에 응용한 데서 시작되었다. 자본이 적게 드는 것치고는 이익이 많으므로 순식간에 이 지방 전체에 보급되었다. 현재에 이르러서는 명태 어구 중 가장 많은 수를 점하기에 이르렀다.

▲ 구조

불꼬리의 그물감은 삼 또는 면사를 사용하여 두 가닥 꼬기를 하며, 굵기는 방적사(紡績絲) 12가닥 꼬기이며, 그물눈은 5촌 사이에 12절 200괘로 하고, 길이 18길을 이중으로 접어 봉합하여 자루를 만든다. 그 전체 모양은 길이 9길 자루입구 둘레 10길로 한다. 자루의 말단에는 작은 돌을 달아 형태를 유지토록 한다. 양 소매 부분의 그물감은 삼 또는 면사 2촌목(寸目)으로 하고 자루 입구 쪽은 폭 2길 반, 양 끝으로 가면서 점차 좁혀 그 말단을 1길 반으로 한다. 그물눈은 인목(引目)을 사용하고 한쪽 깃 부분의 길이 25길을 15길로 축결(縮結)한다. 뜸은 길이 1척 5촌 폭 4촌의 뽕나무껍질에 끓는 물을 부어 직경 2촌으로 말려 오그라든 것을 쓴다. 양쪽 깃 부분의 끝은 1척 5촌마다 1개를 붙이고, 자루 입구 부분에 이를수록 점차 조밀하게 하여 6촌마다 1개씩 붙인다. 뜸줄은 드물게 칡껍질로 하는 경우도 있지만 대부분은 삼으로 세 가닥 꼬기를 하며, 직경 3푼 길이 34길로 한다. 발돌은 납으로 만든 중량 8~12kg 되는 것으로 양쪽 깃부분의 끝에는

3척마다 1개를 달며, 자루 입구 부분으로 갈수록 점차 조밀하게 하여 1척마다 1개를 붙인다. 총 중량은 3관(貫)으로 한다. 발돌줄은 낡은 그물을 세 가닥 꼬기를 하여 직경 3푼 5리로 한 것 한 줄과 칡껍질 또는 삼으로 만든 직경 4푼의 줄을 합쳐서 사용한다. 길이는 34길이다. 단 중앙의 자루 입구 부분의 11길은 특히 세 줄을 묶어서 사용한다. 예망은 칡껍질 혹은 짚으로 전체 길이 180길로 하고, 안쪽 자루 입구에 접하는 50길은 직경 7푼, 다른 곳 130길은 직경 4푼 5리~5푼으로 한다. 따로 부표, 닻 각각 1개씩 필요하다. 부표는 굴참나무 껍질을 사방 3척 두께 8촌으로 겹쳐쌓고 이것을 칡껍질로 묶어서 붙인다. 이 그물은 야간에 사용하므로, 사용할 때는 그 위에 불을 붙인다(쑥으로 만든 연료). 정망은 칡껍질로 만든 직경 1촌 2푼 길이 40길 되는 것을 3방(房) 사용한다.

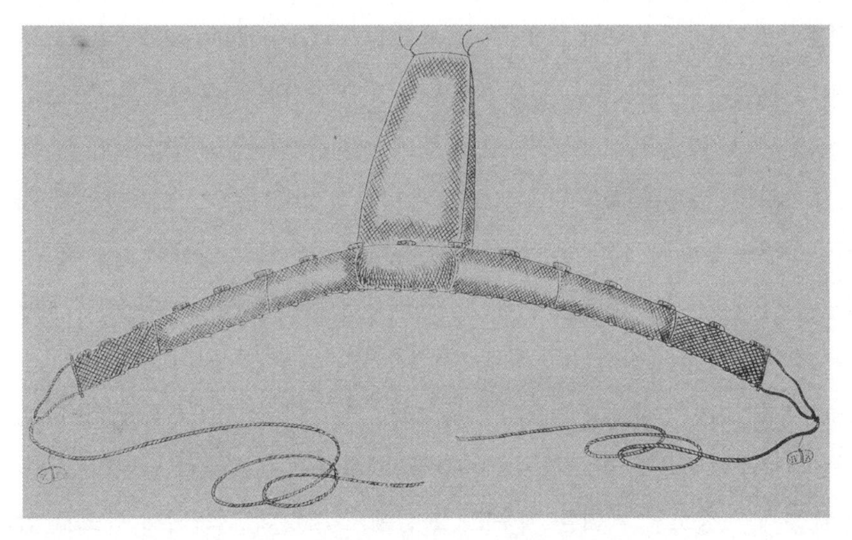

도해 15 수조망(手繰網 · 방그물 · 放網)

▲ 사용법

어깨 1장 길이 3장 정도, 돛대가 2개 있는 어선에 어부 8인이 타고 저녁 무렵 어장에 나아가 적당한 부표 위에 불을 켜고 표지로 사용한다. 예망부터 점차 그물을 내려 마치면 다시 부표의 장소에 돌아와 정망을 오른쪽 뱃전에 매달고 다시 15길의 그물로 'ㅗ'자 형으로 이물과 고물에 펼치고 배를 가로로 세운다. 그런 다음 좌현에서 예망을 끌어당겨 점차 고기가 들어가는 자루 부분을 조여 그물 안의 고기를 포획한다. 그물을 펴는 방향은 조류에 대하여 다소 비스듬하게 잡고, 조류가 오는 방향에서 조류가 나가는 방향으로 그물을 끌어당기는 형상이 된다.

명태자망[小鱈刺網, 명태그물] (도해 16)

종래 함경도 연해에서만 사용하는 어망으로 과거에는 명태 어구 중 가장 많은 수를 점하는 것이었다. 최근에는 수조망에 압도되어 그 수가 크게 감소하기에 이르렀으나 여전히 주요한 어구의 지위를 잃지 않고 있다.

▲ 구조

그물감의 원료는 대개 삼실을 사용하지만 드물게 면사를 사용하는 경우도 없지 않다. 그물눈은 36괘 3촌 4푼목으로 하며 모든 눈에 결절을 만든다. 길이 40길로 짜고 이를 22길로 축결한다. 뜸은 굴참나무껍질 또는 뽕나무껍질이라는 것으로 만든다. 뽕나무껍질은 길이 1척 5~6촌 폭 4촌으로 잘라, 이것을 직경 2촌으로 말아서 뜸줄에 꿴다. 굴참나무껍질은 길이 4촌 폭 2촌 5푼의 껍질 4~5매를 겹쳐서 두께 2~3촌으로 만든다. 이를 대나무 꼬챙이를 써서 고정시킨다. 뜸은 1척 7촌 사이에 1개를 달고 그물 1단[反]에 총수 70개를 단다. 발돌은 중량 8kg 정도의 자연석을 그물 1단 당 3~6개를 단다. 따로 준비한 부표는 굴참나무껍질을 사방 3척 두께 8촌으로 겹치고 칡밧줄로 단단히 묶은 것이다. 그 중앙에는 5척 정도의 막대를 세우고 그 끝에도 조릿대로 묶어서 목표로 삼는다.

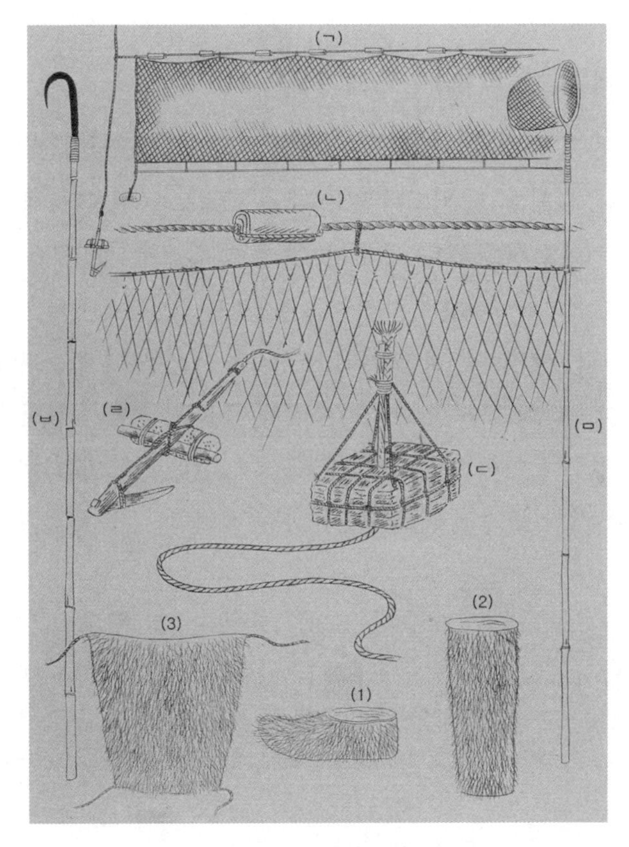

도해 16 명태자망

▲ 사용법

어깨 1장 2척, 길이 3장 5척 정도의 어선에 어부 12인이 타고 이른 아침부터 어로에 나선다. 먼저 한편의 부표로부터 투입하여 조류를 가로지르며 점차 자망을 연속하여 벽처럼 설치한다. 단 고기떼가 특히 많다고 생각될 때는 그물을 사다리 모양으로 펴서 내리고 모든 그물을 다 편 다음 다시 1개의 부표를 단다. 어선 1척이 사용하는 그물수는 앞에서 말한 구조로 된 것으로 50~70단에 이른다.

명태의 어기는 가장 추운 혹한기이므로 어부들은 이에 상응하는 방한구를 준비한다. 바로 모피로 된 신발과 무릎보호대, 토시 3가지이다. 신발은 골격은 짚으로 삼고 그 바깥을 소가죽으로 덮는다.

방어그물[鰤刺網, 魴魚網] (도해 17)

종래 함경도 강원도 연해에서 사용한 어망으로 그 구조는 망사는 1푼 2리의 삼실로 직경 6촌목, 폭 5길, 길이 50길 되도록 만든 것을 30길로 축결한다. 뜸은 굴참나무 껍질로 만들며 1길 사이에 3개를 단다. 뜸줄은 삼 또는 짚으로 세 가닥 꼬기를 하여 직경 7푼으로 한다. 발돌은 16~20kg의 자연석을 3길마다 1개씩 단다. 발돌줄은 뜸줄과 같으며 2줄을 사용한다. 사용법은 보통 어깨 8~9척의 어선에 어부 4~5인이 타고 조류를 가로질러 그물을 벽설(壁設)[238] 한다. 그 양 끝에 목표로 쓸 큰 부표를 부착하고 닻으로 고정시킨다. 통상적으로 이러한 구조의 어망을 2~4단[反]을 접속하여 사용한다. 그물의 구성이 거칠고 커서 무겁고 사용하기에 불편하다.

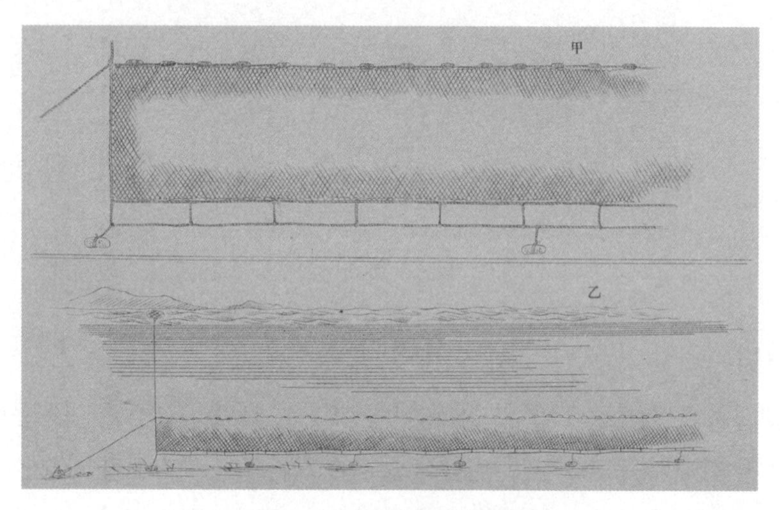

도해 17 방어그물[鰤刺網, 魴魚網]

238) 벽처럼 일자로 설치한다는 뜻이다.

청어그물[鰊刺網, 青魚網] (도해 18)

경상북도 북부 연해에서 오로지 청어를 목적으로 사용하는 어망이다.

▲ 구조

망사는 조선에서 나는 누에고치에서 만든 가는 실을 사용하여 1촌목(寸目)으로 짠다. 한 파(把)의 길이는 12길, 폭은 2촌이며 윗자락에 뜸 36개, 아랫자락에 발돌 5개를 매단다. 뜸은 굴참나무껍질을 이용하여 길이 2촌, 폭 중앙 1촌 2푼, 양단 7푼, 두께 5푼으로 한다. 발돌은 타원형으로 중량 3kg 정도 되는 자연석을 이용한다. 따로 굴참나무껍질을 여러 매 겹쳐서 단단히 묶고 여기에 칡껍질로 꼰 직경 5푼 길이 25길의 그물을 단다. 부표 2개와 소나무로 만든 닻 2개를 필요로 한다. 다만 닻에는 부표에 붙인 것과 동일한 줄 5길을 붙인다. 이 그물을 새로 만드는 비용은 1파에 8원 정도라고 한다.

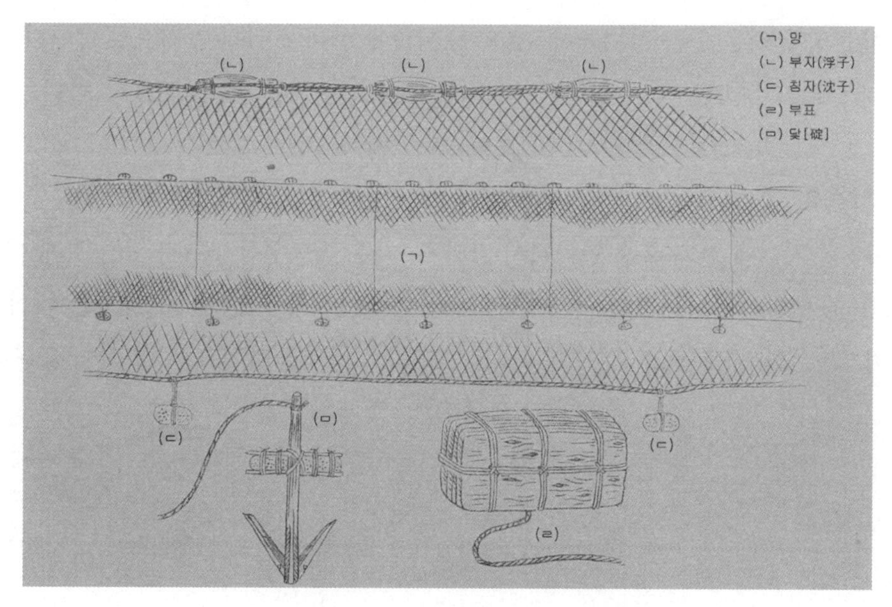

도해 18 청어그물[鰊刺網, 青魚網]

▲ 사용법

어깨 5척 정도의 어선에 어부 4인이 타고 해가 진 후부터 바다 깊이 6~15길의 조류가 조용한 어장에 나아가 어망 20파를 연접하여 벽설한다. 그 양쪽에 부표와 닻을 붙이고 약 1시간 정도 기다렸다가 세 사람이 그물의 한 쪽에서 천천히 끌어당겨 올린다. 다른 한 사람은 그물눈에 꼽힌 청어를 떼어낸다. 통상적으로 하룻밤에 2~3회 반복적으로 사용하여, 다음 날 아침 동트기 전에 돌아온다.

상어그물[小鱶刺網, 沙魚網] (도해 19)

▲ 구조

그물감은 면사 직경 5리짜리를 쓰며, 6촌목, 길이 8~11길, 폭 2~5척으로 한다. 뜸은 구상나무[239]로 길이 1촌 5푼, 폭 및 두께 1촌으로 만들어 1척 5촌마다 매단다. 발돌은 중량 4kg 정도 되는 돌을 길이 1척 5촌의 새끼줄에 묶어 3~4척 간격으로 매단다. 뜸줄은 새끼줄로 직경 2푼 5리, 발돌줄은 종려나무로 만들며 직경 2푼으로 한다.

▲ 사용법

어스름한 저녁에 만내 혹은 연안에서 그다지 멀지 않은 수심 6~7길 되는 곳에 이르러 이 망을 3~5매를 이어서 암초와 사빈 사이에 가라앉혀 설치한다. 그 장소를 나타내기 위하여 따로 긴 줄에 묶은 부표를 단다. 그리고 다음 날 아침에 이를 끌어올린다.

239) 구상나무는 한라산 · 지리산 등 비교적 높은 지역에서만 자생하는데, 이 나무를 살 이유는 분명하지 않다.

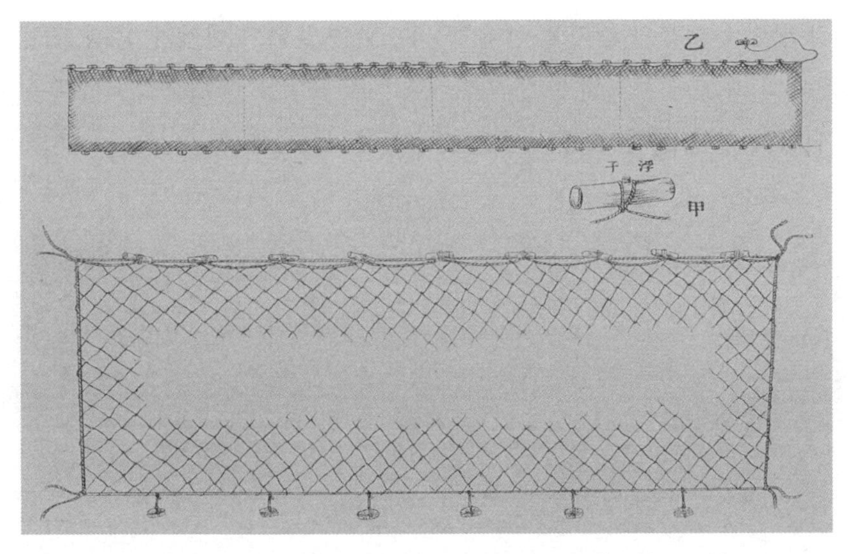

도해 19 상어그물

정어리(멸치) 그물[鰮四つ手網, 滅魚網] (도해 20)

함경도 남부에서 강원도 연해의 도처에서 사용한다.

▲ 구조

그물감은 면사 25~30절의 세목을 사용하여 사방 3길로 만들고 송피로 염색한다. 여기에 나무[240]를 굽혀 십자형으로 교차시키고 그 끝에 그물의 네 귀퉁이를 매달았다.

▲ 사용법

어깨 4척 내지 5~6척 되는 어선에 어부 4~5인이 타고 출어하여 적당한 어장에 이르면 어선을 조류를 향하도록 하고 그물을 고물[艫部]로부터 부설하여 두고, 조류가 흘러오는 방향에 떡밥을 던져 정어리(멸치)를 그물 위로 유인한 다음 신속하게 끌어 올려

240) 그림에서 보면 대나무를 사용하였다.

긴 자루가 달린 뜰그물로 건져 올린다. 떡밥으로는 물고기 대가리, 내장 또는 어획한 물고기를 미리 배 안에 준비해 둔 큰 가마에서 쪄서 물기를 뺀 다음 고기를 부수어 작은 모래를 섞어서 경단 형태로 만든 것을 사용한다.

도해 20 정어리(멸치) 그물[鰮四っ手網, 滅魚網]

정어리(멸치) 그물[鰮抄網, 滅魚網] (도해 21)

경상도 연해에서 종래 조선인들이 사용한 어구이다.

▲ 구조

길이 2칸 정도의 대나무 2개를 교차시키고 여기에 삼으로 두 가닥 꼬기를 하여 5촌 사이에 20절(節)이 있는 그물을 매단다.

▲ 사용법

어선에 어부 2~3명이 타고 저녁 무렵 어장에 이르러 먼저 횃불을 피워 정어리(멸치)를 유인하여 모이게 하면서 암초 부근으로 배를 붙여서 떠서 올린다.

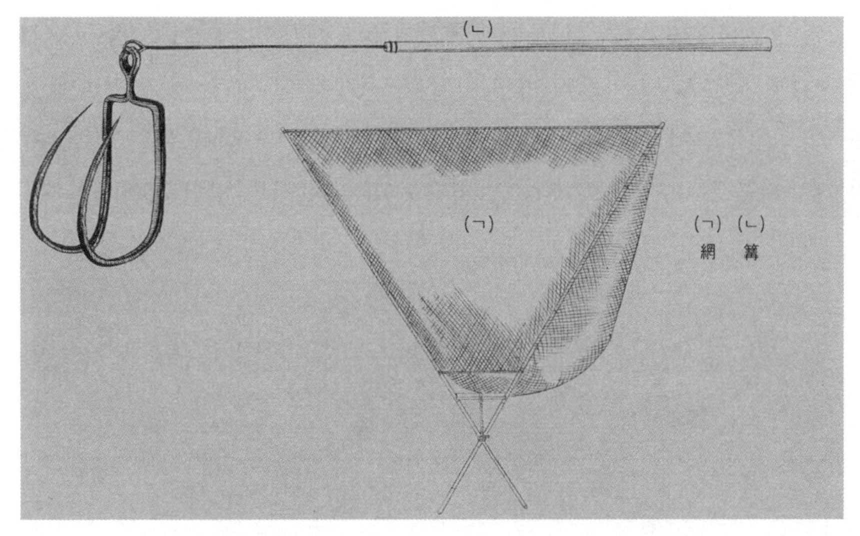

도해 21 정어리(멸치) 그물[鰮抄網, 滅魚網]

자리그물[かじきり網] (도해 22)

폭 1촌 정도의 쪼갠 대나무를 원형으로 굽혀서 여기에 그물을 붙여서 마치 당망(攩網)처럼 만든다. 이것을 길이 5칸 정도의 장대에 매단 것이다.

▲ 구조

그물감은 직경 5리의 면사로 1촌목으로 만든다. 사용할 때 이를 직경 1촌 되는 줄을 이용하여 쪼갠 대나무로 만든 원형의 틀에 연결한다. 쪼갠 대나무는 폭 1촌 두께 2푼 정도인 것을 2~3개 접합하여 원형으로 만드는데 그 직경은 약 1장 정도 되도록 한다. 장대는 길이는 5칸, 직경은 2촌 되는 것을 쓴다. 장대 끝에는 직경 5푼 정도로 된 Y자형

나무를 묶어서 연결한다. 원형의 대나무 틀에 3~4곳에 직경 1푼 정도의 줄을 연결한다. 길이는 약 11척으로 하고 모두 모아 장대의 중간 쯤에 연결한다.

▲ 사용법

어부 2명이 한 척의 떼배를 타고 동트기 전에 출발하여 연안에서 20정 정도 떨어지고 수심이 3~4길 되는 곳에 이르러 바다 바닥의 암초에서 7~8칸 정도 거리에서 떼배의 양쪽에 닻을 던져 넣어 정박하고, 그물을 물속으로 넣는다. 장대 끝의 Y자형 부분으로 그물의 테두리를 눌러 암초 전면에 밀어넣는다. 오로지 자리만을 어획한다.

도해 22 자리그물[かじきり網]

해삼그물[海蔘桁網, 海蔘網] (도해 23)

경상도 연해에서 해삼을 잡을 때 사용하는 어구이다.

▲ 구조

길이 3척, 폭 2촌, 두께 1촌의 나무 막대를 약간 굽혀서 그 좌우 양 끝에 중앙 5촌, 양 끝이 1촌 높이 1척의 방추형을 이루는 침목(枕木)을 붙여서 H자형으로 조립한다. 그 주위에는 전기선 한 가닥을 엮어서 그물을 연결시키는 데 편리하도록 한다. 침목의 전방에는 길이 3척 5촌, 둘레 2촌 정도의 환목(丸木)을 U자형으로 굽혀 손잡이처럼 만들어 침목에 꼽아 넣고 평평한 돌을 매달아 침추(沈錘)로 삼는다. 그물감은 삼을 두 가닥 꼬기로 직경 1푼, 그물눈 2촌으로 만든 것을 써서, 길이 1길 정도의 자루그물을 만든다. 끄는 줄은 짚 또는 칡덩굴로 직경 8푼, 세 가닥 꼬기를 하고, 총길이 30길로 한다. 고강(股綱, 양 손잡이로부터 끄는 줄에 연결하는 것)은 짚 또는 칡덩굴로 직경 5푼, 세 가닥 꼬기, 총길이 3길로 한다.

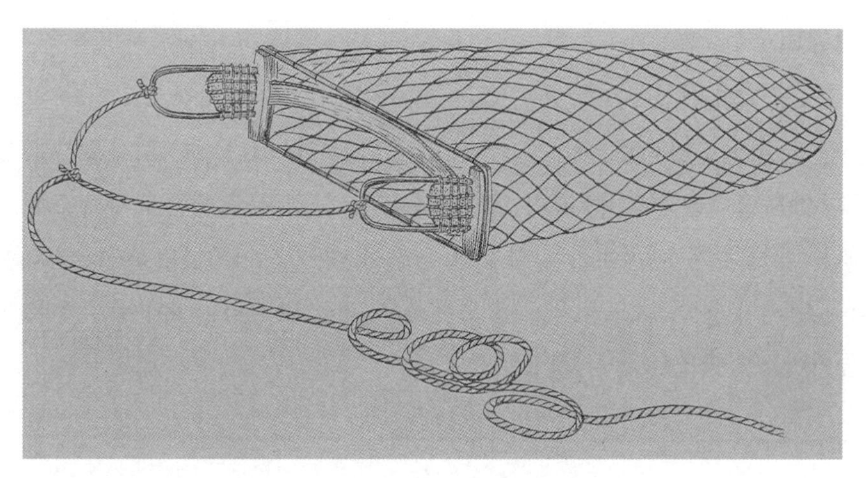

도해 23 해삼그물

대구주낙[鱈延繩, 大口쥬낙] (도해 24)

종래 함경도 북부, 경상도의 진해 · 웅천 · 고성의 여러 만 및 거제도 연안에서 사용한 낚시도구이다.

▲ 구조

한 가닥[鉢]의 간승(幹繩)은 길이 150길, 지사(支糸)의 길이는 1길 반으로 한다. 지사의 간격은 3길 반으로 한다. 근년 대부분은 일본인으로 도미연승에 쓰던 중고품을 구입하여 이에 충당한다. 낚싯바늘은 직접 만들고, 발돌은 타원형이고 중량 5kg 정도의 자연석으로 한 가닥에 6개를 보통으로 하지만, 물의 흐름이 세고 격한 곳에서는 10개 이상을 사용하는 경우도 있다. 따로 부표 2개, 닻 2개를 필요로 한다. 부표는 굴참나무 껍질 여러 매를 겹쳐 만든 밧줄로 3곳을 가로로 단단히 묶는다. 길이 1척, 두께와 폭이 모두 5촌이다. 여기에 칡껍질로 만든 직경 5푼 길이 30길의 줄을 단다. 닻은 나무로 대충 만든 것으로 부표와 마찬가지로 같은 밧줄 10길 되는 것을 단다.

▲ 사용법

어깨 5척 정도의 어선 1척에 어부 5인이 타고 저녁 무렵에 어장으로 나가 일몰 후에 연승을 푼다. 어선 1척에 앞에서 설명한 구조의 낚시도구 10발(鉢)을 사용한다. 밧줄을 배치하는 법은 조류를 가로지르도록 10발을 연결한다. 그 양 끝에는 닻과 부표를 달아서 기다린다. 잠시 후에 한쪽에서 잡아당겨 올려서 대구를 어획한다. 이렇게 하룻밤에 2~3회를 행하며, 날이 밝으면 귀로에 오른다. 미끼는 갯지렁이(蝹)[241] · 청어 · 숭어 · 굴 등이며, 그 중에서 굴을 최고로 친다.

241) 송충이나 배추벌레와 같이 몸통으로 기어다니는 벌레를 총칭하는 용어로 보이나, 분명하지 않다. 갯지렁이로 번역해둔다.

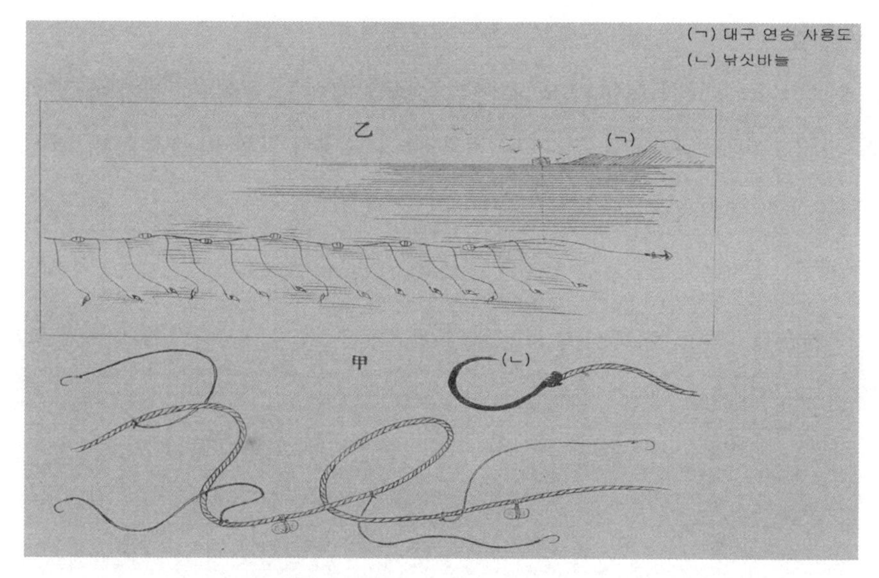

도해 24 대구주낙 사용법, 낚싯바늘

준치주낙[鰣延繩, 俊魚쥬낙] (도해 25)

충청도 경기도 평안도 지방의 연안에서 준치를 목적으로 사용하는 어구의 하나로 긴 간승(幹繩)에 여러 개의 지사(支糸) 및 낚싯바늘을 달아 물의 상층에 늘어뜨리는 방식이다.

▲ 구조

간승은 삼으로 세 가닥 꼬기로 직경 1푼 정도로 하고 1길 반마다 지사를 단다. 지사 3가닥마다 1길 반의 줄을 연결하고, 그 상부에 부표를 갖춘다. 지사는 삼 두 가닥 꼬기, 직경 4리, 길이 1길로 하여, 500~800개를 간승에 단다. 이를 어선 1척 분량으로 한다. 새로 만드는 비용은 대기 10원이 필요하다.

▲ 사용법

작은 어선에 4~5인의 어부가 타고 사리[大潮] 때에는 물이 찰 때와 빠질 때, 조금 때는 오전 약 1시간 또는 일몰 전 1시간의 시각에 앞에서 말한 밧줄을 늘어뜨려 고기를 잡는다.

도해 25 준치주낙

민어사슬낙[鮸流繩, 民魚鎖釣] (도해 26)

어선의 뱃머리에 한쪽 끝에 여러 개의 낚싯줄을 단 긴 밧줄을 2~3줄을 늘어뜨려 민어를 주로 하고 갈치와 작은 상어를 낚시로 잡는 것으로, 황해도 연평탄(延平灘)에서 활발하게 행해지는 어구이다.

▲ 구조

삼을 세 가닥 꼬기로 하여 직경 1푼 3리의 가는 밧줄을 만들고 그 끝 40길 되는 곳에 약 20kg의 침석(沈石)을 달고 그보다 아래쪽으로는 3길 간격으로 직경 8리 길이 9길이 되는 낚싯바늘을 다는 지사를 7가닥을 단다. 그 중에 6가닥의 지사는 직경 8리 길이 9길로 하고, 그 끝에 단 것은 4길 반으로 한다. 민어사슬낙 한 줄을 새로 만드는 비용은 3원 정도이다.

▲ 사용법

어부 5~6인이 탄 어선으로 어장에 나가 먼저 조류를 이용하여 미끼를 어획하기 위하여 고물 부분에 수망(受網)을 장치한다. 미끼는 전어 · 새우 등으로 한다. 이 물에서 낚시를 늘어뜨리고 때때로 끌어올려서 꽂아놓은 고기를 보충한다. 미끼를 잡기 위한 수망을 보유하지 않은 어선도 있다. 이들은 낙지를 대그릇에 넣어 어장으로 운반한다. 수망은 면사를 그물감으로 쓰고 5촌에 12절 크기의 그물눈을 만들고 전체 길이는 20길로 하고, 대개 50%로 축결하여 다소 자루모양을 유지하도록 한다. 새로 만드는 비용은 20원 정도를 필요로 한다고 한다.

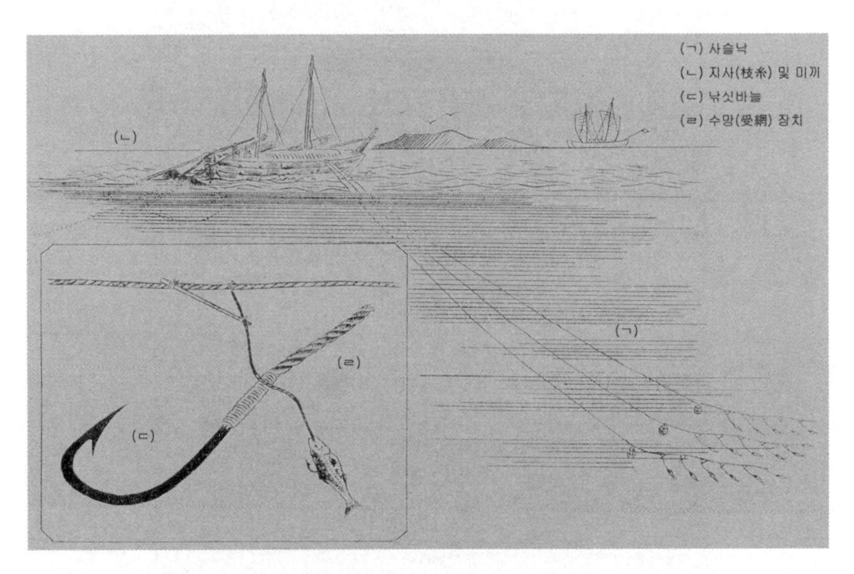

도해 26 민어사슬낙 · 사슬낙 · 지시와 미끼 다는 법 · 낚싯바늘 · 수망 장치

삼치예승[鰆曳繩] (도해 27)

함경도 강원도 연해에서 사용하는 낚시도구로 길이 50~60길 되는 밧줄에 직경과 길이 약 5촌 정도 되는 낚싯바늘을 단 것을 쓴다. 어때 5~6척의 어선에 어부 2~3인이 타고 연안에서 1해리 내지 2~3해리 떨어진 어장에 나아간다. 바람이 있는 날은 돛을 달고, 바람이 없는 날은 노를 저어 배를 움직인다. 낚싯바늘에는 몸길이 4촌 정도의 고등어 새끼를 달아〈도해 중 (ㄱ)〉 투입한다. 예승(曳繩) 30~40길을 풀어 고기를 유인한다. 1척에 3~4줄을 사용하는 경우도 있다. 이때 장대를 양 뱃전에서 날개 모양으로 펼쳐 예승이 얽히는 것을 막는다. 또한 미끼로 고등어 새끼를 대신하여 가짜 미끼(일종의 루어)를 사용하는 경우도 있다. 가짜 미끼로는 닭깃털을 사용하여 만드는 것〈도해

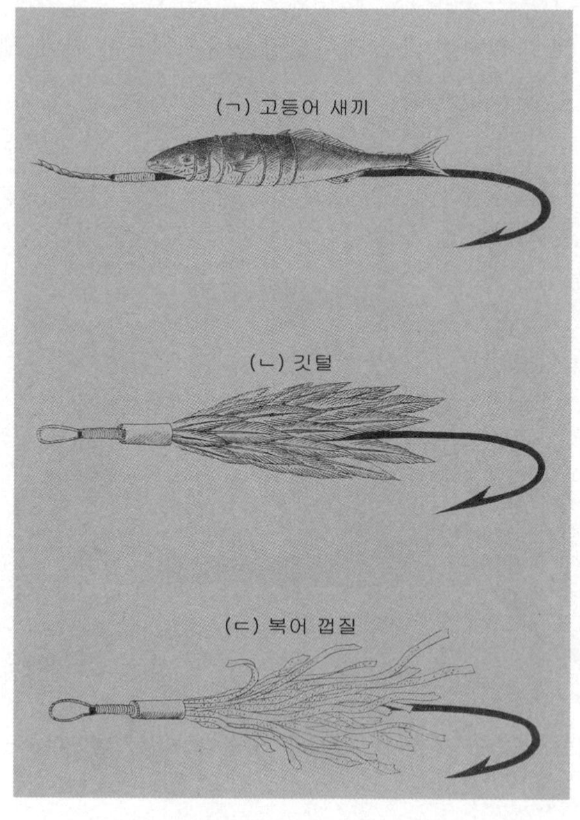

도해 27 고등어 새끼 · 깃털 · 복어 껍질로 만든 미끼

중 (ㄴ)〉과 복어 껍질로 만든 것〈도해 중 (ㄷ)〉 2종류가 있다. 이러한 가짜 미끼는 일본 어부로부터 배운 것이라고 한다.

대구외줄낚시[鱈一本釣, 大口釣] (도해 28)

경상도 지방에서 사용하는 어구이다.

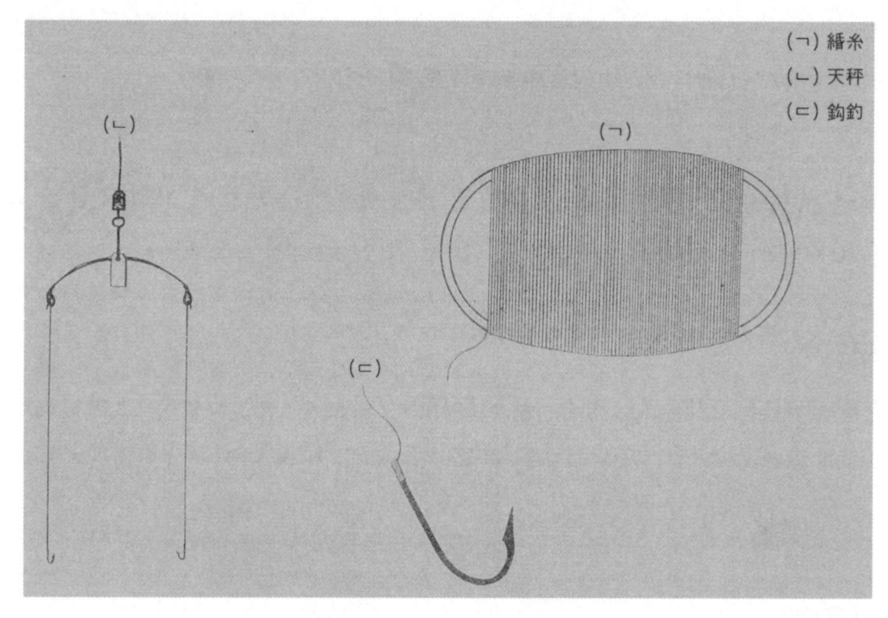

도해 28 대구외줄낚시(낚싯줄, 천칭, 낚싯바늘)

▲ 구조

낚싯줄은 삼을 세 가닥 꼬기를 한 직경 1푼, 길이 80길 되는 것을 쓴다. 이것을 떫은 감즙에 잠시 담가두었다가 건져내어 햇빛에 말린다. 담갔다가 말리기를 4~5회 반복하면, 칠흑색을 띠게 되고 아주 강인해진다. 추는 납으로 원기둥 형태로 만든다. 중량은 1.6kg 정도이며, 때로는 추를 쓰지 않고, 길이 1척 직경 2푼의 쇠막대를 쓰는 경우도 있다. 천칭(天秤)은 탄력이 뛰어난 재질을 이용하여, 길이 1척, 직경 2푼으로 만든다. 한쪽 끝에 앞에서 말한 납제 추를 단다(쇠막대를 쓰는 경우는 천칭이 없다). 다른 한쪽에는 면사 두 가닥 꼬기, 직경 5리 정도, 길이 2척의 줄을 늘어뜨리고 그 끝에 철제 낚싯바늘을 매단다. 낚싯줄과 천칭을 접속하는 부분에는 철 또는 황동제의 간단한 고리[撚戾器]를 달아 낚싯줄이 얽히는 것을 막는다. 새로 만드는 비용은 2원 40~50전을 필요로 한다.

미끼는 청어 · 숭어 · 굴살을 쓴다. 그 중에서 굴살을 최고로 친다.

농어외줄낚시[鱸一本釣, 鱸魚釣] (도해 29)

긴 줄의 한쪽 끝에 낚시발을 달고 미끼를 꿰어 물속에 늘어뜨려 고기를 잡는 도구로 평안도 연안에서 농어를 목적으로 사용한다. 또한 민어에도 쓰인다.

▲ 구조

칡줄을 세 가닥 꼬기를 한, 직경 3푼, 길이 25길의 줄에 낚싯바늘을 달고 낚싯바늘에서 1척 4촌 위쪽에 중량 1.2kg 정도의 추를 연결한다. 또한 낚싯바늘의 귀 부분에 미끼를 달기 위한 1척 5촌의 실을 붙이는데, 실에는 돼지피를 바른다.

▲ 사용법

어선에 어부가 1~2인이 타고 어장에 이르러(혹은 육지에서 사용하는 경우도 있다) 닻을 내리고 배를 계류한다. 미끼인 게는 산 채로 그 몸통에 낚싯바늘의 자루 부분에 실로 감아서 매달고 물속에 내린다. 낚싯줄을 오른손의 손가락 끝으로 지지하면서 반응을 기다리다가 끌어올려서 물고기를 어획한다.

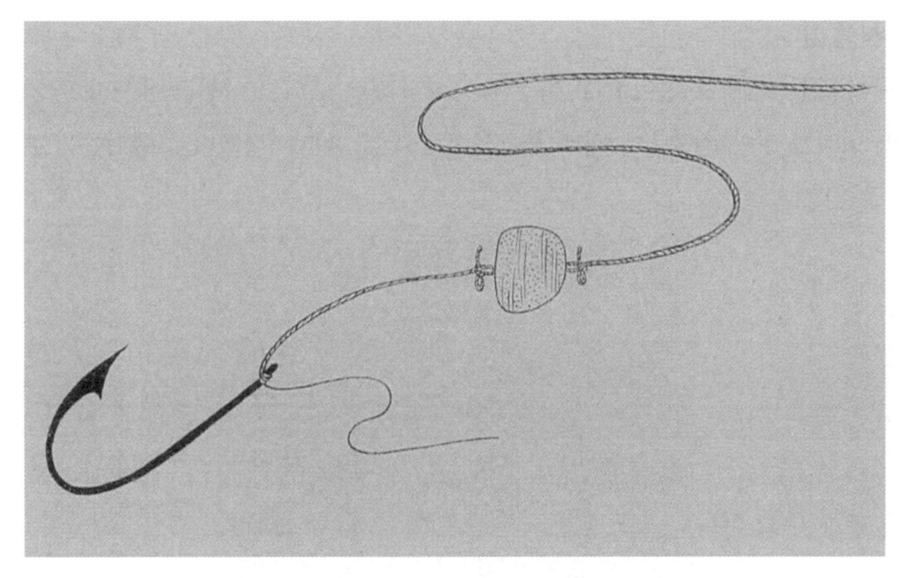

도해 29 농어외줄낚시

조기외줄낚시[石首魚一本釣, 石首魚釣] (도해 30)

경상도 전라도 지방 연안에서 조기를 목적으로 사용하는 낚시도구이며 또한 민어 · 농어 · 갈치 · 붉바리[赤魚] 등을 어획할 때도 함께 쓴다.

▲ 구조

낚싯줄은 삼실로 만들며 직경 1푼 5리, 길이 160척으로, 떫은 감즙으로 물을 들인다. 천칭은 철제 편천칭(片天秤)으로 길이 1척 7촌, 중앙부의 직경 2푼, 양끝이 1푼인데 끝에 삼실 다섯 가닥 꼬기의 길이 3척의 조사(釣絲)[242]를 연결한다. 낚싯줄은 굵기 4푼 정도의 소나무 가지로 만든 길이 1척 2촌, 폭 4촌 8푼 정도의 실패에 감아둔다. 미끼는 대부분 갯지렁이 · 갯강구[船蟲] · 정어리(멸치) 및 기타 작은 물고기를 쓴다. 새로 만드는 데 드는 비용은 3원 56전을 필요로 한다.

242) 낚싯줄(緡絲)은 天坪까지 사용하는 줄이며, 釣絲는 천칭과 낚싯바늘을 연결하는 줄이다.

▲ 사용법

어선에 5인 내지 7~8인이 타고 어장에 이르러 닻을 내리고 어선을 세운다. 각자 낚싯바늘에 미끼를 달아서 물속에 내려 줄에서 반응이 오기를 기다렸다가 끌어올려 걸린 고기를 잡는다.

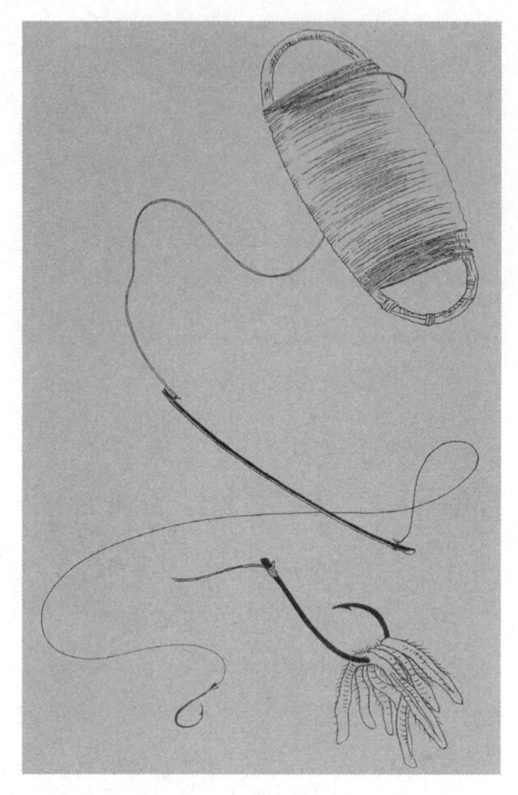

도해 30 조기외줄낚시

도미낚시[小鯛釣具] (도해 31)

▲ 구조

나무 한 가지 혹은 두 가지를 굽혀서 천칭을 만들고 그 중앙에 납으로 된 추를 매단다.

또한 천칭에 길이 60~140길, 직경 2푼 5리 되는 면사를 연결한다. 면사는 떫은 감즙으로 물들인다. 천칭의 양 끝에는 금속고리[243]를 달고 여기에 길이 2~3척 직경 1푼 5리의 면사를 연결하고, 그 끝에 각각 낚싯바늘을 단다. 낚싯바늘은 어부가 직접 구리선을 갈아서 만든다. 이 어구 한 개의 가격은 약 2원 50전이다.

▲ 사용법

배 혹은 떼배를 타고 연안에서 4km 이내의 수심 30~80길 되는 앞바다에 이르러 배를 조류에 따라 밀려다니게 하면서 낚시를 내린다. 작은 도미를 주로 하며 갈치 · 복어 · 매퉁이 · 쏨뱅이[244] 등을 어획한다.

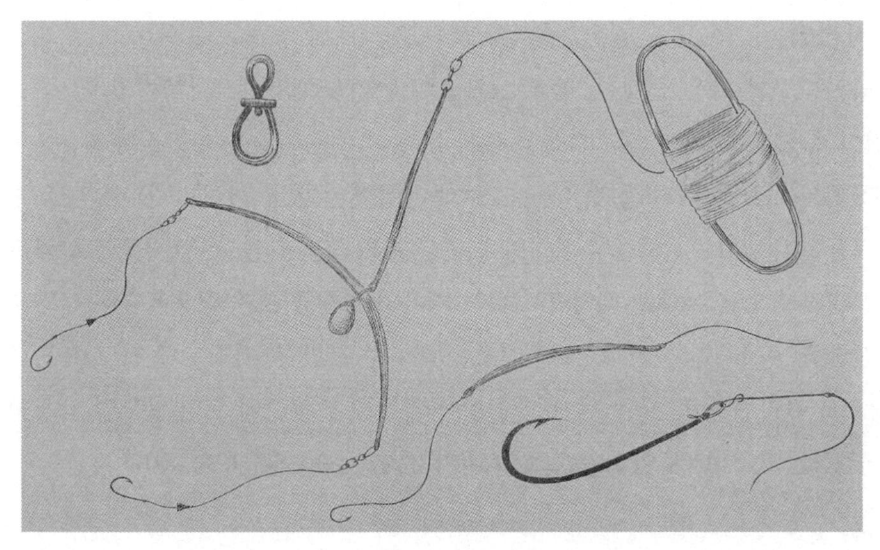

도해 31 도미낚시

243) 원문에는 よりもどし로 되어 있다.
244) 학명은 *Sebastiscus marmoratus*이고, 일본어로는 かさご라고 하며 九州에서는 あらかぶ라고 한다.

하천 낚시 (도해 32)

하천에서는 잉어 · 숭어 · 붕어 · 모래무지[鯊] 등을 어획하는데, 손낚시 · 장대낚시 등의 구별이 있으며 그 밖에도 미끼를 쓰는 경우와 쓰지 않는 경우가 있다. 한강 연안에서 사용하는 것은 다음과 같다.

1. 잉어낚시의 구조 〈도해 32 (甲)〉

세 가닥 꼬기를 한 길이 30척의 최상급 견사(絹紗)의 한쪽 끝에 3개의 낚시 바늘을 중량 50g 정도의 추를 중심으로 방사형으로 붙인 것이다. 이를 삼봉(三峰)이라고 한다.

▲ 사용법

이 낚시도구를 사용할 때는, 따로 그물눈이 손가락 네 개 크기이며 길이 10~15길, 폭 1길이며, 뜸을 단 띠 모양의 그물을 함께 쓴다. 방법은 강물을 가로질러 얼음을 잘라내고 그곳에서 그물을 내려 둔다. 다시 그보다 상류에서 앞과 마찬가지로 얼음을 자르고 다른 그물을 내린다. 그 중간의 결빙면에 수십 개의 구멍을 뚫고, 낚시를 드리워 물밑바닥을 살피면서 얼음 아래를 헤엄쳐 지나는 잉어가 낚싯줄 또는 삼봉을 건드리면 기민하게 낚싯줄을 낚아채어 올린다. 또한 때로는 대나무로 만든 '가리손대'라고 하는 한쪽이 Y자형으로 갈라진 것을 사용하는데, 구멍 아래 낚싯줄 부근에 고기가 오면 낚싯줄을 움직여 삼봉을 고기의 배 아래쪽으로 보내어 걸어 올리는 경우도 있다.

2. 숭어낚시 〈도해 32 (乙)〉

▲ 구조

세 가닥 꼬기를 한 길이 30척 정도의 견사의 한쪽 끝에 1척 간격으로 길이 2촌 정도의 지사 3~4개와 낚싯바늘〈가장 큰 것〉을 달고 그 위쪽으로 2척을 띄워서 중량 30g 정도의 추를 단 것으로 사슬낙[鎖鉤]이라고 한다.

▲ 사용법

배를 적당한 장소에 띄우고 미끼를 달지 않고 길게 낚시를 던져 넣고 물의 흐름을 가로질러 줄을 풀었다 당겼다 하면서 숭어가 낚시에 걸리도록 한다〈도해 중 상단 (ㄴ)〉. 고기가 클 때는 당망으로 떠올린다. 또한 낚싯줄을 풀고 당기는 데 편리하도록 '총대'라고 하는 낚싯줄을 지지하도록 나무로 만든 도구를 뱃전에 장치한다.

3. 붕어 모래무지 낚시

▲ 구조

세 가닥 꼬기를 한 길이 30척 정도의 견사 하단에 작은 낚싯바늘을 달고 그 위 2척 정도 떨어진 곳에 중량 30g 정도의 추를 단 것으로 '기욘지'라고 한다〈도해 중 (ㄷ)〉. 따로 물고기를 유인하기 위하여 가늘고 긴 칡으로 만든 줄 한끝에 미끼를 단 것〈도해 중 (ㄹ)〉을 사용한다.

▲ 사용법

강물 위에 배를 띄우고 1~2명이 타고 먼저 깻묵 또는 구더기[蛆] 등을 담은 미끼자루를 던져 넣고 부근을 헤엄쳐 다니는 물고기를 유인하고 한편으로는 낚싯바늘에 지렁이[蚯蚓] 또는 구더기를 달아 던져 넣고, 손가락 끝으로 지지하면서 줄에 반응이 오기를 기다려 끌어올린다. 낚시에는 부조(浮釣)와 저조(底釣)가 있다. 부조에는 따로 뜸을 단다. 붕어 모래무지 이외에 여러 가지 하천에서 나는 어류를 낚는다.

4. 모래무지 붕어 장대낚시 〈도해 32 甲의 (ㅁ)〉

▲ 구조

큰 대나무를 갈라서 가는 대나무처럼 만든 길이 10척 정도로 만들고 아래쪽에는 길이

3척 정도의 대나무를 붙인다. 여기에 같은 길이의 세 가닥 꼬기를 한 견사의 하단에 작은 낚싯바늘을 묶는다. 그 위쪽 1척 정도 떨어진 곳에 무게 12g 정도의 추를 붙인 것으로 '훼낚대'라고 한다〈도해 32 甲의 (ㅁ)〉.

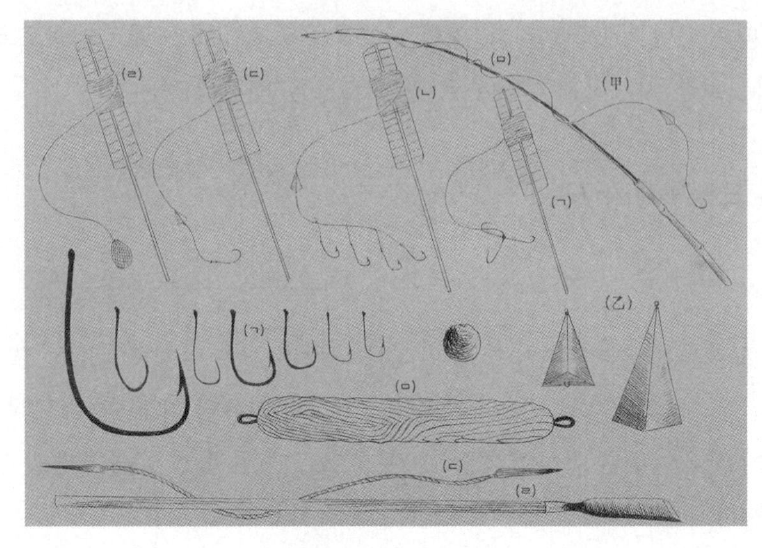

도해 32 하천 낚시

▲ 사용법

육지 또는 바위 위에서 낚싯바늘에 지렁이 또는 구더기를 끼워 물속에 드리워 낚싯대에 반응이 오기를 기다려 낚아 올린다. 이것도 부조와 저조의 구별이 있으며, 부조에는 뜸을 단다. 모래무지 붕어 이외에 하천에서 나는 여러 가지 어류를 낚는 데 사용한다.

피조개뜰채[赤貝攩, 죽치뜰채] (도해 33)

경상도 지방에서 피조개[赤貝]를 채취할 때 쓰는 도구로 반달형의 당망에 긴 대나무 자루를 단 것이다〈도해 중 (ㄱ)〉. 이 당망으로 채취한 피조개는 대나무 또는 버드나무 가지로 만든 광주리〈도해 중 (ㄴ)〉로 옮겨 담아 진흙을 씻어낸다.

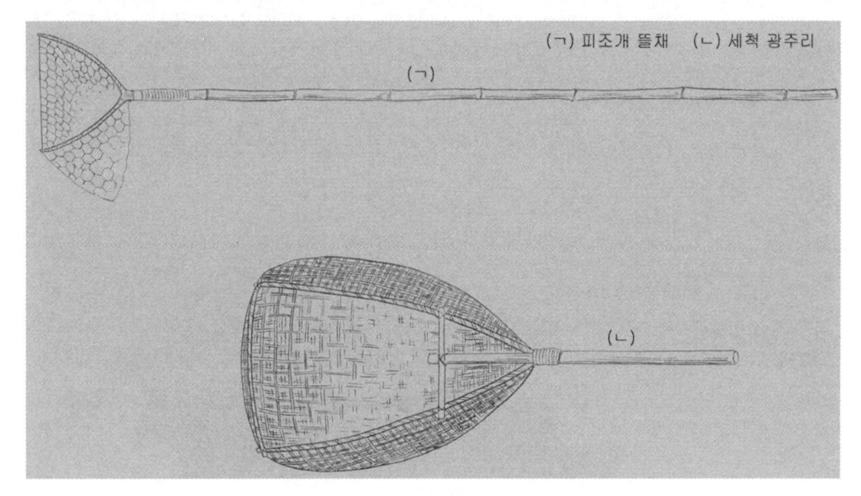

도해 33 피조개뜰채, 세척 광주리

개불 긁개[蝓搔] (도해 34)

도미 미끼로 쓰기 위하여 개불[245]을 채취하는 데 쓰는 도구로 일본 세토나이카이에서 동일한 목적으로 쓰는 것과 다르지 않다. 조선인이 이것을 가져와서 사용하기에 이른 것은 최근 2~3년 사이의 일이라고 한다. 경상도 지방에서 사용된다.

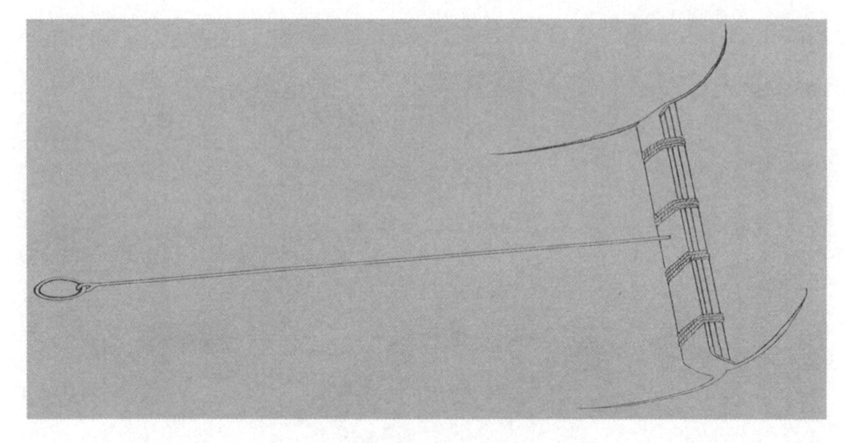

도해 34 개불 긁개

245) 원문에는 蝓로 되어 있다. 원래 蝓는 도롱이벌레를 뜻하지만, 갯벌에서 사는 생물이므로 갯지렁이를 나타내는 것으로 보인다.

홍합 끌[貽貝鑿] 및 뜰채[攩 앙바시] (도해 35)

경상도 연해에서 홍합을 채집하는 데 쓰는 도구이며, 끌은 철제이며 여기에 긴 자루를 붙인 것이다. 도해 중 (ㄱ)의 뜰채는 삼각형의 뜰그물에 긴 대나무 자루를 붙인 것이고, 도해 (ㄴ)에서는 홍합이 부착된 바위에 가서 한 사람이 끌로 조개를 찍어 떨어뜨리면 한 사람은 뜰채로 떨어진 것을 건져 올린다.

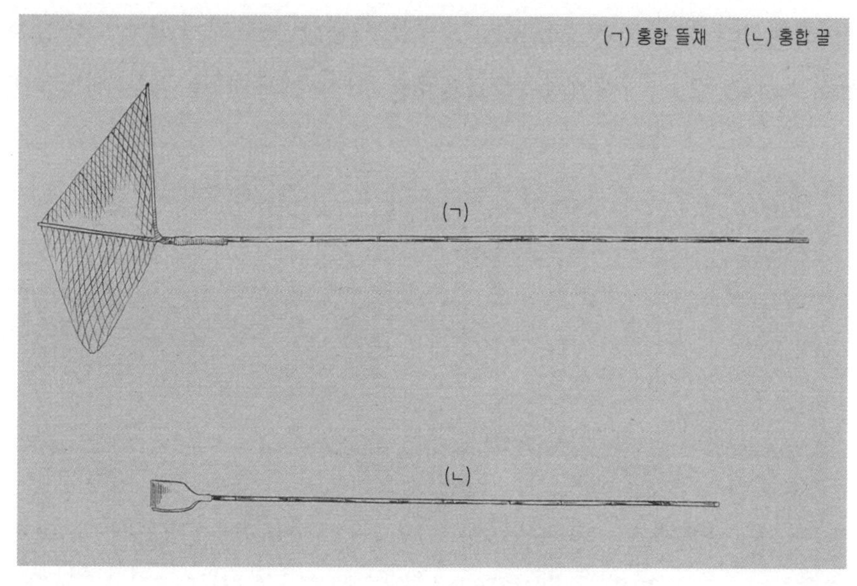

도해 35 홍합 끌 및 뜰채

굴 갈퀴 및 집게 (도해 36)

굴을 채취하는 도구로 갈퀴에는 두 종류가 있다. 하나는 도해 중의 (ㄱ)으로 철제로 된 2개의 발톱에 길이 1칸 정도의 나무자루를 붙인 것으로 경상도 연안에서 바위에 붙은 것을 긁어올릴 때 사용한다. 다른 하나는 도해 중의 (ㄴ)과 같이 길이 1척 8촌, 폭은 중앙에서 3촌, 두께 2촌의 대목(臺木)에 단단한 나무로 만든 길이 8촌, 밑부분이 5~6푼의 발톱을 10개 안팎으로 나란히 박아 넣고 여기에 길이 1장 7척 정도의 나무자루를 붙인다. 함경도 연안에서 물속 바닥에서 서식하는 것을 긁어 올릴 때 사용한다. 또한 집게에도 두 종류가 있다. 하나는 도해 중의 (ㄷ)으로, 하부를 단단한 나무로 만들고 그 선단을 철제 엽판(葉板)으로 감고 여기에 1~2개의 서양 낫을 장착한다. 상부에는 둥근 목재를 이어 붙여 자루로 삼는다. 전체 길이 1장 1~2척이다. 이는 또한 함경도 연안에서 바닥에서 서식하는 것을 집어올리는 데 사용한다. 다른 하나는 도해 중의 (ㄹ)로 길이 2장 2척 되는 대나무 자루 2개의 한쪽 끝에 철제 쇠스랑 모양을 박은 것으로 충청도 · 경기도 지방 연안에서 사용한다. 서부 연안 간석지에서 굴을 채집할 때는 철제 낫처럼 생긴 것에 길이 2척 정도의 나무 자루를 붙인 도구를 사용한다〈도해 중의 (ㅁ)〉. 단 이 집게처럼 생긴 도구는 같은 지방에서 낙지[穴蛸] · 바지락[淺蜊]을 잡는 데도 쓴다.

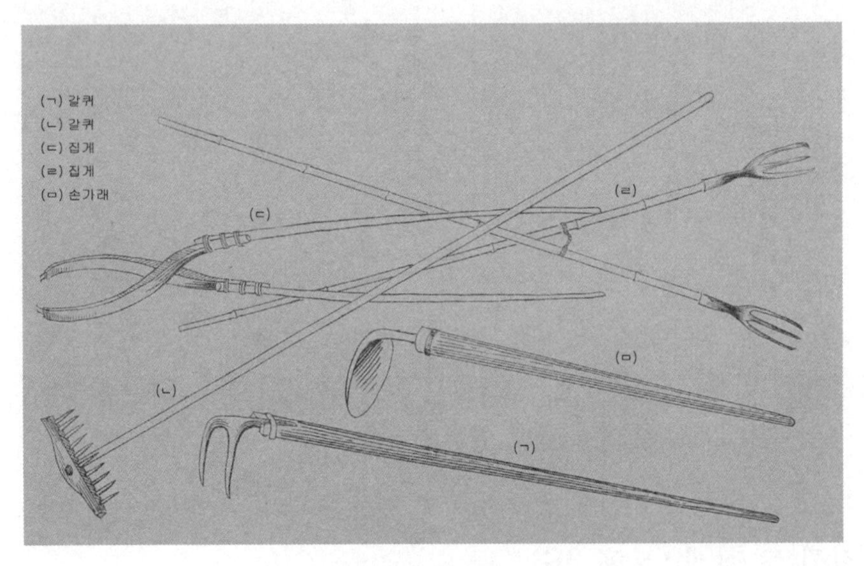

도해 36 굴 갈퀴와 집게

해녀 용구[潛水婦 用具] (도해 37)

- 태왁[浮瓢][246] : 직경 1척이다.
- 망사리[網囊][247] : 나무껍질을 굽혀서 새끼줄을 만든 자루를 매단 것이다. 구경 1척 5촌, 깊이 2척 5촌이며, 자루의 그물눈은 3촌목(寸目) 정도로 한다.
- 빗창[篦][248] : 쇠로 만들며 길이 7촌 폭 5푼 정도이다.

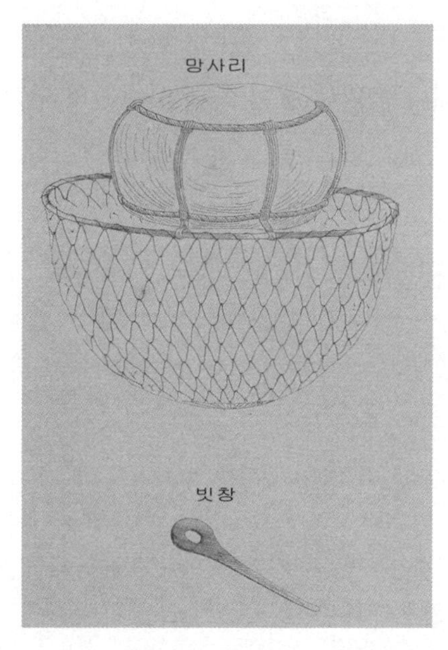

도해 37 해녀 용구(박 · 빗창)

▲ 사용법

도보 혹은 배로 어장에 이르러, 태왁에 망사리를 매단 채로 수면에 띄워 두고, 빗창을

246) 보통 뒤웅박이라고 하며 제주도에서는 태왁이라고 한다. 뚜껑처럼 박의 껍질을 자른 다음 박 안을 파내고 다시 뚜껑을 덮은 것으로 물건을 간수하는 데도 사용하였고, 그 부력을 이용하여 해녀들이 물 위에 떠 있기도 하였다.

247) 제주도에서는 망사리라고 하며, 해녀들이 잡은 해산물을 넣어둔다.

248) 해녀들이 전복 등을 채취할 때 쓰는 단단한 무쇠칼을 말한다.

들고 물속으로 들어가 바위에 붙어 있는 전복을 떼어낸 다음 이를 망사리에 안에 던져 넣는다. 조업을 오래 계속하여 피로할 때는 몸을 태왁에 의지하여 휴식한다. 해녀는 전복만이 아니라 해삼 · 우뭇가사리 · 미역 · 감태(甘苔) 등을 채집한다.

미역 말개[捩] 및 다시마 채집구 (도해 38)

(1) 미역 말개

길이 6척 정도의 대나무 막대 뿌리 쪽에 3~4촌의 서양 못 또는 막대기를 교대로 관통시킨 것이다.

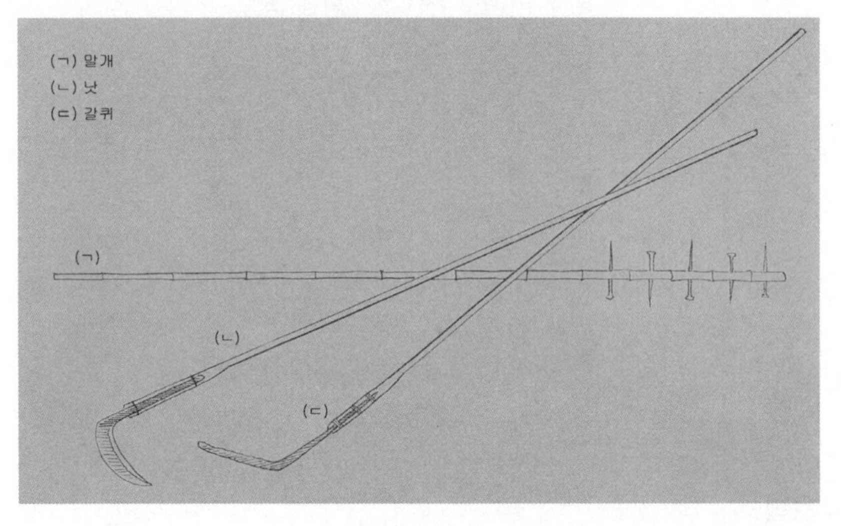

도해 38 미역 말개 · 낫 · 갈퀴

(2) 다시마 채집구

함경도 북부 연안에서 다시마를 채집할 때는 보통 낫에 긴 자루를 붙인 것〈도해 중 (ㄴ)〉과 조금 굽은 나무에 긴 자루를 붙인 봉〈도해 중 (ㄷ)〉을 함께 사용한다. 즉 배안 또는 암초 위에서 한 사람은 긴 자루가 달린 낫으로 다시마를 베고 다른 한 사람은 옆에서 긴 자루가 달린 봉으로 감아올린다.

어선(漁船) (도해 39)

조선 연안에서 보통 어선은 어업의 종류에 따라 특수한 구조를 가진 것이 없고, 모양이 다소 타원형이며 어깨 폭 1장, 길이 3장 3척, 깊이 4척의 형태가 많다. 큰 것도 어깨 너비 1장 3~4척을 넘지 않는다. 대개 배 안을 다섯 구획으로 나누지만 그 구획에 구획하는 판을 설치하지는 않는다. 그래서 일단 바닷물이 들어오게 되면 이를 막을 방법이 없다. 또한 보조 목재 등이 없고, 나무못으로 구성하므로 취약함을 면할 수 없다. 그러나 배 바닥이 넓어서 선체의 동요가 적고 부력이 아주 뛰어나다. 특히 부속구인 키의 구조로 인하여 얕은 곳을 통항하기에 아주 적합하며, 돛의 구조로 인하여 빨리 달릴 수 있는 점은 조선 어선의 장점이다. 그림으로 제시한 것은 전라도 지방의 어선으로 주로 고등어 · 오징어 · 정어리(멸치)업에 사용하는 것이다.

선체 : 용재는 소나무이며 그 크기는 어깨 폭 1장 길이 3장 3척 깊이 4척 5촌이다. 배 안은 다섯 구역으로 나누는데 제1구(뱃머리)는 판재를 붙이고, 제2구는 작은 나무를 밧줄로 엮은 것을 깔았으며, 제3구는 판재를 붙이고 그 아래 방을 취사실로 쓴다. 제4구와 제5구(고물)는 모두 나무자리를 깐다. 제3구와 제5구에 돛대를 세우기 위한 지주가 있다. 선실은 제1구만 대자리로 구획한다. 이물은 급한 경사로 되어 있어 수면과 예각을 이루며 그 중앙부에는 키를 설치하는 부분[舵床]이 있어서 배바닥에 이른다. 배를 만들 때 필요한 못은 쇠나 구리 등 금속은 쓰지 않고 떡갈나무 또는 뽕나무를 못모양으로 깎아서 오줌물에 담가둔 것을 쓴다. 새로 배를 만드는 비용은 목재대금 80원, 공임 25원〈식료, 연초 등의 지급대를 포함한다〉 합계 105원이다.

키[舵] : 키판은 폭이 좁고 넓음에 따라 2매 혹은 3매를 접합한다. 폭은 상단이 1척 7촌 하단이 2척, 길이는 7척인 것을 길이 1장 5척의 나무자루에 끼워넣은 것이다.

노 : 고물 및 뱃전의 노[脇櫓]249) 3개. 노깃[篦]은 떡갈나무로 만들며 길이 1장 3척 5촌, 가로대[腕木]는 소나무로 길이 8척으로 한다.

돛 : 대개 골풀 등을 이용하며 돛 1장은 몇 단으로 돛대에 단단히 맨다[簇張]. 돛면을 거의 수직으로 유지하기 때문에 풍력의 저항이 크며 또한 역항(逆航)할 때도 편리하도록 하였다. 선체에 비해서 그 면적이 상당히 크다.

닻 : 소나무를 이용해서 만들며 길이는 1길이다.

이외에 그물을 합쳐 선체 부속구 일체를 새로 만드는 데 약 250원 정도를 필요로 한다.

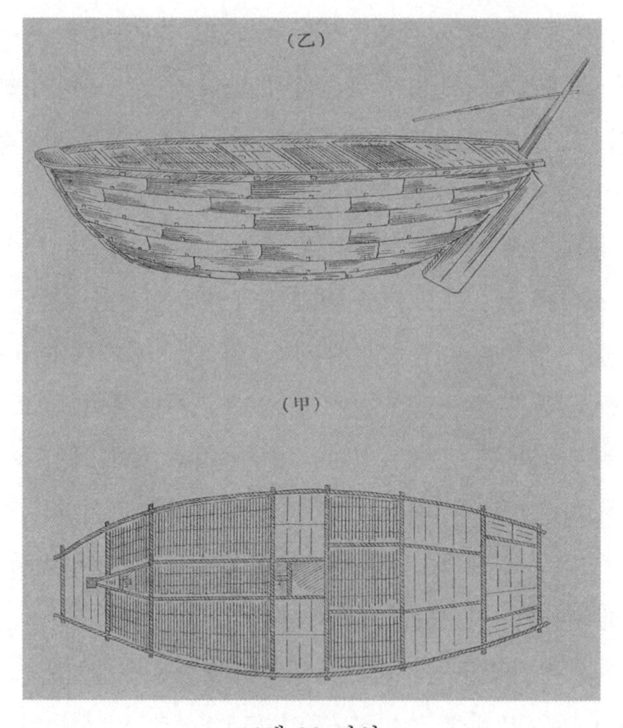

도해 39 어선

249) 뱃전 쪽에 설치한 노를 말한다. 이에 대해서 고물에 설치한 노를 艫櫓 일본어로는 '고모로'라고 한다.

떼배[筏船] (도해 40)

떼배는 조선 남부 앞바다의 여러 도서 사이에서 많이 사용되며, 특히 남해도(南海島)·초도(草島)·시산도(示山島)·청산도(青山島)·대제도(大第島)·불근도(佛斤島)·제주도(濟州島)에서 가장 많이 사용되었다. 전체 형태는 길이 1장 2척~1장 5척, 폭 6~8척이며, 직경 1척 내지 7촌 정도의 통나무 혹은 두꺼운 판 5~10개를 동량(胴梁)으로 조합하며, 쓰지 않을 때는 이를 해체하여 보존한다. 재료는 1개가 1장 5척 정도에 이르는 경우도 있지만 짧은 것은 접합하여 이 길이로 만든다. 주로 그 섬에서 생산되는 소나무를 쓰며, 제주도에서는 그 섬 한라산에서 생산되는 구상나무라고 하는 목재를 쓴다. 단 제주도에서는 근년 간간이 일본산 삼나무를 쓰는 경우도 있다. 떼배 위에는 길이 7척, 폭 4척 5촌 정도의 앉기 위한 평상(平床) 같은 것을 만들기도 한다. 그 위에 자리를 깔고 어부는 항상 그 위에서 조업한다. 한 척을 새로 만드는 비용은 15~50원을 필요로 한다. 돛 및 키는 따로 사용하지 않으며 통상적으로 노의 가로대는 소나무, 노깃은 떡갈나무를 이용하며 만들며 길이는 8척 내지 1장이다. 1척에 5~8인이 타며 1~2개의 노가 있으며, 노 하나에 2~4인이 매달려 젓는다. 선체가 불완전하기 때문에 해상이 평온할 때가 아니면 조업하기 어렵지만, 여러 섬 사이에서는 조기·갈치 기타 각종 갯가 어업을 위하여 사철 내내 사용한다.

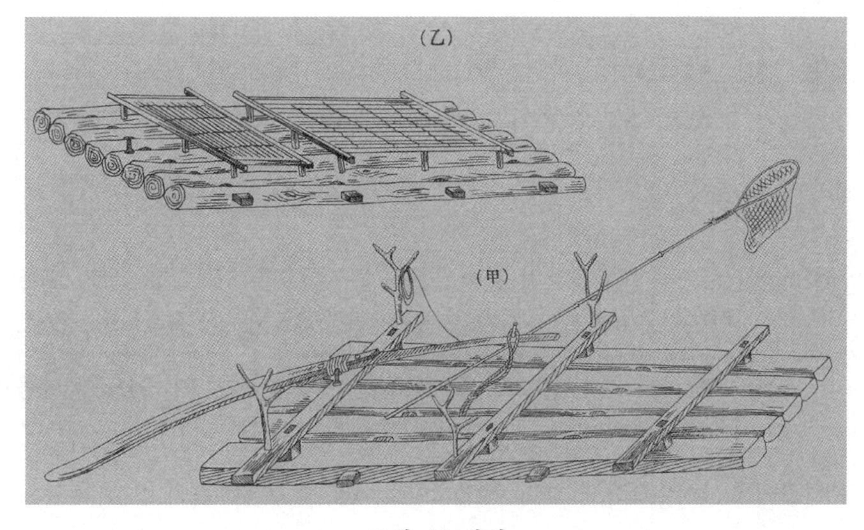

도해 40 떼배

하천어선 (도해 41)

한강 유역에서 사용하는 어선으로는 낚시배[釣船]·주낙배[繩船]·휘리배[網船]의 3종류가 있다. 아래에서 이를 개략적으로 설명하고자 한다.

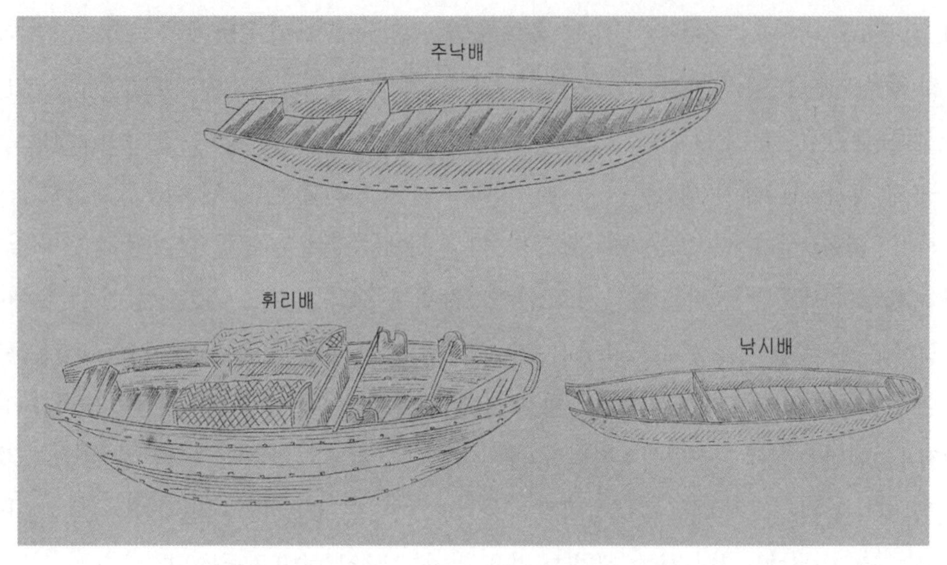

도해 41 하천어선(낚시배·주낙배·휘리배)

(1) 낚시배[釣船] : 낚시배라고 하며 길이 11척, 중앙 최대 폭 3척 7촌 5푼의 소형 어선으로 대부분 유어(游漁)에 사용한다. 돛은 설비하지 않으며, 단지 5척 정도의 상앗대로 움직인다. 1~2인이 탄다.

(2) 주낙배[繩船] : 주낙배라고 하며 길이 20척, 폭 4척 7촌 5푼으로 고물·몸통·표(表) 3칸으로 구별하며, 몸통 사이에는 해를 막는 설비가 있다. 돛은 설치하지 않으며, 노로 운전하여 연승(延繩) 어로에 사용한다.

(3) 휘리배[網船] : 휘리배라고 하며 길이 24척 5촌, 폭 6척 5촌이다. 겨울철이 되면

해변에 출어할 때 사용할 수 있도록 구조가 제법 주밀(周密)하다. 선체를 고물 · 몸통 · 표 3칸으로 구분하며, 몸통칸을 침식을 하는 공간으로 삼는다. 그 위에는 갑판을 깔고 풍우를 막는다. 돛 설비가 있으며, 순풍이 아닐 때는 노 또는 상앗대를 사용한다. 대부분 예망 어업에 사용한다.

《일본어부 사용어구》

우뢰(羽瀨) (도해 42)

우뢰(통발 종류)는 일본 아리아케해[有明海] · 후지카해[不知火海] 및 스와해[周防海] 연안에서 수많이 영위되는데, 모두 간조 때 넓게 노출되는 간석지, 또는 물길[澪筋] 또는 하천이 흐르는 부분, 혹은 하천의 흐름 끝에서 바닷물이 급격하게 흐르는 곳에 대나무 또는 대자리 · 돌 · 모래 등으로 60도 내외의 각도로 고기길[魚道]을 만들고, 간만 · 조류와 더불어 오가는 어류를 함정으로 끌어들여 포획하는 것이다. 그러므로 조선 서해 및 서남해안처럼 몇십 리에 이르는 간석지에서는 대단히 적합한 어구라고 한다. 이미 재작년에 일본 어부들이 인천 및 군산 근해에 건설하여 많은 이익을 거두었다. 이 어구는 종래 조선에서 행해지던 어살과 유사하지만 그 규모나 구조의 정밀함에서 보면 같이 이야기할 만한 것이 아니다. 아래에 군산 인천 근해에서 일본인이 사용하는 것〈일본 아리아케해 방식이라고 한다〉에 대하여 그 개략을 설명할 것이다.

우뢰의 장치는 건설하는 위치에 따라서 광협대소의 차이가 있다. 대략 연안에 건설하는 것은 규모가 작고 앞바다에 건설하는 것은 규모가 크다. 따라서 우뢰의 명칭도 달라서 석우뢰(潟羽瀨, 潟榧이라고도 한다.) · 책권우뢰(簀卷羽瀨, 簀卷이라고도 한다.) · 조상낭부우뢰(潮上嚢付羽瀨, 潮上이라고도 한다.) · 낭부우뢰(嚢付羽瀨, 沖羽瀨라고도 한다.)의 4종류로 나뉜다.

(1) 석우뢰(潟羽瀨) (도해 42-1 甲)

석우뢰는 연안의 갯벌[潟洲] 위에 건설하며 간조 때 잡어를 끌어들여 포획하는 것이다. 장소에 따라서는 간만조 때 모두 어획하는 것을 목적으로 하는 것도 있다. 그 구조는 대나무 혹은 흙으로 만드는데, 대나무를 사용하는 경우는 그림과 같이 장치하고, 흙으로 만드는 경우도 이에 준한다. 이제 대나무로 만드는 것에 대하여 그 구조를 설명하면, 먼저 간조 혹은 만조 때 조류를 따라서 이동하는 어류가 많은 위치를 선정한 다음, 간조 때 걸어서 해당 장소에 가서 그림처럼 양쪽 끝을 고기 오는 길목을 향하여 좌우 각각 25~30간 사이에 가는 대나무나 갈대〈이 부분에 갯벌 흙 또는 작을 돌을 채우는 경우도 있다〉 혹은 나무와 돌을 혼용하여 높이 5척 이하로 세우고, 고기를 잡는 부분에는 길이 3척, 앞쪽 입구 사방 2척 5촌, 뒤쪽 구멍은 사방 1척으로 만든 나무틀을 붙인다. 여기에 구경 2척 길이 5척의 통발을 단다. 그러나 어획이 많을 때는 나무틀이나 통발을 제거하고 이곳에 어부가 직접 잡거나 사수망(四手網)을 갖다 대어 어류를 끌어들여 포획하는 경우도 있다. 이때 어부는 배 위에서 혹은 받침대에서 작업을 한다.

석우뢰를 세우는 데 드는 비용은 장치 방법에 따라 큰 차이가 있다. 모래흙으로 하는 경우는 노동력을 투입하는 데 불과하지만, 대나무를 써서 보다 완전하게 장치하려고 하면, 좌우로 길이가 각각 50간 되는 것은 약 36원이 필요하다〈단 일본 아리아케해 지방에서 필요한 비용이다. 이하 모두 같다〉.

(2) 책권우뢰(簀卷羽瀨) (도해 42-1 乙)

책권우뢰는 연해 간석지의 얕은 물길에 건설하는 것으로 석우뢰에 비하면 다소 근해 쪽에 위치한다. 재료는 모두 대나무를 쓰고 양쪽 끝은 석우뢰처럼 장치하지만, 고기를 잡는 부분은 발로 통발을 만드는데 그 규모가 아주 크다. 이를 건설하는 데는 (도해 42-1 乙)에서 볼 수 있는 것처럼[250] 삼각형의 꼭지점 세 곳에 대나무로 원통형의 지지

250) 그림에는 본문에서 언급하고 있는 기호가 보이지 않는다. 그래서 형태를 보고 설명을 적절하게

대[251]를 만들고, 앞쪽의 지지대 사이를 연결하는 부분[逆簄]을 만들고, 다음으로 양쪽 깃 부분을 건설한다. 그런 다음에 뒤쪽 지지대와 앞쪽 지지대를 연결하는 부분을 발로 둘러친다. 원통형 지지대는 직경이 약 1간이고, 지지대 사이의 간격은 15간, 양쪽 깃은 모두 200~500간에 이른다. 가운데 있는 물고기 유인구는 조류가 급할 때는 약간 열고, 완만해지면 닫아서 한번 들어온 물고기를 도망갈 수 없게 하는 장치이다. 우뢰의 높이는 1장 2~3척이 보통이고, 대나무는 깊이 뻘 속에 박아넣으므로 뻘이 깊은 곳은 긴 대나무를 사용할 필요가 있다. 보통 고기를 잡는 부분은 직경 8푼 길이 1장 정도의 자죽(雌竹)[252]을 쓰며, 양 깃은 직경 2촌 길이 1장 6~7척 되는 것을 사용한다. 대나무 간격은 (가장 안쪽의) 어취(魚取)에서는 거의 밀착시키고, 깃의 양 끝에서는 5푼에서 시작해서 가장 바깥쪽에 이르면 1척 정도로 한다. 어류는 흐름을 따라서 어취 부분에 들어오거나 혹은 어취 사이를 연결해놓은 울타리 안에 들어온게 된다. 그러므로 어류를 포획하기 편리하도록 어취의 바깥에는 아래에서 위까지 전체를 다 자유롭게 열 수 있는 문을 만든다. 또한 어취 부분의 바닥 둘레에는 흙을 넣은 가마니를 십여 개를 놓아, 조류로 인해서 바닥 부분이 휩쓸려가는 것을 막는다. 이렇게 설치하기를 마치면, 간조 때마다 배를 타고 그곳에 가서 바깥에서 통발을 열고 뜰채나 작살로 고기를 포획한다. 7~8월 경 따개비와 다른 찌꺼기가 붙어서 물의 흐름이 나빠질 경우에는 대나무 빗자루로 청소한다. 또한 장마철에 어취 부분을 묶은 끈이 부패하는 경우에는 이를 수선한다. 깃의 길이가 500간 되는 것을 건설하는 데는 332원을 필요로 한다.

(3) 만상낭부우뢰(滿上囊付羽瀨) (도해 42-2 丙)

만상낭부우뢰는 책권우뢰나 낭부우뢰 등과 건설장소는 같으나, 그 장치는 N자형을 이룬다. 간조시에는 앞바다로 자루그물 꼬리를 펼치고, 만조시에는 반대로 해안쪽으로 자루그물 꼬리를 펼친다. 그래서 자루그물을 달 곳 2곳을 갖춘다. 또한 만조용으로는 자루그물을 달고, 간조용으로는 책권우뢰를 장치하는 경우도 있다. 전자는 낭부우뢰가

바꾸었다.

251) 실제로는 이 부분이 魚取 즉 고기를 포획하는 부분이다.

252) 海藏竹과 같이 가늘고 긴 대나무 종류를 말한다.

같고, 후자의 경우는 책권우리와 낭부우리를 절충한 것이다. 길이 100간 되는 것을 건설하는 데 약 84원이 든다.

(4) 낭부우리(囊付羽瀨) (도해 42-2 丁)

낭부우뢰는 일명 충우뢰라고 하며, 우뢰 중에서 가장 앞바다의 깊은 곳에 건설하는 것으로, 고조(高潮) 시기의 간조 때라도 여전히 수심 3~5척이 되는 하천의 유말(流末) 즉 간석지 내의 물길 중 간조시에 물살이 심한 곳을 골라서 건설한다. 물길의 폭에 따라서 규모가 달라지기는 하지만 한쪽 깃이 1,000간을 넘는 것은 없다. 이를 건설하기 위해서는 책권우뢰와 같이 수고롭지는 않지만, 수심이 깊고 조류가 심한 곳에 건설하는 것이므로, 각종 재료도 큰 것이 필요하므로 비용은 다른 우뢰의 배가 든다. 대나무는 보통 진죽(眞竹) 직경 3~5촌, 길이 3장 2~3척 되는 것을 쓰며 뿌리 부분은 3척 정도 경사지게 자른다. 설치할 때는 배 2~3척에 어부 각각 3~4인이 타고 만조 때 현장에 이르러 간조를 기다려 낭부 부분에서 점차 좌우 깃부분을 향해 대나무를 세워나간다. 적어도 대나무의 뿌리부분을 4~5척 정도를 찔러 넣으며, 대나무와 대나무의 간격은 2촌 정도부터 시작해서 깃 선단에 이를수록 점차 간격을 넓혀 4~5촌에 이르게 한다. 이렇게 대나무 세우기를 마치면 우뢰 부분에 직경 7~8촌, 길이 3장 3~4척의 떡갈나무를 2그루를 세워 그물을 다는 데 편리하도록 한다. 다시 끝부분에 15~6개의 대나무를 가는 새끼줄로 7~8곳을 묶어, 자루그물 입구와 연결되도록 한다. 이렇게 해서 14~5일 간 건설을 마치면, 우뢰 끝부분에 자루그물을 달고 어획을 한다.

자루그물은 '야코망'이라고 하는데, 크기는 우뢰 건설장소의 수심에 따라서 다르다. 얕은 곳은 길이 10길, 깊은 곳은 20길, 보통은 15길 정도로 한다. 자루그물은 윗뚜껑[253]·반구형 그물[254]·양협단(兩脇端)·어취의 4부분으로 나뉘는데, 윗뚜껑과 반구형 그물은 모두 길이 13길이며, 그물눈 9푼 25괘로 짜기 시작해서 2~3척마다 그물

253) 원문은 うわぶた로 上蓋라는 뜻이다.
254) 원문은 かつら下로 되어 있는데, 이는 일본 전통어법의 하나인 葛網漁에서 온 것으로 생각된다. 그러나 현재는 가발을 쓰기 위해서 자신의 머리 위에 먼저 쓰는 그물 형태의 도구를 말한다. '葛網漁'에 쓰인 그물도 그와 유사한 형태이므로 반구형으로 펼쳐진 그물을 말하는 것으로 보인다.

눈을 만들지 않고 1척에 60절 180괘로 끝낸다. 양협단은 길이 10길로 그물눈 9푼 350괘로 짜기 시작해서, 2~3척마다 그물눈을 만들지 않고, 그물눈 2푼 2개로 끝낸다. 이들 그물을 붙여서 통모양으로 만들고 그물꼬리에는 어취를 1척에 66절로 2길을 통모양으로 짜서 이를 부착하여 자루그물의 전체를 만든다. 자루의 좌우 옆그물에는 각 다섯 가닥의 지지하는 줄을 넣고 다시 그 아래 위에는 2가닥씩 힘을 받는 줄을 단다. 이 줄을 이용해서 우뢰 꼬리에 자루그물을 묶어 연결한다.

자루그물을 우뢰에 장치하면, 자루 꼬리에 밧줄을 달아 10길 정도 떨어진 곳에 박은 말뚝으로 고정하거나, 닻으로 자루그물을 펼친다. 어획물을 건져 올릴 때는 간조시에 배 위에서 자루 입구의 윗그물을 잡고 자루가 붙은 채로 자루그물 꼬리를 향해서 점차 끌어올린 다음, 자루그물 꼬리부분을 열고 배 위로 올린다. 건설비는 우뢰의 위치에 따라서 큰 차이가 있지만, 보통 길이 800간을 건설하는 데 약 713원이 든다.

이상 각 우뢰에 대하여 구조와 장치의 다른 점을 설명하였는데, 우뢰 일반에 대하여 말하자면, 매년 우뢰 건설시기는 음력 2월 15일 조수 때부터 시작해서 2~5조(潮) 정도에 설치를 마친다. 이때부터 고기를 잡기 시작해서 음력 12월에 이르면 고기잡기를 마친다. 그래서 우뢰에 사용할 대나무는 전년도 8~9월 경에 매매계약을 하는데, 주로 대마도 또는 목포지방에서 수송한다. 대나무는 매년 새로운 것으로 바꾸지만, 전년도에 만든 것에 새 대나무를 추가로 꼽아 넣기도 한다.

서남 연해 어류는 봄철에 산란하기 위하여 무리지어 오고, 가을철에 한랭해지면 갑자기 사라지므로, 우뢰는 이 시기에 맞추어 어획하는 것을 목적으로 한다. 그러나 어기 중에도 동북풍이 계속 불어서 불시에 한랭해거나 비가 많이 와서 해수의 염분이 희박해질 때는 어류가 사라져 의외로 어황이 좋지 않은 경우도 있다. 이와 반대로 어기 중에 서남풍이 계속 불 때는 어획량이 많으며 또한 이때는 비가 많이 와서 어류가 일시에 사라진 경우에도 의외로 많이 어획하는 경우도 있다.[255)]

255) 이 뒷부분의 일부 내용이 빠진 것으로 보인다. 한 쪽 분량일 것으로 보인다.

도해 42-1 우뢰

도해 42-2 우뢰

호망(壺網) (도해 43)

호망[256]은 주로 내해 항만의 곶 안쪽 등 조류가 완만한 곳에 많이 사용되며, 농어[鱸]·오징어[烏賊]·조기[石首魚]·붉바리[赤魚]·전어[鰶]·고등어[鯖]·전갱이[鰺]·정어리(멸치)[鰮] 기타 물가에 사는 어류[磯魚類]를 잡는 정설어구(定設漁具)로서, 만내(灣內) 어업에 적당한 어구이다. 그물은 장출망(張出網)·위망(圍網)·낭망(囊網)의 3부분으로 이루어져 있는데, 그 구조와 그 길이는 어장(漁場)의 상황에 따라 다르다. 또한 어획물의 목적에 따라 장출망(張出網)의 한쪽 끝에 수망(受網)을 붙여 사용하는 경우가 있다.

▲ 구조

(가) 장출망(張出網; 垣網[257]) : 장출망은 길이 50~80길로 지형의 상황에 따라 길이가 달라진다. 보통 많이 사용하는 길이 77길의 장출망에 관해서 그 구조를 언급하면, 그물감[網地]은 13단[反][258]으로 이루어져 있다. 면사(綿絲)를 이용해 10가닥 꼬기를 해서 그물눈[網目]은 1촌 6푼, 길이 77길, 그물의 폭[網巾]은 앞바다 쪽은 9길, 육지 쪽은 3길로 설치한다. 50괘(掛) 5단과 25괘(掛) 1단은 길이 45길, 50괘 4단 길이 39길, 50괘 2조각과 25괘 1단은 길이 32길로 하여, 모두 116길을 77길로 부망(浮網)과 침망(沈網)에 축결(縮結)한다. 위쪽 가장자리[上緣]와 아래쪽 가장자리[下緣]에는 '쇼조쿠(ショゾク)'라고 하여, 본망(本

256) 초롱처럼 생긴 그물을 설치하여 물고기를 잡는 정설 어구이다. 가운데에 물고기를 끌어들이는 넓은 공간을 만들고 그 주위에 여러 개의 깔대기 모양의 작은 그물을 달아 그 안으로 물고기가 들어가면 다시 나오지 못하게 되어 있다.

257) 길그물(장등) (導網, 垣網, leader net, かきあみ): 정치망에서 어장에 내유하는 고기를 통그물 쪽으로 유도하기 위한 그물로 육지에서 바다 쪽으로 담같이 그물을 쳐서 통그물 입구로 유도하는 그물. 한국어로 '담그물〔垣網〕'로도 검색됨.

258) 단(段·反) ①거리의 단위(6척 1間, 6間을 1段으로 함), ②토지 면적의 단위 1段(反)은 600보(坪) ③포백의 크기, 1反은 보통 포로는 鯨尺 2장 6척 또는 2장 8척. 천 길이의 단위일 때는 약 10.6m이다. 그러나 이 글 속에서는 길이의 단위로도 쓰이지만 그물 조각의 뜻으로도 쓰이고 있다.

網)과 마찬가지로 1촌 6푼의 그물눈[目] 견목(堅目) 7절을 달아 그물이 닳는 것을 방지하도록 설치한다.

(나) 위망(圍網) : 위망은 면사를 10가닥 꼬기로 그물눈 1촌 6푼 50괘 길이 154길의 그물감 5단을 봉합하는데, 윗그물[上網]부터 3단째의 아래 가장자리와 아랫그물 2단째의 위쪽 가장자리 사이에 그물이 꺾이는 6곳에는 낭망을 부착하게 되므로 자루 입구의 양쪽에 삼각망을 달고 벌어진 입구가 6길이 되도록 한다. 이 삼각망은 50목괘 길이 3척이며 끝은 1목으로 한다. 이 전체 그물의 상하에는 원망(垣網)과 마찬가지로 연망(緣網, 쇼조쿠)을 단다. 이렇게 그물을 봉합하기를 마치면 그물 길이 154길과 뜸줄 77길을 발돌줄 84길에 축결하여 위망의 전체를 완성한다. 뜸은 길이 7촌의 오동나무로 만든 것을 1길 사이에 3매의 비율로 부착하지만, 부유어류(전어 · 오징어 등)를 포획할 시기에는 1길 5매의 비율로 부착하는 것이 보통이다. 발돌은 길이 2촌의 환구(丸龜)라고 부르는 도자기제품을 4촌 5푼 간격으로 하나씩 단다. 위망과 장출망의 양 끝에는 특히 1관 500근 정도의 돌을 달아 그물 끝이 동요하지 않도록 장치하지만, 조류가 급한 장소에서는 발돌을 늘리거나, 말뚝을 바다 속에 박아 넣고 여기에 연결하여 조류의 흐름에 맞서 그물 형태를 유지하도록 한다.

(다) 낭망(囊網) : 낭망은 면사 10가닥 꼬기를 하며 그물감은 3단으로 이루어진다. 자루 입구 5길, 자루 길이 4길 반에 어취 2척을 연결한다. 어취를 제외하고는 그물눈 9푼 6리를 횡목(橫目)으로 사용한다. 윗단은 50목괘 5길, 가운데 단은 55목괘 4길, 아래단은 55목괘 3길로 이 세 단을 원통형으로 봉합하고, 어취 부분에는 특별히 15가닥 꼬기 면사 150괘에 시작하여 세로 2척마다 그물눈을 만들지 않고 마지막에는 50목으로 끝내고, 횡목으로 짜맞추어 낭망의 전체 모양을 만든다. 또한 그 중앙부에는 2개의 깔때기그물을 단다. 깔때기그물은 9가닥 꼬기 면사를 쓰며, 그물눈은 자루와 마찬가지로 첫 번째 깔때기는 그물눈수 150괘의 환편(丸編)으로 만들며, 길이 3척이고 말단부는 45목으로 끝낸다. 두 번째 깔때기는 140목괘 길이 2척 5촌, 말단 45목으로 끝낸다.

(라) 수망(受網) : 면사 10가닥 꼬기로 그물눈 1촌 6푼 50괘의 한 단 72길을 봉합하는데 아래 가장자리의 두 자락째 중간 그물이 꺾이는 부분 3곳에는 위망과 마찬가지로 낭망을 단다. 이렇게 그물을 봉합하기를 마치면 뜸줄 36길에 발돌줄 39길 1척을 축결하여 수망의 전체를 완성한다.

▲ 사용법

투망 전에 먼저 밧줄로 그물 형태를 만들고, 닻으로 장치한다. 그런 다음 그물을 펴서 내린다. 아래에 그림으로 그 순서를 설명하면, 그림 중 아래 그림은 호망(壺網)[259]의 골격을 이루는 그물 형태로 그 장치 순서는 그물을 펼치고자 하는 대안에서 닻을 내리고 도해 중 (1)점에서 앞바다(2)로 직선으로 펼친다. 그런 다음 그물의 가장자리가 되는 그물의 중앙을 정하여 연결한다. 좌우 양 옆에 항아리 형태를 만들어 닻으로 이를 묶어서 항아리 형태의 전체 가장자리로 한다. 점차 그물을 펴서 호망의 전체를 완성한다.

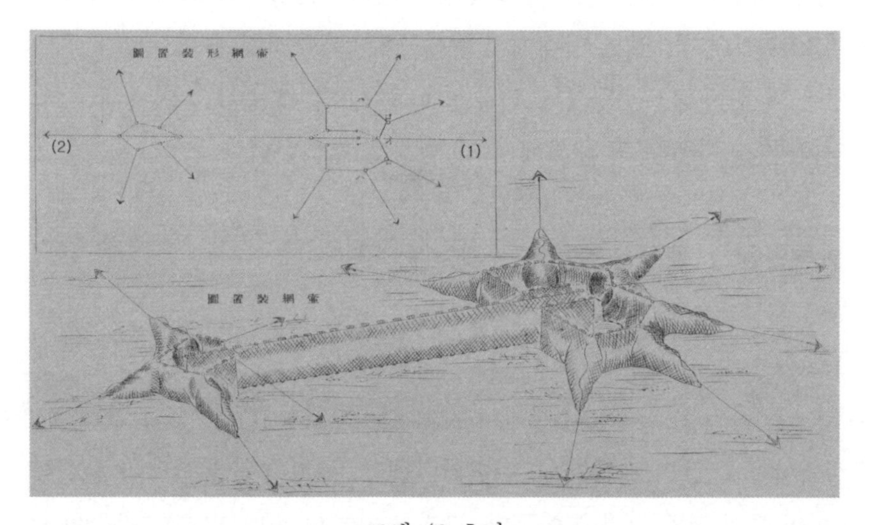

도해 43 호망

---

259) 원문에는 坪網으로 되어 있으나 일본어로 읽으면 '쓰보아미'로 壺網과 같으므로, 壺網으로 고쳤다.

안강망(鮟鱇網) (도해 44)

안강망은 일본 규슈[九州] 아리아케해의 주요한 어구로, 조류를 이용하여 장소에 따라 장치할 수 있는 자루형태로 된 대망(待網)의 일종이다. 지금부터 11년 전 처음으로 나가사키현[長崎縣] 사람 쇼바야시 아무개[正林某]가 조선에 통어(通漁)하러 와서 본 어구를 사용한 결과 양호하였으므로, 그 이후 서남해에서 주로 조기[石首魚]·갈치[大刀魚]·달강어[火魚]·새우[蝦]·민어[鮸]·성대[魴]·준치[鰣]·오징어[烏賊] 등을 잡기에 적절한 어구로서 일반적으로 잘 알려진 바이다. 해마다 이것으로 출어하는 자가 점차 증가하였으며 올해 들어서 규슈에서 통어하러 오는 자 및 기타 전어자(轉漁者)를 포함하여 대략 500척 이상을 웃돌고 있다. 그 어획고는 최고 약 30만원 이상에 달한다. 이 어구의 사용은 서남해뿐만 아니라 황해 평안도 연해에도 적당하며, 또한 100척의 어선을 수용하기에 충분하다. 장래 더욱 그 수가 증가될 전망이다. 일본 통어자가 이 어구를 사용하는 것이 이처럼 성행하자 근래에는 조선인도 그에 따라 이 그물을 사용하여, 전라·충청, 양도 연해에서 십수 척을 헤아리기에 이르렀다.

안강망은 황목(荒目)·세목(細目)·전내(田內)의 세 종류가 있는데, 그림과 같이 자루모양이며, 그 그물눈의 대소에 따라 명칭을 달리한다.

(1) 황목안강망(荒目鮟鱇網) (도해 44-甲)

▲ 구조

자루 입구는 가로 12길, 폭 10길이며 전체 길이 47길이다. 그림과 같이 자루형태의 본망은 4자락을 통형으로 봉합하고, 어취(魚取) 두 자락을 봉합하여 통형이 되도록 한 것에 이어 붙여 전체 모양을 이룬다. 그리고 자루의 출망(出網) 1자락의 구성을 보면, 자루는 황목(荒目)으로 5촌 그물눈[目]에 260목괘(目掛)로 시작하여 길이 4길의 끝에서부터 이하 2길마다 세목(細目)으로 한다. 처음에서 20길에 이르면 그 이하는 2촌 5푼목으로 한다. 여기서부터 점차 세목(細目)으로 하여 처음에서 길이 32길의 끝에 이르면 1척 사이에 6목반으로 줄인다. 이렇게 그물눈 크기가 줄어드는 동시에 그물코도 줄여 나간다. 그 비율은 입구에서 25길에 이르는 사이에는 1길마다 양측 2눈씩을, 이하는 1척마다 양측 2눈씩을 줄여, 말단은 150목으로 한다. 또 어취(魚取) 1자락의 구조는 1촌목 300목괘로 시작하여 길이 15길 사이에는 순차적으로 그물코를 줄여 말단이 75목이 되면 그친다. 가격은 일본의 경우 약 437원이라고 한다.

어장은 조류가 급격해서 1시간에 약 5해리 이상의 속력이 있고 바다 깊이 6~20길이며 해저는 이질(泥質)인 장소가 가장 적당하다.

▲ 사용법

너비 5~6, 길이 6~7길의 어선에 어부 3인이 조를 지어 타고 연근해에 나가서 조수 간만에 관계없이 밀물과 썰물의 움직임이 있을 때를 살펴서, 앞서 선수(船首)의 우현(右舷)에 준비해둔 나무 닻을 떨어뜨린다. 다음으로 닻줄[錨綱] 및 끈이 달린 자루를 던져 넣으면서 점차 조류의 흐르는 방향대로 흐르게 한다. 따로 준비한 당김줄이 조류로 인해 펴지는 정도를 가늠하여, 좌현(左舷)에 매달아 놓은 아시마키[足まき][260]와 부죽(浮竹)을 바다 속에 던져 넣고 그와 동시에 재빠르게 자루그물을 던져 넣는다. 그러면 그물은 조류를 받아 일직선으로 흘려 내려간다. 그리고 그물의 꽁무니에는 10길 가량의 가는 밧줄에 부표[浮樽]를 붙여 두어 목표(目標)로 삼는다. 이렇게 투망이 끝나면 도르래줄[ナンバ綱, (ㄱ)][261]을 배의 좌현에 남겨두고 선수(船首)에는 당김줄(ㄴ)을 두고 자루 입구가 뱃머리[艫] 앞쪽 쯤에 있을 정도로 배를 멈춘다. 조류가 급해짐에 따라 물고기가 떠내려와 자루 안에 들어간다. 어취(魚取)의 좁은 부분에 압박되어 쉽게 나올 수도 없다. 이와 같이 약 4시간 동안 기다려 조류가 점차 완만해지면 당김줄을 풀었다 당겼다 하면서 그물을 당겨 배가 자루 입구에 가로놓이지 않도록 하면서 배 안에 남겨둔 도르래줄을 당겨 부죽(浮竹) 및 침목(沈木 足まき)을 갑판으로 끌어당긴다. 두 사람의 어부는 두 쪽으로 나뉘어 그 양 끝을 뱃전에 매달고 그물의 양측을 끌어당

260) 미상. 뒤에서는 沈木이라고 하였다.
261) ナンバ는 滑車 즉 도르래를 뜻한다. 도르래에 연결한 줄로 생각된다.

긴다. 다른 한 사람은 그 가운데를 당긴다. 이렇게 해서 어취(魚取)가 올라오면 다시 그물의 꽁무니에 달려있는 작은 밧줄로 자루 꼬리를 뱃전에 끌어당긴다. 곧바로 자루 꼬리를 묶은 밧줄을 풀어 물고기를 배 안에 거두어들인다. 이와 같이 끌어올리는 작업이 끝나면 그물, 닻줄을 당겨 올리고 닻을 끌어올린 뒤, 다시 다른 어장으로 옮겨서 조업을 한다. 사용상 특히 주의를 요하는 것은, 투망과 인양의 시간을 어긋나지 않도록 하는 것이다. 투망할 때 조류가 너무 빠르면 닻이 쉽게 고정되지 않아 그물을 조류에 떠내려가게 하여 투망이 불가능하기에 이른다. 또한 인양하는 시간이 늦으면 그물 안의 물고기는 순식간에 빠져나간다. 또한 망구(網具)를 다 올리기 전에 반대 조류가 올 때는 배의 조종이 뜻대로 되지 않아서 그물은 떠내려가고 닻에 얽혀서 크게 곤란을 겪는다고 한다. 그러므로 조류의 때를 헤아려 그물을 끌어올리는 것이 가장 긴요하다.

(2) 세목안강망(細目鮟鱇網) (도해 44-乙)

▲ 구조

자루 입구는 가로 11길, 폭 9길, 길이 40길로, 그 구조는 황목(荒目)과 같고 낭망(囊網) 본체 1자락의 구조는 1척에 8목의 목합(目合)으로 300목괘(目掛)로 시작하여 2길마다 적당히 줄이고 또한 길이 1척 사이에 양 측면의 그물코를 2개씩 줄여서, 27길의 끝에 이르러 150목으로 끝맺는다. 또한 어취 한 자락은 1척에 25목의 목합으로 300목괘로 시작하여 길이 13길의 끝에 이를 때까지 점차 목수(目數)를 줄여 10목에 그친다. 주로 참새우(眞鰕)의 어기에 사용하는 것으로 일명 하안망(鰕鮟網)라고도 칭한다. 가격은 일본에서의 경우 약 427여원이다.

어장은 7~10길의 깊이가 있는 물길로서 U자 형태의 해저 사니질(沙泥質)인 곳을 선택한다. 그 사용방법은 황목(荒目)과 다르지 않다.

(3) 전내안강망(田內鮟鱇網) (도해 44-丙)

▲ 구조

자루 입구는 가로 3길, 폭 6길, 길이 22길이며, 그 구조는 앞의 두 그물과 다름이 없고 규모도 작다. 자루의 본망(本網) 1자락의 구조는 1척간 10목의 목합(目合)으로 600목괘(目掛)에서 시작해서 이하 1길마다 적절하게 그물코를 줄인다. 또한 길이 1척 사이에 목수(目數)는 양단을 3목씩 줄여 20길의 말단에 이르러 200목에 그친다. 그 어취(魚取) 1자락의 구조는 1척간 34목의 목합으로 400목괘에서 시작하여 길이 2길의 가장자리에 이르러 100목까지 줄인다. 주로 망둥이[沙魚]·뱅어[白魚] 및 기타 잡어를 포획한다. 가격은 일본의 경우에서는 약 128여원이다.

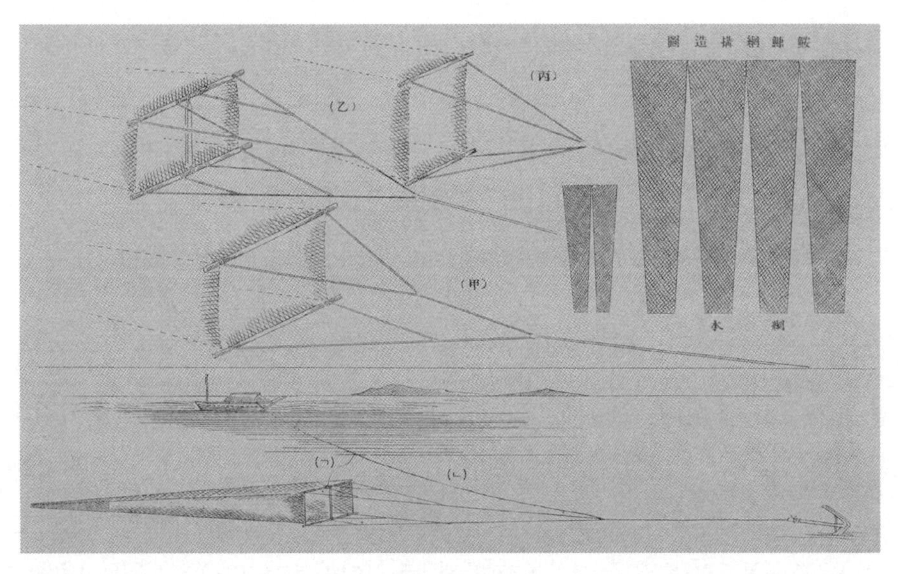

도해 44 안강망

▲ 어장

하천 및 도랑 등으로부터 흘러들어가는 물길에 부설하며 연근해에서는 사용하지 않는다. 그러므로 전내망(田內網)이라는 별명이 생겼다. 밀물의 최고조일 때에는 하천

내에서도 사용하는 경우가 있다. 그 사용방법은 앞의 두 그물과 같지만 규모가 작으므로 1인이 사용할 수 있다.

새우타뢰망[鰕打瀨網] (도해 45)

타뢰어업은 자루모양의 어망을 해저에 깊이 넣고 풍력 또는 조력(潮力) 또는 노 등을 이용하여[漕行] 배를 움직여, 그물을 해저에서 끌어서 물고기 떼를 자루 속에 몰아넣어 잡는 방식이다. 또한 증기타뢰(蒸氣打瀨)라고 하여, 기선으로 큰 자루그물을 예인하는 방식(트롤어업)은 일찍이 영국에서 성행하였고 근래 일본에서도 또한 그것을 받아들여 어업을 영위하기에 이르렀다. 조선에서는 아직 이와 같은 대규모적인 타뢰망 어업을 행하지 않지만, 규모가 작은 풍력(風力)에 의한 타뢰망을 사용하는 자로는 일본 야마구찌 · 히로시마 · 오카야마 · 나가사키 · 가가와 · 에히메 · 오이타 · 와카야마의 각 현(縣) 지방의 출어자가 대체로 60여 척에 달한다. 어장은 경상 · 전라 양도의 연해 중 하동만 · 여수만 · 득량만 및 국도(國島)[262] · 시산도(示山島) 근해이고, 그 어획물은 주로 새우[鰕] · 넙치[鮃] · 가자미[鰈] · 서대[舌比目魚] · 갯장어[鱧] · 가오리[鱝] 등이다. 아래에 새우타뢰망[鰕打瀨網]의 구조와 사용법을 서술하였다.

▲ 구조

그물은 자루그물[囊網]과 날개그물[脇網] 및 천정망(天井網)으로 이루어진다. 자루그물 상측은 4자락의 마망(麻網)으로 짠다. 즉 그림에 보이는 (ㄱ)은 4분목 220목괘(폭 8척 2촌이 됨)로 길이는 3척, (ㄴ)은 5푼목 220목괘(폭 8척 7촌이 됨)로 길이는 3척, (ㄷ)은 5푼목 230목괘(폭 9척 5촌이 됨)로 길이는 5척, (ㄹ)은 6푼목 140목괘(폭 6척이 됨)로 길이는 2척 2촌(노조키망 ノゾキ網이라고 한다), 동(同) 하측은 6자락의 마망(麻網)으로 짠다.[263] 즉 그림 속의 (ㄱ)은 4푼이 조금 넘는 그물눈 275목괘(폭

262) 경상남도 통영시 욕지면 동항리(東港里)에 딸린 섬.
263) 이하 그물에 대한 설명이 도해의 어느 부분을 말하는지 분명하지 않다.

9척 2촌이 됨)로 길이는 2척, (ㄴ)은 4푼이 조금 넘는 그물눈 320목괘(폭 11척 8촌이 됨)로 길이는 2척, (ㄷ)은 6푼목 300목괘(폭 12척 8촌이 됨)로 길이는 2척, (ㄹ)은 6푼목 350목괘(폭 13척이 됨)로 길이는 6척, (ㅁ)은 6푼 5리목 250목괘(폭 9척 5촌)로 길이는 3척(이를 出網이라고 한다), (ㅂ)은 1촌 2푼목 48목괘(폭 7척이 됨)로 길이는 1척 6촌(진흙빠짐이라고 이름), 하스와그물(ハスワ網)은 3자락의 마망(麻網)으로 짠다. 즉 그림의 (ㄱ)은 삼각형으로 그물 안에 4푼 160목괘(폭 6척이 됨)를 3척의 사이에 그 말단을 2목까지 목을 줄인다. (ㄴ)은 4푼 5리목 150목괘(폭 6척이 됨)로 길이는 11척 4촌, (ㄷ)은 6푼목 100목괘(폭 4척 2촌이 됨)로 길이는 3촌(출망이라고 함), 깔때기그물(漏斗網)은 자루가 설치된 작은 자루[小囊] 형태로, 마망(麻網)의 상하 측 및 양쪽 하스와그물로 이루어진다. 상측은 마망(麻網) 1자락, (ㄱ)은 4푼 5리목[264] 125목괘(巾 5척 2촌이 됨)로 길이는 4척, 하측은 마망(麻網) 1자락(ㄴ)으로 4푼 5리목 150목괘(폭 6척이 됨)로 길이는 4척, 양쪽 하스와그물은 마망(麻網) 삼각형 1자락, (ㄱ)(ㄴ) 4푼 5리 90목괘(폭 4척이 됨)를 그물(網) 35촌 사이에 그 말단을 2목까지 줄인다.

날개그물은 마망(麻網) 네 개로 이루어진다. 망목(網目)은 횡목(横目)으로 사용한다. (ㄱ)은 6푼목 120목괘(폭 5척 2촌)에 길이는 6척 5촌, (ㄴ)은 6푼목 100목괘(폭 4척)로 길이 5척 5촌, (ㄷ)은 6푼 5리 100목괘(폭 4척 5촌)로 길이 4척 5촌, (ㄹ)은 6푼 5리목 155목괘(폭 2척 3촌)로 길이 2척 7촌.

천정망(天井網)은 마제(麻製)로 7푼목이다. 그 자루에 연결하는 곳을 100목괘로 하고 길이 9척 5촌의 끝에 이르면 220목괘를 이룬다. 그것을 10척의 구망(口網)에 모아서 묶는다. 자루그물[囊網]의 끝부분에는 방언으로 '꼬리묶음'(シリククリ)이라고 하는 것을 붙여 자루 안에 들어간 물고기가 빠져나오지 못하게 한다. 이 그물은 6푼목으로 하여 큰자루그물[大囊網]의 말미에 망목(網目) 2개 반씩을 모아서 1목괘 길이 3촌으로 한다. 그 말단은 작은 밧줄로 묶는다.

264) 원본은 4목푼 5리.

▲ 망지봉합(網地縫合) 및 뜸줄[浮子繩] 발돌줄[沈子繩] 결속법

자루그물 상하측 그물 및 하스와그물에 그물코를 줄인 부분 즉 3척 사이는 그것을 연장해서 측망(側網)에 봉합한다. 나머지 8척 4촌을 상측의 3절목(切目) 즉 (ㄷ)의 부분까지 봉합한다.

하측망에는 꼬리부분을 1척 남겨서 하스와그물을 봉합한다. 하스와그물의 그물코를 줄인 부분 즉 3척 사이를 하측망 3척 2촌 사이에 봉합한다. 남은 8척 4촌을 하측 망 7척 2촌과 봉합한다. 그래서 상측망의 꼬리부분 8촌과 하측망의 꼬리부분 1척을 봉합하여 그 끝에 꼬리묶음을 붙인다.

깔때기그물[漏斗網]은 상하측 및 양쪽 하스와그물의 앞 주둥이에 맞추어서 봉합한다. 꼬리 부분에 이르러 양측 5촌을 남겨 그 뒷 주둥이를 4각이 되게 한다.

날개그물 즉 수망(手網)과 자루그물의 설치 방법은, 자루그물 상측의 (ㄷ) '노조키' (ノゾキ)의 길이 2척 2촌 안에 양쪽 하스와그물의 출망(出網)이 3촌이 나오므로 나머지 1척 9촌의 상측 노조키에 날개그물(ㄱ)의 길이 6척 5촌의 안에 상연(上緣) 2척 2촌으로 결합한다. 날개그물의 나머지는 4척 2촌으로 그 안 2척 4촌 사이에 하스와그물의 (ㄷ) 출망(出網) 4척 2촌을 봉합한다. 그 나머지 1척 9촌에 하측 망의 '진흙빠짐'(ㅂ) 1척 6촌과 봉합한다. 깔때기그물[漏斗網]의 앞주둥이에 자루그물과 날개그물을 모아서 봉합한다. 뜸줄과 그물을 묶을 때는 날개그물의 (ㄹ) 폭 2척 3촌의 것을 뜸줄 1척 8촌에 (ㄷ)의 4척 5촌인 것을 뜸줄 3척에 묶는다. 한쪽 날개그물과 뜸줄은 길이를 10척 3촌으로 한다. '노조키'(ㄹ) 폭 6척을 뜸줄 2척 5촌에 모아서 묶는다. 천정망(天井網)은 뜸줄에 묶는다. 뜸줄은 한쪽 날개그물을 10척 6촌으로 축결하고, '진흙빠짐'(ㅂ) 폭 7척을 3척으로 축결한다. 뜸은 한쪽 협승(片脇繩)에 길이 9촌 지름 6촌 정도인 것을 5매씩으로 하고 또 '노조키'에 1매를 붙인다.

발돌은 날개그물에 0.5kg의 돌[石] 8개씩 '진흙빠짐'의 아래에 약 1근 정도의 돌 1개를 붙인다. 수망(手網)의 말단에는 1척 2촌의 둥근 대나무를 묶고 그 대나무에서 뜸줄, 발돌줄의 말단을 각 3척으로 함께 묶어 하나의 그물을 이룬다. 그것을 이본망(二本網)이라고 이른다. 그래서 그 결속하는 그물코로부터 3척 되는 부분에 약 2관(貫)

정도의 돌을 달고 그 돌에서 3척을 띄워서 4길 1척의 장죽(張竹)을 사용한다. 이본망(二本網)은 22칸의 끝에 좌우를 결속해서 하나로 만든다. 그 결속 부분에는 약 2관 정도의 돌 1개를 매단다. 그물은 바람의 강약에 따라서 신축〈伸縮, 강할 때는 펴지고 약할 때는 줄어듦〉하는 데 대략 50~70길이 된다.

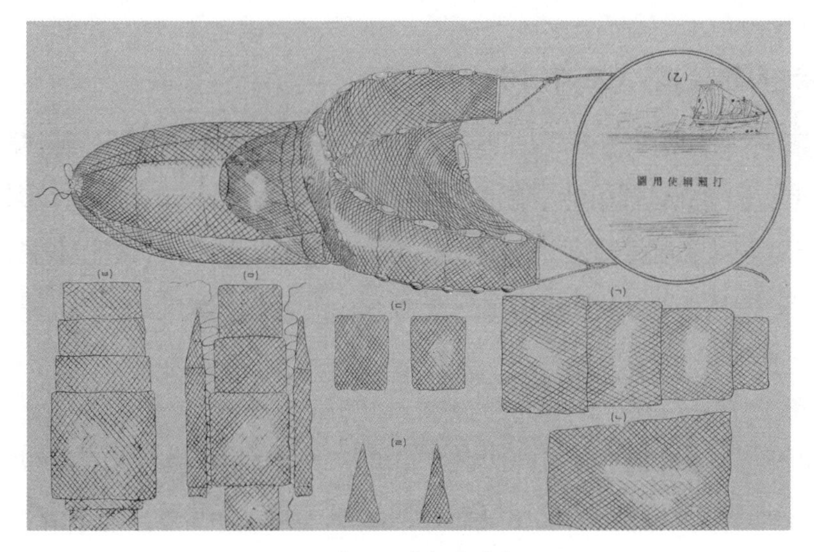

도해 45 새우타뢰망

▲ 사용법

어선은 사용해야 할 어구의 크고 작음에 따라 크기가 달라지고 또한 탑승인원도 달라진다. 어깨 폭 7척 이상 10척까지의 어선에는 3인이 타고 그물은 3장(張)을 사용한다. 10척 이상은 4인이 탑승하며 그물은 4장을 사용한다. 그물을 투입하려면 선수(船首) 및 선미(船尾)에 '야리다시'라고 하여, 소나무 말뚝 말구(末口) 4.5촌, 길이 3~3.5간을 돌출시킨다. 3장을 사용할 때는 그 '야리다시'의 끝에 각 1장씩을 매달고, 동체의 사이에 1장을 장치한다. 4장을 사용할 때는 또한 중앙에 1장을 더한다. 당김줄(引網)은 중앙부는 가장 짧게, 양 끝에 있는 것은 5~8길가량으로 길이를 늘인다. 투망(投網)의 순서는 이물과 고물에서 각각 투입하고 돛을 펼쳐서 조상(潮上)에서 조하(潮下)로 예인한다.

그물을 인양하려면 투망(投網)할 때와 반대로 양 끝의 2장을 동시에 인양하여 물고기를 포획해서 건져올리고 마지막으로 중앙의 부분을 인양하여 그물 안의 물고기를 거두어 올린다. 이와 같이 하여 주야에 걸쳐 하루에 5~6회 반복한다. 어장은 암초가 없는 이사(泥沙)의 장소로, 해심 6~40길 정도로 한다.

삼치유망[鰆流網] (도해 46)

삼치[鰆]는 조선인이 좋아하지 않기 때문에 종래 그 포획량은 매우 적었다. 그러나 조선 수산물 중 주요한 것이며 일본 통어자에게 있어서는 실로 도미주낙 어업에 버금가는 중요어업이다(올해 중에 본 어업을 영위하는 경우는 238척). 아래에 가가와현[香川縣] 지방의 출어자가 사용하는 그물에 관해 그 구조 및 사용법을 약기(略記)한다.

▲ 구조

삼치 유망은 어장의 규모에 따라 차이가 있지만 그 대부분은 그물의 전체 길이 640길이며, 망높이[網丈] 12길, 길이 16길을 1자락으로 한다. 2자락을 봉합해서 1파(把)로 하며 총수 20파(把)로 이루어져 있다. 각 1파는 그물감[網地]·뜸[浮子]·뜸줄[浮子繩]·부표줄[浮漂繩]·부표(浮漂)·수망(手網)으로 구성된다. 그물감은 단마마(但馬麻)로 2가닥 와고[蛙股] 짜기(방언으로 돈리즈키라고 한다)를 하는데, 경척(鯨尺) 1척에 7절 50괘 200목을 줄이기를 하여, 16길을 1자락으로 하며, 수봉(竪縫) 2자락, 횡봉(橫縫) 3자락을 1파로 한다. 그 길이는 32길을 뜸줄 20길에 축결하여 20파를 만든다. 그 중앙부의 그물감 40자락은 해마다 새로 준비하고, 중망(中網)을 아래쪽[裾]에 썼다가 다음해는 뜸 쪽으로 순차적으로 교환해서 사용한다. 뜸은 오동나무로 만들고 폭은 1촌 두께 7푼, 길이 8촌의 장방형으로 하여 뜸줄 2척마다 1개를 매단다. 뜸줄은 짚으로 두 가닥 꼬기를 하여, 지름 3푼 길이 10길을 1개로 하여 두 가닥 사이에 뜸을 끼워 묶고 그 한쪽 끝을 '고리(ツハ)265)'를 만들어 각 파의 연결에 용이하게 한다. 부표(浮

265) 한자로는 鍔으로 칼자루와 칼날 사이에 끼우는 둥근 고리 형태의 물건을 말한다. 원형 가운데

漂, 방언으로 구쿠즈키)는 지름 3촌 길이 2척의 오동나무 통나무에 지름 2푼 길이 4길 반의 새끼줄을 두 가닥 꼬기를 해서 묶는데 1파당 4개 반으로 한다. 뜰통[浮樽]은 방언으로 대준(大樽) · 견부준(見附樽) · 중준(中樽) · 단준(端樽)의 4개를 사용한다. 그 용적은 1말 5되가 들어가는 나무통[木樽]으로, 대준(大樽)은 그물의 기저부에, 견부준(見附樽)은 대준(大樽)과 약 20길의 간격을 두고 수강(手綱)에 결부하여 그물의 움직임을 보기 쉽게 하였다. 중준(中樽)은 그물의 중앙에, 단준(端樽)은 그물의 끝에 있는데, 그 중앙에 대나무통을 끼워서 표등(標燈)을 점화하는 장치로 한다. 지름 7푼 길이 5길의 종려나무[棕櫚]로 묶어 매단다. 수강(手綱)은 종려나무제로 지름 7푼 길이 30길을 1가닥을 필요로 하며 뜸줄의 말단에 붙인다.

도해 46 삼치유망

▲ 사용법

어깨폭 7척의 어선에 어부 4명이 탄다. 출어시간은 어장의 원근과 풍력의 강약에 따라 일정하지 않지만, 대개 점심시간 이후 출어준비를 하여 돛으로 움직이거나[帆走] 노를

긴 장방형 홈이 있는 형태이다. 이 글에서는 고리로 번역했다.

저어서 목적한 어장에 도달한다. 일몰을 기다려 목표로 삼을 만한 산악도서의 위치를 정한다. 조수의 간만과 관계없이 조류를 차단하며 단준(端樽)에 점화하고 순차적으로 그물을 펴서 내린다. 그때 한 사람은 연근해를 향해서 가볍게 노를 젓는다. 두 사람은 아래자락[裾] 쪽과 뜸 쪽으로 나뉘어 그물을 바다 속으로 넣는다. 세 사람의 호흡을 맞추어 펼쳐서 아래로 내린다. 수강(手綱)의 중앙에는 발돌을 묶는다. 그 가장자리를 선수(船首)의 관목(貫木)에 매단다. 바람과 조류에 따라서 떠내려가면서 표등(標燈)을 지켜보면서 그물이 적당하게 펼쳐지게 한다. 다른 문제가 없으면 다음 날 아침까지 그것을 반복해서 인양해서 어획물을 잡아 올리고 귀항(歸港)한다.

상어주낙[鱶延繩] (도해 47)

상어 어업은 오이타 · 야마구찌 · 나가사키 각 현에서 통어(通漁)하는 일본 어부의 주요 어업으로, 욕지도 · 추자도 · 거문도 · 제주도 · 어청도 · 대청도 · 초도 연해에 오는 어선은 100척 이상에 달한다.

어구는 장승(長繩) 28발(鉢) · 뜰통[浮樽] 14개 · 부표(浮標) 14개 · 표기(標旗) 2대 · 쇠갈고리[鐵鉤] 2개 · 봉구(捧鉤) 1개가 필요하다.

▲ 구조

간승(幹繩)은 삼베로 만들고 왼쪽으로 두 가닥 꼬기를 한다. 두께 직경 2푼 5리(1장의 중량은 14돈 5푼으로 1촌 안에 5회를 꾼다)로 1발(鉢)의 길이는 120길로 한다. 다만 밧줄의 양단 접속 부분 및 부표 결부 부분의 1길 내외는 마찰을 견디도록 특별히 세 가닥 꼬기를 한다. 지승(枝繩)은 원민(元緡) · 선민(先緡) · 쇠사슬[鎖]의 세 부분으로 이루어진다. 그 중 원민(元緡)은 간승에 연결하는 것으로, 삼베로 만들어 오른쪽으로 세 가닥 꼬기를 한다(1장의 중량은 11돈으로 1촌 안에 9회를 꼰다). 크기는 대략 간승 꼰 것과 동일하다. 길이는 30길과 40길 두 종류가 있어서 길고 짧은 것을 교대로 묶는다. 또한 선민(先緡)은 원민(元緡)의 말단에 붙인다. 쇠사슬[鎖]과 원민(元緡)을 연결하는 것으로 삼실로 세 가닥 꼬기를 한다. 지름 2푼 3리〈길이 1장의 중량은 46돈〉 길이 약 3척 5촌으로, 밧줄의 표면은 삼실로 안쪽에 꼰 것과 반대 방향으로 '세키마와시'[266]를 한다. 또한 밧줄의 양 끝은 이어붙이기 편하게 하기 위해 고리 모양으로 한다. 쇠사슬[鎖]은 낚싯바늘의 끝[釣先]에서 선민(先緡)에 이르도록 연결된 사슬[連鎖]로서, 하나의 사슬고리 하나의 길이는 4~5촌씩으로 한다. 그 형태는 그림에서 볼 수 있다. 이상 세 종류의 낚싯줄로 이루어진 지승(枝繩)은 1발(鉢)에 2개[筋]를 붙인다. 뜰통은 약 8되 들이로 삼나무로 만들며 이를 연결하는 굵기는 긴 밧줄을 지지하기에 충분한 것을 쓴다. 이 뜰통은 밧줄을 풀기 시작할 때와 마지막에 1개씩 그리고 밧줄의 중앙은 2발(鉢)마다 1개씩 서로 번갈아 매단다. 부표(浮標)는 오동나무제로 지름 5촌 길이 2척 내외로 한다. 이 부표는 2발(鉢)마다 1개의 비율로 뜰통과 번갈아 부착한다. 표기(標旗)는 밧줄 배치의 시작과 끝의 위치를 알리기에 용이하도록 하기 위해 뜰통에 세우는 것으로, 그 구조는 일정하지 않다. 작살[銛]은 철제로 6~7척의 떡갈나무 막대기와 10여 길의 삼으로 만든 밧줄을 붙인다. 쇠갈고리는 일반적인 갈고리에 주려승(株梠繩)[267]을 연결한다. 봉구(捧鉤)는 길이 5척 되는 삼나무의 막대기 끝에 쇠갈고리를 연결한 것이다.

▲ 사용법

일출 전에 어장에 도착하여 조류 방향 및 그 완급을 고려해서 조류가 완만한 때를 가늠한다. 흐름을 가로질러 일직선에 장승(長繩)을 펴서 내리는 것은 보통의 장승을 사용하는 것과 다름없지만 풀기 시작할 때 지승(枝繩)을 설치한다. 다음부터 매 발(鉢)[268]의 이음매[繼目]에 부표(浮漂)와 뜰통을 번갈아 부착하여 모두 배치가 끝나면 그 끝지점에도 뜰통을 매단다. 밧줄을 배치할 때에는 지승을 조수의 위쪽에 투입할 수 있도록 주의해야 한다. 이렇게 해서 장승(長繩)은 20발 정도를 배치하여 내리는 것을 보통으로 한다. 착수할 때 기후에 따라 약간 빠르거나 늦지만, 보통 1시간가량 하고 마친다. 배치가 끝나면 부표에 따라서 배치하기 시작한 위치로 되돌아가는데 가는 도중에 밧줄을

266) 밧줄의 바깥을 다시 촘촘하게 감싸듯 실로 감는 것을 말한다.
267) 棕梠繩 즉 종려나무 털로 만든 밧줄로 생각된다.
268) 낚시줄을 둥근 통[鉢]에 담기 때문에 단위를 발이라고 한 것이다.

정리한다. 물고기가 걸린 기미가 있으면 그것을 끌어올리면서 배치하기 시작한 위치로 돌아가면서, 순차적으로 밧줄을 끌어당기고 미끼가 빠진 곳이 있으면 먹이를 매단다. 물고기가 걸렸다면 작살과 갈고리를 이용해서 배로 끌어당겨, 곤봉으로 때려 죽여서 배 위로 올린다. 이와 같이 20발의 장승을 1회 거두어들이려면 약 2시간 정도를 필요로 하므로, 오전 4시경에 출어한 자가 3회가량 되풀이하고 조업을 마치지만, 어획량이 많을 때는 밤이 되어도 끝내지 못하고 심야에 이르러 귀항(歸港)한다.

도해 47 상어주낙

도미주낙[鯛延繩] (도해 48)

도미 주낙은 일본 통어자가 가장 먼저 사용한 어구로서, 해가 갈수록 이 어업에 종사하는 자가 증가하고 있다. 야마구치 · 가가와 · 히로시마 · 구마모토 · 에히메 · 후쿠오카 · 오카야마 · 사가 · 시마네 · 가고시마 · 도쿠시마 · 오이타 등의 여러 현(縣)에서 통어하는데 올해에는 500여 척을 웃돈다. 근년은 조선인도 또한 일본 어부를 따라 종종 그것을 사용하기도 한다. 이 어구는 도미를 주요 대상으로 하지만, 농어[鱸]·민어[鮸]·감성돔[黑鯛] 등을 어획하는 데 쓰인다.

▲ 구조

간승(幹繩)은 삼실을 세 가닥 꼬기로 지름은 1푼 3리 정도로 하고, 1발(鉢)의 길이는 380길로 한다. 그것에 삼실 두 가닥 꼬기로 지름 1푼가량의 지사(枝糸) 85가닥을 연결하고 그 하단에 각각 낚싯바늘[釣鉤]을 장착한다. 낚싯바늘은 1돈 내외의 철사로 만들며, 주석으로 도금한 것이다. 항상 이것을 낚시줄통에 넣는데 낚시줄통은 어선 한 척에 15~18발을 이용한다. 그 외에 닻[碇] 2정(挺), 뜰통 3개 및 소수석(小手石)이라고 부르는 중량 100~200돈의 자연석을 지사(枝糸) 5~8가닥의 간격으로 1개가 필요하다.

도해 48 도미주낙

▲ 사용법

어선 1척에 4~5인이 한 조로 탑승하며, 미끼를 낚싯바늘에 미리 꿰어 어장에 나가서, 두 사람은 노를 젓고, 다른 사람은 어구를 펴서 내린다. 먼저 닻과 뜰통을 투입하고, 조류를 가로지르며 소수석(小手石)을 달아가면서 곧게 또는 둥그스름하게 순차적으로 펴서 내린다. 마지막에 닻[碇]과 뜰통을 바다 속에 넣는다. 발 수를 많이 내릴 때에는 양 끝 외에 중앙에도 닻[碇]과 부준(浮樽)을 붙인다. 대략 1시간을 경과한 후 한쪽 방향에서 다시 올려서 물고기를 잡는다.

가오리 민낚시[鱝空釣繩] (도해 49)

가오리는 입량류(魞簗類) 또는 예망(曳網) 및 주낙[延繩] 등으로 어획한다. 또한 산란기 암컷을 잡아 그것을 미끼로 삼아 유인된 수컷을 잡는 방법이 있지만 아직 성행하지 않는다. 최근에 일본 어부가 민낚시(空釣繩)로 조선 연안에 출어하는 규모는 50척 이상에 달한다. 조선인도 또한 이를 따라하는 자가 점차 많아지기에 이르렀다고 한다. 그 어구는 출어하는 지방에 따라서 제조하는 방법도 약간의 차이가 있지만, 포획하는 원리는 동일하다. 아래에 후쿠오카현 야나기가와[柳川] 지방에서 출어하는 민낚시의 제조와 사용법을 서술한다.

▲ 구조

낚싯줄은 삼실 또는 면사(綿糸)를 사용하여(삼실은 세 가닥 꼬기로 지름은 4리, 면사는 60가닥을 꼰다.) 길이 150~200길을 간승(幹繩)으로 한다. 그것에 8촌 내지 1척 간격으로 길이 1척의 지사(枝糸)〈삼실은 두 가닥 꼬기로 지름은 3리, 면사는 40가닥을 꼰다〉를 매어, 그 말단에 낚싯바늘을 단다. 또한 그 지사(枝糸) 7~10개 간격으로 지름 4푼 길이 3촌가량의 오동나무로 만든 작은 뜸을 부착해서 승괘(繩掛)[269] 또는 승발(繩鉢)[270]에 넣는다.

▲ 사용법

어깨폭 5척 길이 1장 9척의 어선에 3인이 탑승하여 연해의 조류(藻類)가 없고 바닥이 사니(砂泥)인 곳에 이른다. 간만에 상관없이, 조류가 멈추었을 때 바다에 펴서 내린

269) 낚싯줄을 감아두는 장치.
270) 낚싯줄을 넣어두는 그릇.

다. 다음 조류가 시작될 때 다시 끌어올려 물고기를 잡는다. 낚싯줄을 펼치려고 할 때는 낚싯줄의 한 끝에 작은 닻[錨] 및 부표를 승발(繩鉢) 안에 들어 있는 낚싯줄 끝에 묶어 매달고 미끼는 달지 않고 순차적으로 해저에 펴서 내린다. 뜸 20~25개째에 이르면, 중석(中石)과 둥글고 매끄러운 작은 돌을 간승(幹繩)에 매단다. 간승은 해저에서 뜸과 중석에 의해 산 모양으로 펴지며 내려가는데, 먼저 조석(潮汐)을 가로지르듯이 어장을 정한다. 어부 한 명은 노를 잡고 배의 진행을 살핀다. 또 한 명은 뱃전에서 낚싯바늘이 얽히지 않도록 순서대로 펴서 내린다. 다른 한 사람은 작은 돌 또는 밧줄을 연결하면서, 낚시줄 푸는 일을 돕는다. 이와 같이 해서 20~30발을 내리면, 말단에 작은 닻[錨]을 붙인다. 그 부근에 배를 정지시켜 물고기떼가 오기를 기다린다. 어구는 주야를 구분하지 않고 사용할 수 있지만, 많이 잡을 때는 야간에 한다. 하룻밤에 350~360마리를 어획하는 것은 그다지 어렵지 않다고 한다. 그 어족은 노랑가오리[赤鱝] · 흰가오리[白鱝] · 매가오리[鳩鱝]271) · 광어[比目魚]272) 등이라고 한다.

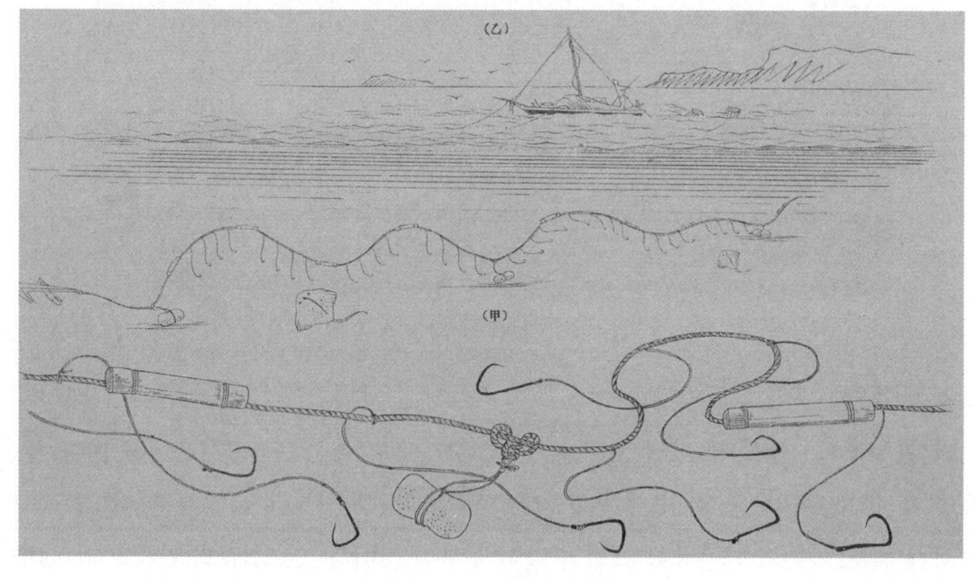

도해 49 가오리 민낚시

271) 도비에이에 대한 방언으로 '하토에이'라고 한다.
272) 광어는 가오리과에 속하지 않으므로 誤記로 생각된다.

고등어 외줄낚시[鯖一本釣] (도해 50)

긴 낚싯줄[緡]의 한쪽 가장자리에 천칭(天秤)을 부착하고 그 하부에 조사(釣糸)를 연결한 고등어 조구(釣具)로서, 여기에서 그림으로 나타낸 것은 경상도 및 전라도의 남부 앞바다[沖合]에서 일본 가고시마 · 구마모토 · 야마구치 · 나가사키 · 와카야마 · 아이치 · 오이타 · 사가 · 후쿠이에서 통어하는 자들이 사용하는 것이다. 각 현은 다소 차이가 있지만 가장 일반적인 것은 아래와 같다.

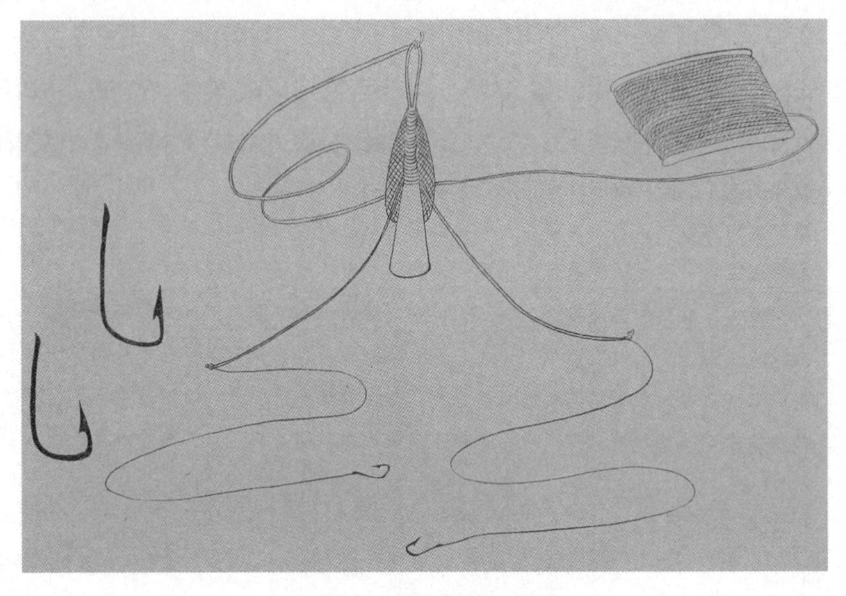

도해 50 고등어 외줄낚시

▲ 구조

민사(緡糸)는 삼실 세 가닥 또는 네 가닥 꼬기로 길이는 7~80길로 만들며 감물을 들인 것[澁染]이다. 항상 실 얼레[糸卷枠]에 말아둔다. 천칭(天秤)은 길이 약 3척의 놋쇠가닥(眞鍮線)의 가운데를 그림과 같이 구부린 것이다. 그 양 끝의 간격은 1척 내외가 되도록 한다. 구부린 부분 약 5~6촌 사이에는 조류의 완급(緩急) 및 물고기의 부침(浮沈)에 따라 중량 30~70돈 정도의 납추를 매단다. 별도로 미끼 주머니라고 하여 가는 눈의 그물로 지름은 1촌 깊이 2~3촌의 자루를 만든다. 이 안에 먹이가 될 만한 것을 잘게 쪼개어 넣어 둔다. 물속으로 들어갔을 때 자연스럽게 그물코에서 빠져나와 고등어를 유인하는 용도로 쓰인다. 그리고 1길 정도의 강한 '천잠사'[273]를 천칭의 양 끝에 묶어 매단다. 이 천잠사의 끝에 철 또는 놋쇠가닥으로 만들어 그림과 같이 낚싯바늘을 연결한다.

대합 형망[蛤桁網] (도해 51)

대합은 연안의 강 하구에는 대부분 생산되지만 그중에서도 많이 생산되는 곳은 낙동강, 금강, 한강 및 대동강의 하구라고 한다. 게다가 종래 조선인은 간만 시 갯벌에서 갈퀴를 이용하거나 또는 손으로 채취하는 데 그칠 뿐 대합에 적당한 어구를 사용하지 않았다. 최근에 재류일본인이 사용하는 대합 및 국자가리비 채취어구는 상당히 진보한 것이다. 아래에 그 구조 및 사용법을 기록한다.

▲ 구조

그물은 삼실 두 가닥 꼬기로 지름은 1푼, 1촌목 35괘 1길 1자락을 반으로 접고 '하스그물'(ハス網)[274]는 사방이 8개 그물코로 된 것을 세 방향을 낭망(囊網)에 엮는다. 그 양단에 단단한 나무를 끼워 넣어서 가마니 모양의 낭망(囊網)과 연결한다. 뜸은 오동나무 폭 2촌 두께 6푼 길이 5촌으로 8개이고, 발돌은 납 15개〈이것의 총 중량은 8관〉를 사용한다. 그리고 그 낭구(囊口) 앞쪽은 2척의 간격을 두고 지름 4촌 길이 5척의 소나무에 배못[船釘] 20개를 박아두어서 소치(搔齒)로 삼는다. 그 나무의 좌우 양 끝 쪽에 장방형으로 자른 돌 500근을 1개씩 묶어둔다. 또한 나무의 양 끝에 6길의 밧줄을 묶고 그 중앙에 150길의 끌줄을 붙여 전체 모습을 이룬다.

---

273) 楓蠶 혹은 樟蠶의 유충의 체내에서 絹絲腺을 추출하여 이를 산에 넣어 정제하여 만든 강한 실로 주로 낚싯줄로 사용된다.

274) 낭망의 좌우를 보강하기 위하여 덧붙인 작은 그물을 말한다.

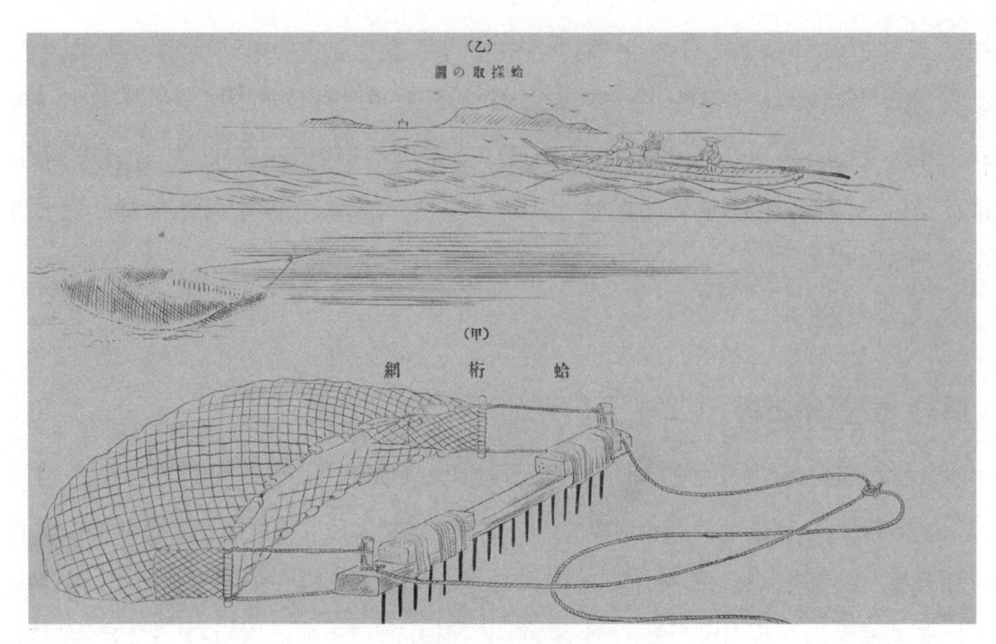

도해 51 대합 형망

▲ 사용법

어선 한 척에 2~3인이 탄다. 해가 뜨기 전에 출어해서 수심 15길 내외의 앞바다 중 해저가 평탄하고 모래바닥인 곳에 도착한다. 우선 닻을 내리고 닻줄에 끌줄을 이어서 그것을 직선으로 펴서 뒤쪽에 배를 멈추고 그물을 천천히 내린다. 그곳에서 끌줄 40길을 펴고 그 끝을 선량(船梁)에 묶는다. 거기서 닻줄을 당기면 배는 역행하면서 그물을 끈다. 소치(搔齒)는 배가 역행함에 따라 모래 위의 조개를 긁어모아 일으키고 조개는 그물 안에 들어온다. 대략 닻줄이 6~7길에 이르면 배를 멈추고 끌줄을 올려 그물 속의 조개를 가려낸다. 이와 같이 해서 전후좌우 방향을 바꾸어 그물을 내리는데, 하루에 수십 회를 하여 대합 700~800개를 채집한다.

활주(活洲, 籞) (도해 52)

조선에서 활주선업(活洲船業)은 거의 일본인에 의해 행해지고 있다. 그 대부분은 히로시마 · 오카야마 · 가가와 · 야마구찌 · 효고의 여러 현(縣)에서 온다. 올해 선박 수는 53척이라는 상당한 수에 달하고 있다. 활주선(活洲船)은 모두 어깨폭 9척 이상부터 1장 2척에 달하는 대형을 사용하고 있다. 점차 동력을 개선하여 근년에 이르러서는 석유발동기 및 증기력 등을 응용해서 운행하기에 이르렀다. 활주용(活洲用) 어획어류는, 그물로 어획물을 포획할 때 물고기가 손상을 입어 종종 폐사하는 경우가 많으므로, 외줄낚시 및 주낙에 의한 어획물을 주로 한다. 그러므로 이러한 활주선은 대부분 외줄낚시 및 주낙 어업자와 관련이 있다. 즉 이러한 어선의 출어자본은 한 척당 잡비가 대략 200원 내외를 필요로 하며, 활주업자가 빌려준다. 각종 어획물로 반제(返濟)한다는 약속을 하고 출어하는 경우가 많다. 활주선은 자금을 대부해준 어선 또는 자기 소유어선이 출어하는 어장 부근의 항만 등에 도착한다. 어선에서 어류를 받아들일 때 적재량이 충분히 채워질 수 있도록 하기 위하여 가두리를 만들어 그 안에서 어류를 가두어 둔다. 어류가 적당한 수량에 이르면 그것을 활주선으로 옮겨서 일본내지에 수송한다. 그리고 가두리에는 나무 상자 또는 쇠그물 · 대나무발[竹簀] · 바구니[籠] 등 다양하지만, 경상도 및 전라도 연해에서 사용되는 것은 원형 대나무제 소쿠리로, 〈그림52-甲〉에 나타난 것과 같다. 그 크기는 담는 어류의 크기 및 장소에 따라 다르지만, 대부분 크기 12척, 폭 8척으로, 쉽게 만들 수 있는 것으로 편의에 따른다. 그리고 그 장소는 지형에 따라 동일하지 않지만, 대체로 바닷가에서 멀지 않은 장소이며 200~300간의 밖으로 나오는 경우는 없다. 시기는 그 어종에 따라 다르지만 대부분 4~10월 중순까지이며, 그 사이 어획물에 따라 어장을 옮겨 다니기 때문에 활어선도 또한 그에 따라 일정한 위치를 정하기 어려우므로, 그 어장 부근에서 풍파가 적고 조수의 흐름이 좋은 장소를 선정한다. 현재 활어선을 위한 가두리 저어장(貯漁場) 근거지로는, 국도 · 창포 · 적금도 · 치도(治島, 志溫) · 욕지도 및 안도 등이 주요한 곳이다. 아래에 경상 · 전라 연해에서 사용되는 가두리의 구조 및 사용법을 서술하였다〈도해 52[275]〉.

도해 52 활주

가두리는 해장죽[雌竹]·소죽(篠竹)으로 만들고 대략 650~660 줄기가 필요하다. 길이 1장 2척, 폭 8척, 높이 4척 5촌으로, 각 부분 모두 대나무발[簀]로 구성된다. 그 사방이나 상하는 각각 분리할 수 있는 것이며, 그리고 각 대나무발은 5개의 기둥이 되는 대나무에 통대나무를 이어 짜서 대나무발[簀] 모양을 이루게 한 다음, 네 측면을 모아

275) 원문에는 도해 51로 기록되어 있지만 도해 52에 대한 설명이다.

철사나 가는 새끼줄로 그 네 모서리를 연결해 붙인다. 그런 후에 바닥발[底簀]을 가져다 붙인다. 상부는 3매의 대발로 만든다. 2매는 그림과 같이 그 상면에 묶어 붙인다. 그 일부분인 투입구에는 다른 대자리를 이용해 개폐를 자유롭게 하도록 엮어 만든다. 이와 같이 해서 가두리의 전체 모양을 구성한다. 그런 후 파도 또는 조류 때문에 떨어지지 않도록 지름 1촌 4푼 정도의 새끼줄[藁繩]로 사방을 단단히 묶는다. 바다 속에 넣을 때 닻줄에 연결한다. 가두리를 바다 속에 넣을 때는 〈도해 52-乙〉과 같이 그 양끝에 닻 또는 발돌을 매단 지름 2촌 내외의 새끼줄로 만든, 길이 50길 정도의 한 가닥의 밧줄[沈綱]에 가두리 5~10개를 고정줄[止綱] 4길 정도마다 묶어 매단다. 가두리는 항상 수면에 노출되지 않을 정도로 뜨도록 한다. 그러나 장소에 따라 다소 차이가 있다. 파도가 적은 내만(內灣) 등에서는 기둥 또는 무거운 돌을 빠뜨려서 가두리를 움직이지 않도록 하기도 한다. 가두리 안에 놓아 기르는 물고기 수는 어종의 크고 작음에 따라 당연히 차이가 있다. 가두리 1개당 큰 도미[大鯛]는 26~27마리, 크기를 섞어서 기를 때는 45~46마리, 작은 도미[小鯛]는 70마리가량이 적당한 것으로 본다. 붉바리[赤魚]·농어[鱸]·가자미[鰈]·광어[比目魚] 등의 경우는, 50~60관을 놓아 기르고, 갯장어[鱧]·붕장어[海鰻] 등은 500~600마리를 수용할 수 있다. 그렇다고 해도 수가 너무 많으면 서로 부딪혀서 쇠약해지거나 피로해져 폐사하는 경우가 많다. 도미[鯛]·전갱이[鯵]·정어리(멸치)[鰮]와 같은 어류는 해저 암초에서 조수의 흐름이 좋고 맑으며 염분이 많은 곳에서 잘 살아있다. 감성돔[黑鯛]·농어[鱸]·붉바리[赤魚]·벤자리[いさき] 등은 발[簀]·바구니[籠]·가두리에 놓아 기르면 장소를 가리지 않는 것 같다. 다만 서대[舌比目魚]·붕장어[海鰻]·갯장어[鱧]·가자미[鰈] 등의 저어류(底魚類)일 때는 대부분 함가두리를 사용한다. 또한 광어·가자미·서대 등일 때에는 그 바닥 부분에 잔모래를 깔 경우 생존율이 좋다고 한다.

부경대학교 인문한국플러스사업단 해역인문학 아카이브자료총서 02

한국수산지韓國水産誌 Ⅰ-2

초판 1쇄 발행 2023년 10월 31일

지은이 (대한제국) 농상공부 수산국
옮긴이 이근우(대표번역), 서경순
펴낸이 강수걸
편 집 강나래 신지은 오해은 이소영 이선화 이혜정 김소원
디자인 권문경 조은비
펴낸곳 산지니
등 록 2005년 2월 7일 제333-3370000251002005000001호
주 소 48058 부산광역시 해운대구 수영강변대로 140 부산문화콘텐츠콤플렉스 626호
홈페이지 www.sanzinibook.com
전자우편 sanzini@sanzinibook.com
블로그 http://sanzinibook.tistory.com

ISBN 979-11-6861-209-9(94980)
979-11-6861-207-5(세트)

* 책값은 뒤표지에 있습니다.
* Printed in Korea